MLP 機械学習プロフェッショナルシリーズ

グラフニューラルネットワーク

Graph Neural Networks

佐藤竜馬

講談社

■ 編者
杉山　将　博士（工学）
理化学研究所 革新知能統合研究センター センター長
東京大学大学院新領域創成科学研究科 教授

■ シリーズの刊行にあたって

インターネットや多種多様なセンサーから，大量のデータを容易に入手できる「ビッグデータ」の時代がやって来ました．現在，ビッグデータから新たな価値を創造するための取り組みが世界的に行われており，日本でも産学官が連携した研究開発体制が構築されつつあります．

ビッグデータの解析には，データの背後に潜む規則や知識を見つけ出す「機械学習」と呼ばれる知的データ処理技術が重要な働きをします．機械学習の技術は，近年のコンピュータの飛躍的な性能向上と相まって，目覚ましい速さで発展しています．そして，最先端の機械学習技術は，音声，画像，自然言語，ロボットなどの工学分野で大きな成功を収めるとともに，生物学，脳科学，医学，天文学などの基礎科学分野でも不可欠になりつつあります．

しかし，機械学習の最先端のアルゴリズムは，統計学，確率論，最適化理論，アルゴリズム論などの高度な数学を駆使して設計されているため，初学者が習得するのは極めて困難です．また，機械学習技術の応用分野は非常に多様なため，これらを俯瞰的な視点から学ぶことも難しいのが現状です．

本シリーズでは，これからデータサイエンス分野で研究を行おうとしている大学生・大学院生，および，機械学習技術を基礎科学や産業に応用しようとしている大学院生・研究者・技術者を主な対象として，ビッグデータ時代を牽引している若手・中堅の現役研究者が，発展著しい機械学習技術の数学的な基礎理論，実用的なアルゴリズム，さらには，それらの活用法を，入門的な内容から最先端の研究成果まで分かりやすく解説します．

本シリーズが，読者の皆さんのデータサイエンスに対するよりいっそうの興味を掻き立てるとともに，ビッグデータ時代を渡り歩いていくための技術獲得の一助となることを願います．

2014 年 11 月

「機械学習プロフェッショナルシリーズ」編者
杉山 将

まえがき

グラフニューラルネットワークとは，グラフデータを扱うニューラルネットワークのことです．画像やテキストのための機械学習においてニューラルネットワークが標準的な手法となったのと同様に，現在ではグラフデータのための機械学習手法としてはグラフニューラルネットワークが標準的な選択となっています．

グラフはさまざまなデータを統一的に扱うことができるデータ構造です．ベクトルデータは 1 点からなるグラフとみなすことができます．テキストは 1 列に並んだ点からなるグラフとみなすことができます．画像は格子状に並んだ点からなるグラフとみなすことができます．人のつながりや原子のつながりもグラフで表現できるデータの代表例です．グラフニューラルネットワークは，これらのデータ，ベクトルデータも，テキストデータも，画像データも，分子データも，すべて統一的に扱うことができます．すなわち，グラフニューラルネットワークはあらゆるデータ形式を扱うことができるオールラウンダーであるといえます．グラフニューラルネットワークを学べば，非常に広範囲の問題に対応できるようになります．しかも，単にそれぞれを扱えるだけではありません．グラフを組み合わせたものもグラフですから，テキストと画像を組み合わせたデータや，ベクトルの集合で表されるデータなど，複雑なデータに対してもグラフニューラルネットワークを適用できます．現実的なデータ解析では，1 本のベクトルで表される単純なデータよりも，さまざまな要素が絡み合った複雑なデータに遭遇することがよくあります．そのような複雑なデータをありのままの形で処理できるというのがグラフニューラルネットワークの大きな強みです．

グラフニューラルネットワークの原型となる手法は 1990 年代の後半に登場しました．その後，2005 年に現在使われているグラフニューラルネットワークの直接の祖先となる手法が登場しました．2015 年頃より，深層学習と組み合わせたグラフニューラルネットワークが登場し，深層学習の発展とともにグラフニューラルネットワークもまたたく間に発展しました．本書では深層学習時代のグラフニューラルネットワークを主に扱います．

本書の特徴は，グラフニューラルネットワークの理論についても詳しく解説していることです．深層学習手法は未解明の事項も多いため，深層学習の教科書となると手法をカタログ的に並べたものになる傾向があります．本書では解明されている理論に基づき，原理を説明することを意識しました．このため，本書では，より深い洞察と息の長い知識を学ぶことができると確信しています．

一方，産業界でも広く使われていることもグラフニューラルネットワークの大きな特徴です．本書では，グラフニューラルネットワークを実地に応用することを目指す読者も念頭において，応用例についても広く解説しています．

本書の主な対象は大学生・大学院生・研究者・エンジニアです．ニューラルネットワークの基本を学んでいることを想定しています．誤差逆伝播法や確率的勾配降下法など，ニューラルネットワークの基本事項について詳しくない方は，本シリーズ『深層学習』などの書籍や，PyTorch や TensorFlow などの深層学習フレームワークのチュートリアルなどでこれらを学んだ後，本書を読むことをおすすめします．そのほか，一部の章では大学初年級程度の線形代数の知識が必要となります．グラフ理論については本書で初歩から解説するため，前提となる知識はありません．

定理についてはできる限り詳細に証明を付けました．証明のほとんどは本書の内容の理解にとっては必須ではなく，理解の深化および学習用のものです．一度は証明に目を通すことをおすすめしますが，難しければ証明を読み飛ばしても差し支えはありません．

本書のサポートサイト `https://github.com/joisino/gnnbook` にて，本書で用いたプログラムや正誤表を公開しています．

謝辞

本書の執筆にあたり，多くの人にお世話になりました．大野健太さんと前原貴憲さんには，原稿全体を通して詳細に読んでいただき，多くの助言と指摘をいただきました．また，喜多尚之さん，竹澤祐貴さん，若井雄紀さん，大田尾匠さん，高橋克望さん，堤雅範さん，八代康希さん，丸尾亮太さんには有益なフィードバックをいただき，原稿に磨きをかけることができました．シリーズ編者の杉山将先生と編集の横山真吾さんには企画段階から多くの助言とサポートをいただきました．お礼申し上げます．

2024 年 2 月

佐藤竜馬

目次

Chapter 1

機械学習においてグラフを考える重要性

普段意識することは少ないかもしれませんが，世の中にはグラフデータが溢れています．そのようなデータを統一的に扱うことができるのがグラフニューラルネットワークの利点です．本章では，そのようなデータの代表例と，それらに対する機械学習タスクを紹介します．本章を読めば，身の回りのさまざまなデータがグラフデータに見えてくることでしょう．本書においてどのようなデータおよび問題を扱うかを理解することが本章の目標です．

1.1 さまざまなグラフデータ

グラフは物や事柄のつながりを表すデータ構造です．例えば，人と人のつながりを表すことや，コンピュータとコンピュータのつながりを表すことや，原子と原子のつながりを表すことができます（図 1.1）．

グラフにおける基本要素を**頂点** (vertex, node) あるいは**ノード** (node) といいます．人と人のつながりを表すグラフの場合，各人が 1 つの頂点に対応します．頂点と頂点のつながりを表す要素を**辺** (edge) といいます．例えば，2 人が友達であるとき，その 2 つの頂点間に辺を張ります．グラフは頂点と辺によって定義されます．

形式的には，頂点要素の集合 V と，辺の集合 $E \subset \{\{u, v\} \mid u, v \in V\}$ の対 $G = (V, E)$ でグラフを定義します．$\{u, v\} \in E$ のとき，頂点 u と頂点

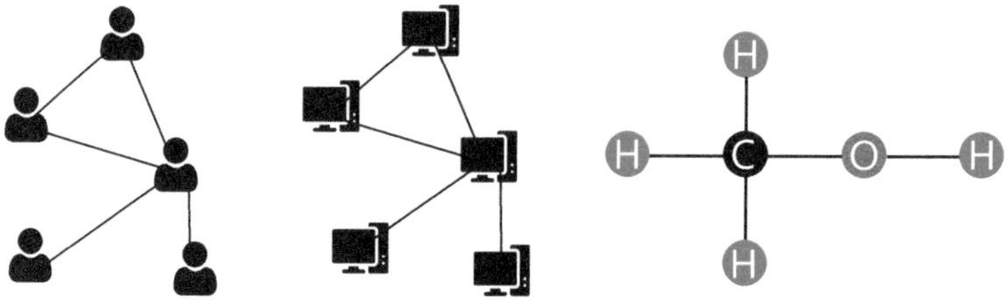

図 1.1 グラフの例．左：人と人のつながりを表すグラフ．中央：コンピュータとコンピュータのつながりを表すグラフ．右：原子と原子のつながりを表すグラフ．

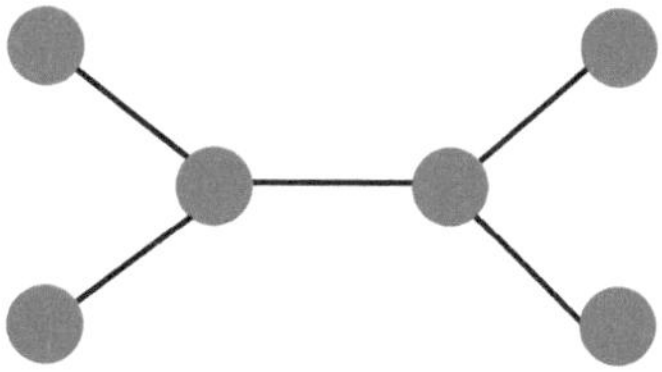

図 1.2 グラフの例．頂点が何であるかという解釈次第で，エチレンという化合物を表していると解釈することも，6 人からなるグループの友達関係を表しているとも解釈できる．

v につながりがあることを示します．図 1.1 にグラフの例を示します．

応用上は，各頂点 $v \in V$ が特徴ベクトル $\boldsymbol{x}_v \in \mathbb{R}^d$ を持つ場合や，各辺 $e \in E$ が特徴ベクトル $\boldsymbol{x}'_e \in \mathbb{R}^{d'}$ を持つ場合がよくあります．例えば，頂点 $v \in V$ が炭素（原子番号 12 番）であることを，$\boldsymbol{x}_v = 12$ というように表したり，辺 $e = \{u, v\}$ が二重結合であることを $\boldsymbol{x}'_e = 2$ と表したりします．

グラフは頂点と辺の設定次第でさまざまな物事を表すことができます．形式的には同じグラフであっても，頂点と辺の解釈が異なると表す物事も異なることになります．例えば，**図 1.2** はエチレンという化合物を表していると解釈することもできますし，6 人からなるグループの友達関係を表していると解釈することもできます．このため，グラフを扱うときには頂点が何を表し，辺が何を表しているかを意識することが重要です．

以下に代表的なグラフの種類を紹介します．

ソーシャルネットワーク（図 1.1 左）は人と人のつながりを表すグラフです．頂点 v は人を表し，辺 $\{u, v\} \in E$ のとき，人 u と人 v が友達であることを表します．一口にソーシャルネットワークといっても，辺の定義には細かな変種が存在します．例えば，人 u と人 v が友達であるときに辺が存在するソーシャルネットワークも考えられますし，人 u と人 v が知り合いであるときに辺が存在するソーシャルネットワークも考えられますし，人 u と人 v がソーシャルネットワーキングサービス (SNS) 上でフォロー・フォロワー関係にあるときに辺が存在するソーシャルネットワークも考えられます．さまざまな定義が存在するため，既存のソーシャルネットワークを扱う場合には，辺の定義が何であるかを確認することが重要です．自分でソーシャルネットワークを構築するときには，解きたいタスクに応じて柔軟に辺を定義できます．実際上は，各人に友達関係を尋ねてソーシャルネットワークデータを構築する場合と，SNS 上のフォロー・フォロワー関係から自動でソーシャルネットワークデータを構築する場合があります．前者の方法はコストがかかり構築できる大きさにも限界があるため，グラフニューラルネットワークで用いられる大きなソーシャルネットワークは後者の方法で構築される場合が多いです．頂点の特徴ベクトルはその人のプロフィールを表すベクトルがよく用いられます．年齢，性別，居住地，自己紹介文などが頂点の特徴ベクトルに含まれる代表的な情報です．辺の特徴量は存在しないことも多いですが，2 人のメッセージのやりとりの回数や，フォロー・フォロワー関係が成立した時刻などの情報を辺の特徴量として利用する場合があります．

コンピュータネットワーク（図 1.1 中央）はコンピュータのつながりを表すグラフです．頂点 v はコンピュータを表し，辺 $\{u, v\} \in E$ はコンピュータ u とコンピュータ v が直接接続されていることを表します．インターネットが代表例です．

化合物グラフ（図 1.1 右）は化合物を表すグラフです．頂点 v は原子を表し，辺 $\{u, v\} \in E$ のとき，原子 u と原子 v の間に化学結合があることを表します．頂点の特徴ベクトルは原子の原子番号を表すワンホットベクトル (one-hot vector)[*1] が標準的な選択です．辺の特徴ベクトルは化学結合の種類，すなわち単結合・二重結合・三重結合・ベンゼン環の共鳴構造のいずれであるかを表すワンホットベクトルが用いられることが多いです．その他，原子間の距離も辺の特徴ベクトルに用いられることがあります．

*1 ワンホットベクトルとは，n 通りある候補を n 次元のベクトルで表現したものです．i 番目の候補は，i 番目の要素が 1 でそれ以外が 0 であるベクトルにより表されます．

交通ネットワークは交通網を表すグラフです．道路網を表す場合，頂点 v は交差点を表し，辺 $\{u, v\} \in E$ は交差点 u と交差点 v が道路により直接つながっていることを表します．鉄道網を表す場合，頂点 v は駅を表し，辺 $\{u, v\} \in E$ は駅 u と駅 v が路線上で隣接することを表します．道路網と鉄道網の両方を合わせたグラフを考えることもできます．

引用グラフは文書の引用関係を表すグラフです．頂点 v は論文や特許を表し，辺 $\{u, v\} \in E$ は文書 u と文書 v が引用関係にあることを表します．引用は，引用する側とされる側が存在する非対称な関係です．これまでの議論は辺の向きが存在しない無向グラフを考えてきましたが，引用グラフは辺に向きが存在する有向グラフとして表すことが標準的です．このとき，辺は集合ではなく順序付きの対 (u, v) で表され，有向辺 $(u, v) \in E$ は文書 u が文書 v を引用したことを表します．頂点の特徴ベクトルはその文書の内容を表す単語集合ベクトル (bag of words vector) を用いる場合が多いです．BERT (Bidirectional Encoder Representations from Transformers)[31] などのテキスト埋め込みモデルを用いて文書の埋め込みベクトルを求め，それを頂点の特徴ベクトルとして設定することも可能です．

ベクトルデータはグラフの特殊例です．頂点数が 1 であり頂点特徴ベクトルを持つグラフ ($V = \{1\}, E = \emptyset$) は，ベクトルデータと同一視できます．

ベクトルの集合や表形式のデータセットもグラフの特殊例です．頂点数が n であり，辺が存在せず，頂点特徴ベクトルを持つグラフ ($V = \{1, 2, \ldots, n\}, E = \emptyset$) は，$n$ 要素からなるベクトルの集合 $\{\boldsymbol{v}_1, \boldsymbol{v}_2, \ldots, \boldsymbol{v}_n\}$ と同一視できます．

テキストデータもグラフの特殊例です．頂点 v は単語の出現を表し，辺は文中で単語が隣接していることを表します．**図 1.3** 上のような鎖状のグラフで表現されます．

画像もグラフの特殊例です．頂点 v は画素を表し，辺は画素が隣接していることを表します．図 1.3 下のような格子状のグラフで表現されます．

以上のようなさまざまなデータを統一的な枠組みで扱えるのがグラフの強みです．グラフとして一度表現すれば，交通ネットワークであろうと，ソーシャルネットワークであろうと，画像データであろうと，同じアルゴリズムにより処理できます．すなわち，グラフに対する機械学習アルゴリズムを学

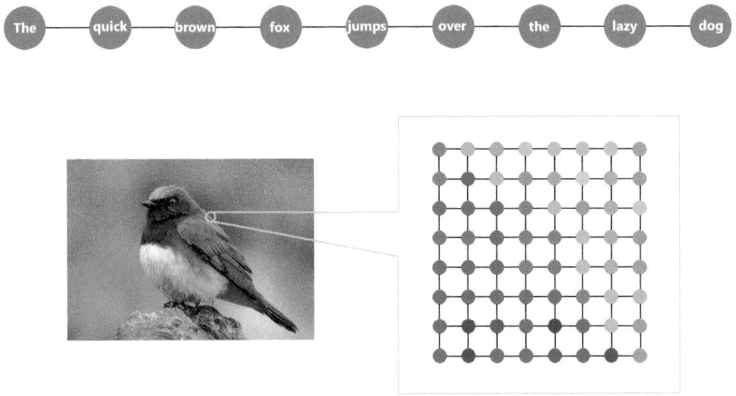

図 1.3 テキストと画像もグラフとして表現できる．上：テキストは単語を頂点とする鎖状のグラフで表現できる．下：画像は画素を頂点とする格子状のグラフで表現できる．

ぶだけで，これらの様式のデータすべてを扱えるようになるのです．

補足 1.1 グラフとネットワーク

グラフはしばしばネットワークとも呼ばれます．グラフとネットワークの定義に明確な違いはなく，多くの場合，同じ意味で用いられます．しかし，分野によっては微妙に異なるニュアンスで用いられることや，定義が異なることもあるので注意してください．例えば，最適化やアルゴリズムの分野では，頂点や辺に属性が付与されているグラフのことをネットワークと呼ぶことがあります．また，ソーシャルネットワークや交通ネットワークなど，実世界に存在する複雑なグラフを解析する分野を**ネットワーク科学** (network science) といいます．ネットワーク科学の分野では，巨大で複雑なグラフ，特に，次数に偏りがあり，直径が小さいようなグラフを複雑ネットワークと呼び，単にネットワークといった場合も複雑ネットワークを暗に指していることがあります．一般に，観念的な対象をグラフと呼び，現実に存在する（しばしば巨大で複雑な）グラフをネットワークと呼ぶ傾向があります．本書では，ソーシャルネットワークなど，慣例的にネットワークと呼ばれている例を除き，すべてグラフと呼ぶことで統一します．

1.2 グラフを用いた代表的な機械学習タスク

グラフデータに対する 4 つの代表的な機械学習タスクを紹介します.

1.2.1 頂点分類問題と頂点回帰問題

頂点分類問題は各頂点をカテゴリに分類する問題です. 頂点回帰問題は各頂点の値を推定する問題です. いずれも頂点を単位として予測を行うことが特徴です. 頂点分類問題も頂点回帰問題もほとんど同じアルゴリズムで解くことができます. 煩雑さを避けるため, 以下では頂点分類という用語を主に使用しますが, 同様の議論は頂点回帰についても当てはまります.

頂点分類問題は**転導的学習** (トランスダクティブ学習, transductive learning) と**帰納的学習** (inductive learning) に大きく分けられます.

転導的学習では, 訓練時にはグラフ $G = (V, E)$ と一部の頂点 $V_{\mathrm{L}} \subset V$ についての教師ラベルが与えられます. テスト時には, 残りの頂点 $V_{\mathrm{U}} = V \backslash V_{\mathrm{L}}$ についてのラベルを予測します. 訓練時とテスト時に使用されるグラフが共通であることが特徴です. テスト時に使用される頂点についても, グラフをたどれば周囲に教師ラベルが与えられている頂点が存在します. これにより, テスト頂点 $v \in V_{\mathrm{U}}$ の周囲にラベル y の頂点が多く存在すれば, 頂点 v もラベル y であろう, という推論が可能になります. 既知のデータの情報を転じて, 新しいデータの情報を導くことから, 転導的学習と呼ばれます. また, グラフの中で教師ラベルのある頂点 V_{L} とラベルのない頂点 V_{U} の両方が存在するため, 転導的学習は**半教師あり学習** (semi-supervised learning) の一種です. 頂点分類問題では, 転導的学習が多く用いられるため, 単に頂点分類半教師あり学習といった場合には転導的学習を指していることが多いです.

帰納的学習では, 訓練時にはグラフ $G_{\mathrm{L}} = (V_{\mathrm{L}}, E_{\mathrm{L}})$ と頂点についての教師ラベルが与えられます. テスト時には, 新しいグラフ $G_{\mathrm{U}} = (V_{\mathrm{U}}, E_{\mathrm{U}})$ が与えられるので, このグラフの頂点のラベルを予測します. 訓練時に複数のグラフが与えられる場合や, グラフの中で一部の頂点にのみ教師ラベルが与えられる場合もあります. テスト時に使用されるグラフや頂点は訓練時に観測したことがないということが帰納的学習の特徴です. また, テスト時に与えられるグラフには教師ラベルは1つも与えられません．ゆえに，帰納的学習においてはグラフ間で普遍的な法則を発見する必要があります．このため，帰納的学習は転導的学習よりも難しい設定です．

補足 1.2　演繹と帰納と転導

演繹 (deduction) と**帰納** (induction) と**転導** (transduction) は，いずれも推論の方法を表す言葉です．これらの概念の関係を図 1.4 に示します．

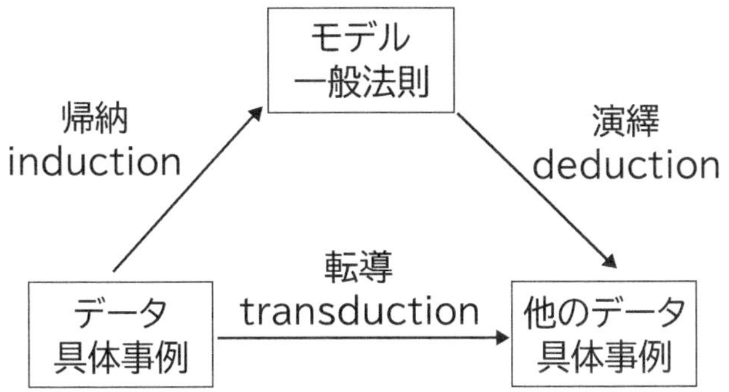

図 1.4　演繹と帰納と転導の関係．文献 [141, Figure 9.1] をもとに作成．

英語の -duce およびラテン語の -dūcō は導くという意味を表しています．演繹とは，普遍的な法則から具体事例についての結論を得ることです．演という字はのべる，ひきのばす，おしひろめることを表し，繹という字は糸口から糸を引き出すことを表しており，普遍法則から知識を取り出して具体事例におしひろめる様子を表しています．演繹という訳語は明治初頭に西周が当て，『百学連環』の中でその由来を述べています [169]．一方，帰納とは，具体事例をもとに普遍的な法則を得ることです．帰納という単語は，演繹とは逆に，引き出して広がった糸を整えて糸巻きに戻す様子を表しているのでしょう．この訳語も西周が明治初頭に当てました．帰納や演繹とは異なり，転導は普遍的な法則を考えません．転導とは，具体事例の関係性に基づき，ほかの具体事例を推論することです．こちらは演繹や帰納と比べるとマイナーな概念であり，定訳は存在しないため，有斐閣『現代心理学辞典』[168] の転導推理 (transduction) の項目を参考に筆者が訳語を当てました．転導という単語は，具体事例から得られる情報をほかの具体事例に転じて結論を導くことを表します．機械学習においては，ウラジミール・ヴァプニク (Vladimir Vapnik) が 1990 年代に転導的学習 (transductive learning) という概念を提唱しました [141, Section 9.1]．これは，教師ありデータ $\{(x_1, y_1), (x_2, y_2), \ldots, (x_n, y_n)\}$ と教師なしデータ $\{x_{n+1}, \ldots, x_{n+m}\}$ が与えられるので，教師なしデータ $\{x_{n+1}, \ldots, x_{n+m}\}$ のラベルを，そしてそれのみを予測するという問題設定です．ここでは，データ x が与えられればラベル y を予測できるような一般法則やモデルを導くことを目的とはしてはおらず，あくまで教師なしデータ $\{x_{n+1}, \ldots, x_{n+m}\}$ についてのみの予測を得ることを目的としています．ある問題を解くとき，すぐにそれより一般的な問題を解こうとしてはいけないという機械学習における経験則（ヴァプニクの原理）があります．特定のデータの予測値のみを得たい場合には，普遍的な法則を発見することは解くべき問題よりも過度に一般的な問題です．このため，特定のデータの予測値のみを得たい場合には帰納的学習よりも転導的学習を用いて定式化するほうが好ましいといえます．

以下に代表的な頂点分類問題と頂点回帰問題を紹介します．

迷惑アカウント（スパムアカウント）分類：SNS のフォロー・フォロワー関係を表したグラフから，各アカウントが迷惑アカウントであるかどうかを予測する問題です（**図 1.5**）．多くの場合，特定の SNS の一部のユーザーを検査してラベルを付け，残りのユーザーの迷惑判定を行うという転導的学習ですが，ある SNS でラベル付けを行い，別の SNS での迷惑アカウント検出に用いるという帰納的学習を考えることもできます．フォローが異常に多いのにフォロワーが少ないので怪しい，送信したメッセージの数が異常に多いので怪しいなど，さまざまな推論方法が考えられます．前者はグラフの辺の

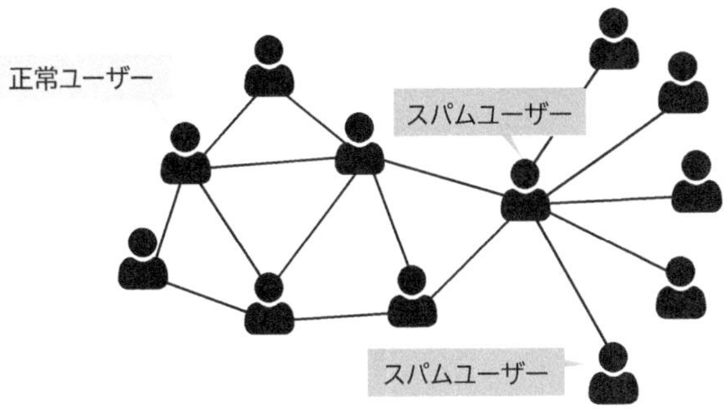

図 1.5 迷惑アカウント分類．SNS のフォロー・フォロワー関係を表したグラフから，各アカウントが迷惑アカウントであるかどうかを予測する．

情報からの推論で，後者は送信メッセージ数という頂点特徴量からの推論です．グラフニューラルネットワークはこのようなグラフ構造や頂点特徴量などを用いた推論をデータから自動で学習できます．

ターゲティング広告：SNS のフォロー・フォロワー関係を表したグラフから，各アカウントが特定の広告をクリックするかを予測する問題です．アカウント v の友達何人かに広告を配信した結果，全員がその広告をクリックしたとすると，アカウント v も広告をクリックする確率が高いと考えられます．このように，友人関係を考慮することで，アカウント単位で予測を行う従来のベクトルデータの機械学習手法よりも高い精度で予測を実現できます．

交通量予測：交通網を表すグラフと過去の交通量のデータから，各交差点における将来の交通量を予測する問題です．これは頂点回帰問題の一種です．

品詞タグ付け：文中の各単語の品詞を推定する問題です．1.1 節で述べたように，文は単語を鎖状につないだグラフとして表現できます．各単語のカテゴリを予測する品詞タグ付け問題は頂点分類問題の一種です．

画像のセグメント分割（セグメンテーション）：画像中の各画素のカテゴリを予測する問題です（**図 1.6**）．例えば，鳥が写っている写真の画素を，鳥に対応する画素と，背景の画素に分類します．1.1 節で述べたように，画像は画素を格子状につないだグラフとして表現できます．各画素のカテゴリを予測

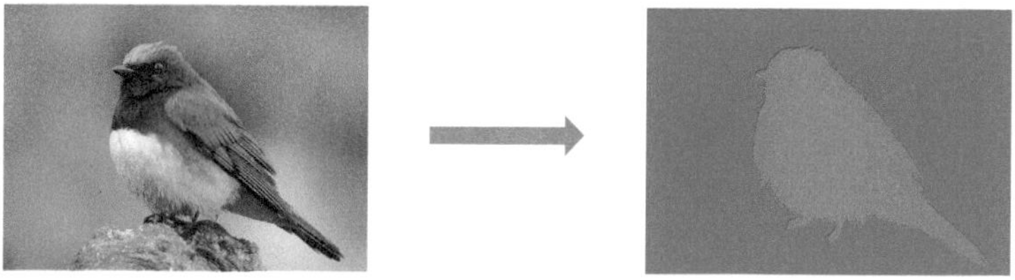

図 1.6 画像のセグメント分割．各画素をカテゴリに分類する．これは頂点分類問題の一種である．

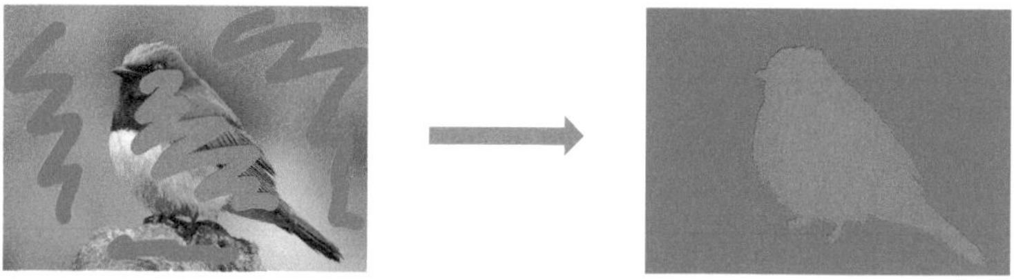

図 1.7 画像のセグメント分割の転導的学習．入力画像の一部の画素にカテゴリがすでに与えられており，その情報をもとに他の画素のカテゴリを決定する．

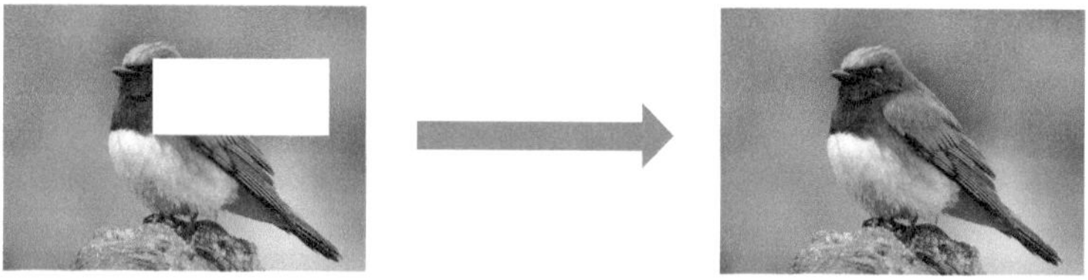

図 1.8 画像の穴埋め．頂点回帰問題の一種である．

する画像のセグメント分割問題は頂点分類問題の一種です．多くの場合，テスト時には画像だけが与えられるため，帰納的学習に分類されます．図 1.7 のように，テスト画像の一部の画素にカテゴリが与えられる転導的学習の設定を考えることもできます．

画像の穴埋め：一部の領域が隠されている画像が与えられたとき，残りの部分から隠された領域の画像を推定する問題です（図 1.8）．画素の値を予測する問題なので，頂点回帰問題の一種です．

1.2.2 グラフ分類問題とグラフ回帰問題

グラフ分類問題はグラフ全体をカテゴリに分類する問題です．グラフ回帰問題はグラフ全体の値を推定する問題です．いずれもグラフ単位で予測を行うことが特徴です．頂点分類や以下で述べる接続予測では，1つの大きなグラフだけを扱い，その中で訓練やテストが完結する場合がよくありますが，グラフ分類問題では，複数の（しばしば小さな）グラフが登場します．以下に代表的なグラフ分類問題とグラフ回帰問題を紹介します．

毒性予測：化合物を表すグラフが与えられたとき，その化合物に毒性があるかないかを予測する問題です．これはグラフ分類問題の一例です．毒性の強さを予測するグラフ回帰問題を考えることもできます．

薬効予測：化合物を表すグラフが与えられたとき，その化合物に薬効があるかないかを予測する問題も考えられます．薬効予測をする機械学習モデルを構築できれば，創薬時に調査する化合物をあらかじめモデルに入力し，候補を絞り込むことができます．

感情分析：テキストを受けとり，そのテキストの表す感情を分類する問題です．テキストはグラフで表されるので，テキスト全体をカテゴリに分類するこの問題はグラフ分類問題の一種です．

画像分類：画像のカテゴリを予測する問題です．画像はグラフで表されるので，画像全体をカテゴリに分類するこの問題はグラフ分類問題の一種です．

迷惑アカウント（スパムアカウント）分類：SNS のアカウントの周囲の友人関係を表すグラフを受けとり，そのアカウントが迷惑アカウントであるかを分類する問題です．迷惑アカウント分類は頂点分類問題として定式化されることが多いですが，このように当該アカウントの周囲を切り抜いた小さなグラフを構築してグラフを分類することで迷惑アカウント分類を行うという定式化もできます．頂点分類問題として定式化する場合と比べて，分類するアカウントごとに用いるグラフや頂点特徴量をカスタマイズできることが，グラフ分類問題として定式化することの利点です．例えば，切り出したグラフにおいて「当該アカウントとのやりとりの回数」というような，当該アカウントにひもづいた頂点特徴量を用いることができます．このような工夫により，精度向上が期待できます．

1.2.3 接続予測問題

グラフが与えられるので，そこから未観測の辺を予測する問題が**接続予測** (link prediction) 問題です．未観測の辺という意味は大きく分けて 2 種類あります．第一は時間軸を考えている場合です．例えば，与えられるグラフは 1 月 1 日に観測したものであり，その年の 12 月 31 日までに追加される辺が未観測の辺です．この場合，接続予測はその年に新たに生まれる辺を予測する問題となります．第二は，本当はすでに存在しているが観測できなかった辺が存在し，与えられるグラフは不完全である場合です．例えば，すべての頂点対について辺の有無を調査するのにコストがかかるとき，一部の頂点対のみを調査してグラフを構築することがあります．与えられるグラフでは，調査済みかつ関係が存在する頂点対にのみ辺が張られています．調査しなかったが実は関係が存在した頂点対が未観測の辺です．このほか，複数の設定が組み合わさった複雑な状況も考えられます．問題設定を考えるときには，いずれの設定に属するのかをよく考えることが重要です．

以下に代表的な接続予測問題を紹介します．

友達予測：1 月 1 日に観測したソーシャルネットワークが与えられるので，その年の 12 月 31 日までに新しく追加されている辺の集合，つまりその年に新しく生まれるであろう友人関係を予測するタスクです．これは時間軸を考慮した接続予測問題の一例です．

友達推薦：SNS において，おすすめのアカウントをユーザーに推薦する問題です．友達予測を用いるのが 1 つのアプローチです．現時点でのソーシャルネットワークをもとに友達予測を行い，将来に友達になりそうなアカウントどうしを推薦します．ユーザーの行動を先回りしてユーザーに推薦することで，ユーザーの手間を省くことができます．

商品推薦：E コマースサービスのユーザーの購入履歴が与えられるので，ユーザーに商品を推薦する問題です．この問題は接続予測問題として定式化できます．ユーザーの集合と商品の集合を合併して頂点集合とし，ユーザー u が商品 v を購入したとき辺 $\{u, v\}$ を追加し，グラフ G を構築します（図 1.9）．ここで，2 つの方針が考えられます．第一は，将来的にユーザーが購入しそうな商品を先回りして推薦する方針です．これは，時間軸を考え，グラフ G の接続予測を行うことで実現できます．これにより，将来的にユー

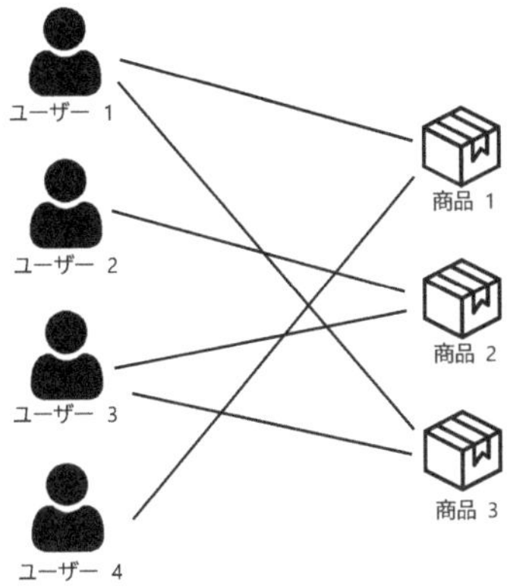

図 1.9 ユーザーと商品の関係を表したグラフ．商品推薦のために用いられる．

ザー u' が買いそうな商品 v' を予測でき，ユーザー u' に商品 v' を推薦できます．第二は，ユーザーは商品をすべて見ることができないという前提のもと，閲覧していたら購入していたであろう商品を推薦する方針です．これは，グラフ G を不完全と考えて接続予測を行うことで実現できます．これにより，ユーザー u' が見ると買うであろう商品 v' を予測でき，ユーザー u' に商品 v' を推薦できます．どちらの方針も，同じグラフ G に対して接続予測を行います．実際には，どちらの方針もアルゴリズムの動作としては同じになり，あるのは解釈の違いだけ，ということもよくあります．このため，これらのアプローチは混同されることもありますが，評価の方法や解釈が異なってくるため，どちらの方針を採用しているかを意識することが重要です．

半教師ありマルチラベル分類：1 つのデータに対して複数のクラスが割り当てられる分類問題をマルチラベル分類問題といいます．例えば，画像分類において，画像中に犬と猫の両方が写っているときに，1 つの画像に犬と猫のラベルを付与するのが典型的なマルチラベル分類問題です．半教師ありマルチラベル分類では，データ $x_1, \ldots, x_n$ と各データのラベルが与えられます．ただし，与えられるラベルデータには欠損（見落とし）があるかもしれません．見落とされたラベルを推定するのが目標です．この問題は接続予測問題として定式化できます．データの集合とラベルの集合を合併して頂点集合とし，データ x_i がラベル j を持つとき辺 $\{x_i, j\}$ を追加し，グラフ G を構築します．このグラフの接続予測を行うことで，見落とされたラベルを発見できます．グラフの問題として定式化することで，ラベルどうしの関係を活用できます．例えば魚ラベルに接続しているデータは水ラベルにも接続していることが多い場合，魚ラベルしか付いていないのは水ラベルが見落とされていたかもしれない，という推論を予測に活用できます．

1.2.4 グラフ生成問題

グラフ $G_1, \ldots, G_n$ が与えられるので，これらと共通の性質を持つ新たなグラフを生成するタスクがグラフ生成です．形式的には，背後にグラフ上の確率分布 $p(G)$ があり，$G_1, \ldots, G_n$ はこの分布から抽出されたという仮定のもと，観測された $G_1, \ldots, G_n$ から $p(G)$ を推定することを目指します．

以下に代表的なグラフ生成問題を紹介します．

創薬：グラフ $G_1, \ldots, G_n$ は特定の病気に有効な化合物であり，同様に病気に有効な他の化合物を自動で生成することを目指します．

テキスト生成：テキストはグラフであるので，テキスト生成はグラフ生成問題の一種です．

画像生成：画像もグラフであるので，画像生成はグラフ生成問題の一種です．

以上，代表的なタスクである頂点分類（頂点回帰），グラフ分類（グラフ回帰），接続予測，グラフ生成の 4 つの例を見てきました．このほかにも，辺にラベルを付ける辺分類や，頂点のクラスタリングなど，さまざまな問題が考えられます．本書で扱うグラフニューラルネットワークは，これらすべての問題を統一的に解くことができます．

1.3 異種混合なデータをグラフにより統一的に扱う

本章ではこれまで，グラフによりさまざまなデータを表現でき，さまざまな機械学習タスクがグラフを用いたタスクとして定式化できることを見てきました．グラフを用いる利点は単にこれらのデータを個別に扱えるだけ

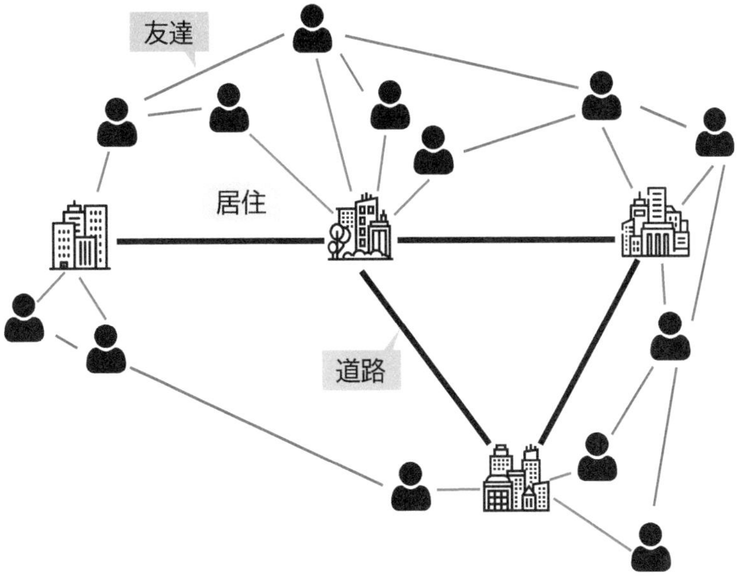

図 1.10 地理的なグラフとソーシャルネットワークを組み合わせた異種混合グラフ．頂点には人物と町の 2 種類があり，辺には友達，居住，道路の 3 種類がある．

ではありません．これらのデータを柔軟に組み合わせられることがグラフによる定式化の大きな利点です．複数のグラフが組み合わさったものもグラフです．つまり，テキストと画像を組み合わせたデータや，地理的なグラフとソーシャルネットワークが組み合わさったデータもグラフとして表現できます（図 1.10）．現実的なデータ解析では，1 本のベクトルで表される単純なデータよりも，さまざまな要素が絡み合った複雑なデータに遭遇することがよくあります．データベース内に複数の表が存在する場合が一例です．そのような場合も，表から要素どうしの関係を抽出することで，複数の表を単一のグラフとしてまとめることもできます（図 1.11）．そのような複雑なデータをありのままの形で処理できるというのがグラフ形式の大きな強みです．

頂点の種類と辺の種類がともに 1 種類であるグラフを**同質的グラフ** (homogeneous graph)，頂点の種類と辺の種類の少なくとも一方が 2 種類以上あるグラフを**異種混合グラフ** (heterogeneous graph) といいます．図 1.10

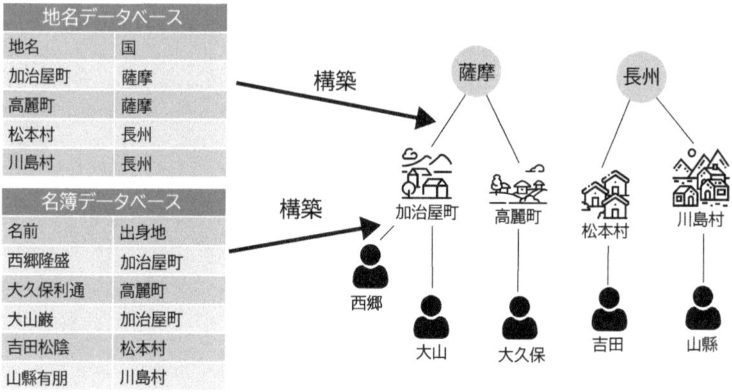

図 1.11 データベース中の複数の表を 1 つのグラフにまとめることができる．表中の要素の組を辺としてグラフを構築することで，さまざまな情報を含むグラフが得られる．このようにグラフの形式に変換すれば，頂点分類や接続予測のアルゴリズムを用いてさまざまな問題を統一的に解くことができる．また，従来の手法では活用しきれなかったような情報をグラフに付加することで，分類問題に活用でき分類精度を上げられる可能性がある．

は町と人物の 2 種類の頂点があり，友人関係と道路による接続関係と居住関係の 3 種類の辺がある異種混合グラフを表しています．

異種混合グラフの代表例は**知識グラフ** (knowledge graph) です（図 1.12）．知識グラフはさまざまな物事の関係をグラフ形式で表現したものです．都市，ランドマーク，歴史上の人物，概念，美術作品，企業，商品など，さまざまな物事の関係を表します．知識グラフで表す物事の範囲に制限はありません．また，特定の作品に登場する地名や登場人物や概念をまとめた作品特有の知識グラフや，特定の企業内の部署や社員や商品をまとめた企業固有の知識グラフも考えられます．

知識グラフなどの異種混合グラフを考える利点は，さまざまな情報を統一的に扱い，タスクを解くために活用できることです．映画配信サービスにおける推薦タスクを例に考えましょう．ユーザーがこれまでに視聴した映画についてのデータが与えられます．ユーザーが視聴するであろう映画を推薦することが目標です．この問題は，12 ページの商品推薦の項で述べたように，接続予測問題として定式化できます．しかし，推薦システムには**冷間始動問題**（コールドスタート問題, cold start problem）という課題があります．冷

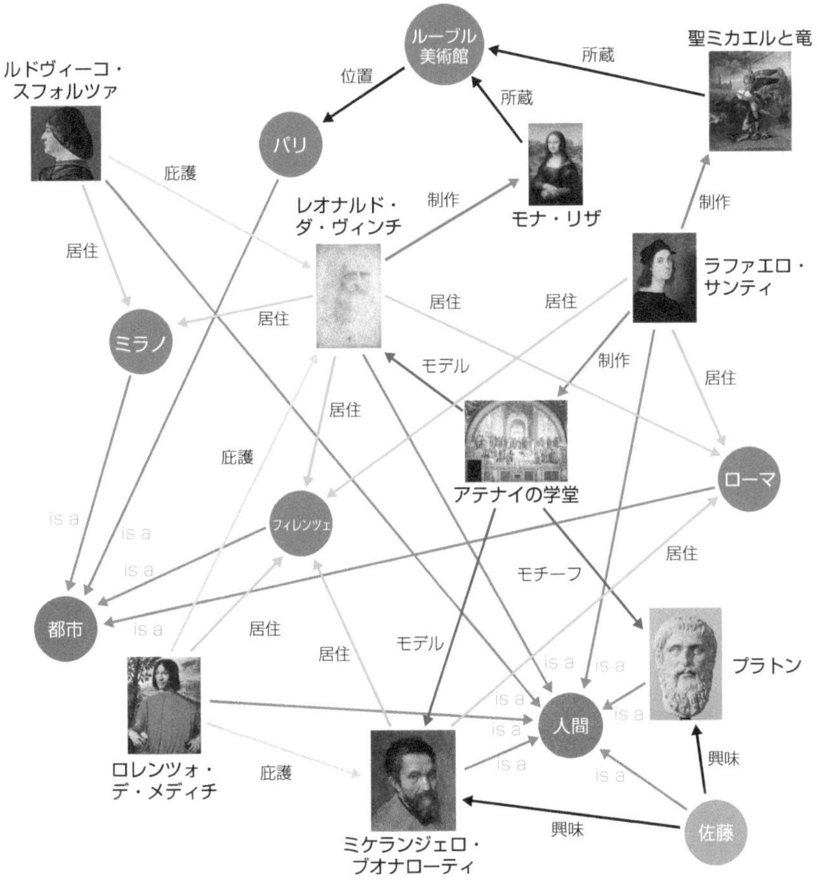

図 1.12 知識グラフの例．都市，ランドマーク，歴史上の人物，概念，美術作品など，さまざまな情報が 1 つのグラフに集約されている．

間始動問題とは，視聴した映画が少ないユーザーや，視聴された回数が少ない映画については，十分な情報がないため，精度の高い推薦ができないという問題です．異種混合グラフを用いると冷間始動問題を緩和できます．ユーザーの集合と映画の集合を合併して頂点集合とします．ユーザー u が映画 v を視聴したときに $\{u, v\}$ に辺を張るほか，ユーザー x とユーザー y が友達

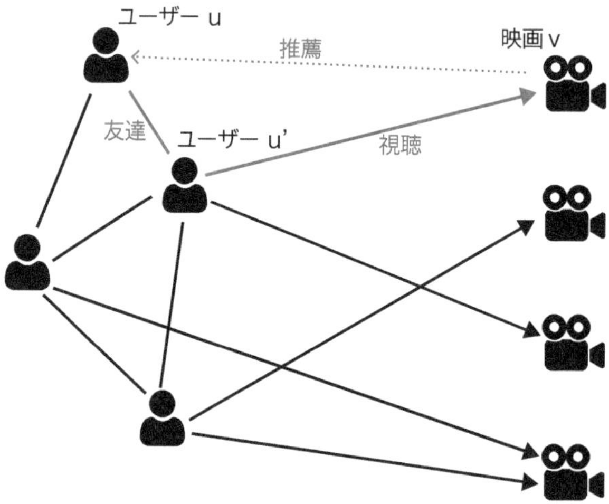

図 1.13 社交的推薦の例．ユーザー u の友達 u' が映画 v を視聴しているので，ユーザー u に映画 v を推薦する．これはユーザー u に視聴履歴が一切ない場合でも可能である．

であるとき，$\{x, y\}$ に辺を張り，グラフを構築します（図 1.13）．まったく映画を視聴したことがないユーザー u を例にとります．従来の推薦手法であれば，このユーザーには情報がまったくないため，意味のある推薦ができません．一方，友人関係の情報を活用すると，このユーザーに友達 u' がおり，その友達が映画 v を好んでいれば，ユーザー u に映画 v を推薦できます．このように，友人関係を考慮して推薦を行うことを，**社交的推薦** (social recommendation) といいます．社交的推薦により，ユーザーについての冷間始動問題を緩和できます．

また，ユーザーの集合，映画の集合，映画監督の集合，原作者の集合などを合併した知識グラフを用いることにより，さらに効果的に推薦を行うことができます．映画 v' は新規に公開されたものであり，まだ誰にも視聴されたことがないとします．**協調フィルタリング** (collaborative filtering) と呼ばれる従来のアプローチは，ユーザーと視聴傾向が似ている別のユーザーが視聴した映画を推薦します．しかし，この方針ではまだ誰も視聴していない映画 v' が推薦されることはありません．一方，知識グラフを解析すると，映画 v' の監督 b は，ユーザー u が好きな映画 v の監督と同じであることが分

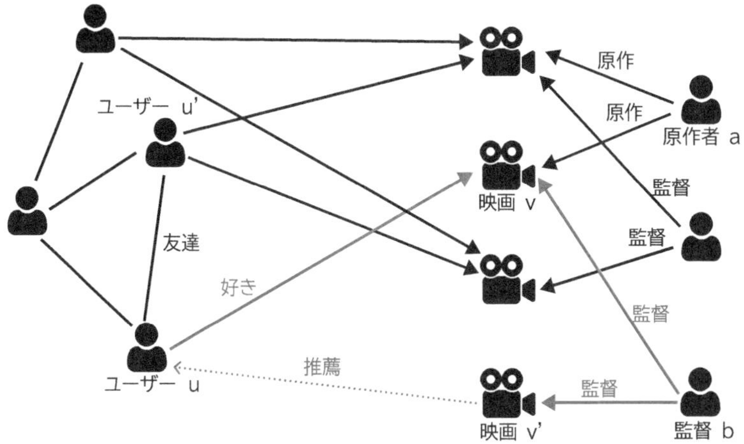

図 1.14 知識グラフを用いた推薦の例．ユーザー u が好きな映画 v と同じ監督の映画 v' を推薦する．これは映画 v' が一度も視聴されたことがなくても可能である．

かったとします．このとき，知識グラフに基づいて接続予測を行うと，ユーザー u に映画 v' を推薦できます（図 1.14）．知識グラフを用いると，このように知識に基づいた推薦ができ，映画についての冷間始動問題を緩和できます．一般に，解きたいタスクのデータに知識グラフを合併することで，さまざまな知識を活用して推薦精度を向上させることが可能です．

1.4 グラフニューラルネットワークとは

グラフニューラルネットワークはグラフデータを処理するニューラルネットワークの総称です．多くのグラフニューラルネットワークは第 3 章で解説する**メッセージ伝達** (message passing) という機構を用いてグラフの情報を取り入れながら問題を解きます．メッセージ伝達を用いたグラフニューラルネットワークの利点は，頂点分類・グラフ分類・接続予測・グラフ生成を含むさまざまなグラフに関する問題をほとんど同じ手法で解くことができることです．これまで見てきたように，推薦システム，迷惑アカウント分類，画像のセグメント分割など，さまざまな具体的問題がこの範疇に含まれます．グラフニューラルネットワークさえ扱えるようになれば，これらさまざまな問題を一挙に解くことができるようになります．また，分類問題や推薦問題などはグラフニューラルネットワークを用いずとも解くことは可能ですが，1.3 節で解説したように，補助情報をグラフの形式で取り入れることで，性能を大きく上げることが可能です．

ユーザーが広告をクリックするかどうかを予測する問題を考えてみましょう．従来の機械学習手法は，当該ユーザーについて，年齢や性別などの属性を収集して特徴ベクトルとし，この情報を用いて予測を行います．一方，グラフニューラルネットワークは当該ユーザーの情報だけでなく，友人の情報や，友人の友人の情報などを活用して予測を行います．“A man is known by the company he keeps”（人は付き合っている仲間で知られる）や “Birds of a feather flock together”（同じ羽の鳥は一緒に群れる）という英語のことわざがあります．日本語にも「類は友を呼ぶ」や「朱に交われば赤くなる」ということわざがあります．友人の情報を活用することで，当該ユーザーだけに着目するよりも精度の高い予測ができると想像できます．

メッセージ伝達は隣接する頂点と情報を伝達しあい計算を行う機構です．グラフニューラルネットワークはメッセージ伝達を複数回反復して頂点の最終的な出力を決定します．図 1.14 の知識グラフを用いて推薦を行うことを考えてみましょう．1 回のメッセージ伝達の後には，映画 v には原作者 a が原作を務めているということ，監督 b が手がけていること，ユーザー u が好きであることが情報として格納されます．また，ユーザー u' にはユーザー u と友達であることなどの情報が格納されます．この時点で，映画 v とユーザー u' にはともにユーザー u についての情報が格納されていることとなり，映画 v がユーザー u' に推薦されやすくなります．これは社交的推薦の例です．また，2 回のメッセージ伝達の後には，1 回目で格納された情報がさらに隣接頂点へと伝播するため，ユーザー u には，好きな映画 v の監督が b である情報が格納されます．また，映画 v' には 1 回目の伝達の時点ですでに監督 b の作品である情報が入っています．これらの情報により，映画 v' がユーザー u に推薦されやすくなります．これは知識グラフによる補助情報を活用した推薦の例です．

メッセージ伝達とグラフニューラルネットワークのさらなる詳細については，第 2 章で用語や概念を準備した後に，第 3 章で解説します．

1.5 代表的なベンチマーク用データセット

グラフデータの機械学習でよく使用される代表的なベンチマーク用データセットを紹介します．本節はグラフデータの機械学習で扱う問題の範囲のイメージを膨らませることと，リファレンスとして用いることを想定しています．初めて読むときには細かい点まで覚える必要はありません．

本節で紹介するデータセットは引用先から元データを利用できるほか，すべて PyTorch Geometric[38] https://pytorch-geometric.readthedocs.io/ と Deep Graph Library (DGL)[147] https://www.dgl.ai/ から簡単に前処理済みのデータセットを得ることができます．

1.5.1 Cora

Cora[96, 125] は機械学習関連の論文の引用グラフのデータセットです．主に頂点分類問題に用いられます．

頂点 頂点は論文を表します．

辺 頂点 u から頂点 v への辺は，論文 u が論文 v を引用したことを表します．

頂点特徴量 頂点特徴量は論文要旨の単語の集合 (bag of words) を表します．語彙の数および次元は 1433 です．

頂点ラベル 頂点ラベルは論文のカテゴリを表します．手法カテゴリを表す Case Based（事例ベース），Genetic Algorithm（遺伝的アルゴリズム），Neural Networks（ニューラルネットワーク），Probabilistic Methods（確率的手法），Reinforcement Learning（強化学習），Rule Learning（ルール学習），Theory（理論）の 7 つのカテゴリがあります．

Cora データセットには，機械学習論文以外の 70 のカテゴリを含むより大きなバージョン [11] も存在します．

1.5.2 CiteSeer

CiteSeer[39, 125] は情報科学関連の論文の引用グラフのデータセットです．主に頂点分類問題に用いられます．

頂点 頂点は論文を表します．

辺 頂点 u から頂点 v への辺は，論文 u が論文 v を引用したことを表します．

頂点特徴量 頂点特徴量は論文要旨の単語の集合 (bag of words) を表します．語彙の数および次元は 3703 です．

頂点ラベル 頂点ラベルは論文のカテゴリを表します．分野を表す Agents（エージェント），AI（人工知能），DB（データベース），IR（情報検索），ML（機械学習），HCI（ヒューマンコンピュータインタラクション）の 6 つのカテゴリがあります．

1.5.3 PubMed

PubMed[125] は糖尿病に関する医学論文の引用グラフのデータセットです．主に頂点分類問題に用いられます．

頂点 頂点は論文を表します．

辺 頂点 u から頂点 v への辺は，論文 u が論文 v を引用したことを表します．

頂点特徴量 頂点特徴量は TF-IDF (Term Frequency - Inverse Document Frequency) で重み付けられた論文要旨の単語の集合 (bag of words) を表します．TF-IDF とは，単なる単語の出現数ではなく，ほかの文書中にあまり登場しない希少な単語を大きく重み付ける単語の集合の表現方法です．語彙の数および次元は 500 です．

頂点ラベル 頂点ラベルは論文のカテゴリを表します．内容を表す Diabetes Mellitus, Experimental（実験系），Diabetes Mellitus Type 1（1 型糖尿病），Diabetes Mellitus Type 2（2 型糖尿病）の 3 つのカテゴリがあります．

1.5.4 CoauthorCS と CoauthorPhysics

CoauthorCS と CoauthorPhysics[126] は情報科学と物理の研究者の共著グラフです．主に頂点分類問題に用いられます．

頂点 頂点は研究者を表します．

辺 頂点 u と頂点 v の間の辺は，研究者 u と研究者 v が共著したことを表します．

頂点特徴量 頂点特徴量は研究者の執筆した論文のキーワードの集合 (bag of words) を表します．

頂点ラベル 頂点ラベルは研究者の研究分野を表します．CoauthorCS には 15 個，CoauthorPhysics には 5 個のカテゴリがあります．

1.5.5 Amazon Computers と Amazon Photo

Amazon Computers と Amazon Photo[95, 126] は E コマースサイト Amazon の商品の共同購入を表すグラフです．主に頂点分類問題に用いられます．

頂点 頂点は商品を表します．

辺 頂点 u と頂点 v の間の辺は，商品 u と商品 v が一緒によく購入されることを表します．

頂点特徴量 頂点特徴量は商品のレビューに登場する単語の集合 (bag of words) を表します．

頂点ラベル 頂点ラベルは商品のカテゴリを表します．Amazon Computers には 10 個，Amazon Photo には 8 個のカテゴリがあります．

1.5.6 Reddit

Reddit[51] はレディット (Reddit) というフォーラムサイトの投稿の関係を表すグラフです．主に頂点分類問題に用いられます．レディットはサブレディット (subreddit) というコミュニティーに分かれています．ユーザーはリンクや画像，テキストをサブレディットに投稿できます．また，ユーザーは投稿に対してコメントを追加したり，コメントに対してさらにコメントを追加したりできます．

頂点 頂点は投稿を表します．

辺 頂点 u と頂点 v の間の辺は，同じユーザーが投稿 u と投稿 v の両方にコメントしたことを表します．

頂点特徴量 頂点特徴量は投稿の 4 つの特徴を連結したものです．第一は，投稿タイトルの単語埋め込みベクトルの平均値，第二は，投稿内の全コメントの単語埋め込みベクトルの平均値，第三は，ユーザーの投票による投稿のスコア，第四は，投稿に対するコメントの数です．単語埋め込みベクトルは GloVe[110] という 300 次元の既存の単語埋め込みを用いて構築されます．特徴量はすべて合わせて 602 次元からなります．

頂点ラベル 頂点ラベルは投稿が属するサブレディットです．50 個のサブレディットがあります．

1.5.7 PPI

PPI (protein-protein interaction)[51,165] はタンパク質の関係を表すグラフのデータセットです．主に頂点分類問題に用いられます．PPI データセットには 24 個のグラフが含まれます．それぞれのグラフは 1 つの人体の組織に対応しています．一部のグラフで訓練し，別のグラフでテストするという帰納的な頂点分類問題によく用いられます．

頂点 頂点はタンパク質を表します．

辺 頂点 u と頂点 v の間の辺は，タンパク質 u とタンパク質 v の間に相互作用があることを表します．

頂点特徴量 頂点特徴量は関連する遺伝子の情報などを含みます．

頂点ラベル 頂点ラベルはタンパク質の機能を表します．121 種類のカテゴリがあります．

1.5.8 QM9

QM9[114,118] は化合物グラフのデータセットです．水素・炭素・酸素・窒素・フッ素を構成要素とする，水素以外の原子が 9 個以下の化合物からなります．主にグラフ回帰問題に用いられます．

グラフ グラフは化合物を表します．

頂点 頂点は原子を表します．

辺 頂点 u と頂点 v の間の辺は，原子 u と原子 v の間の化学結合を表します．

頂点特徴量 頂点特徴量は原子の種類や混成軌道，芳香環に含まれているかどうかのフラグなどを表します．

辺特徴量 辺特徴量は化学結合の種類を表します．

グラフラベル 各グラフには零点エネルギーや内部エネルギーなどの 19 の実数値が付与されています．

1.5.9 ZINC

ZINC[63,134] は化合物グラフのデータセットです．水素以外の原子が 38 個以下の化合物からなります．主にグラフ回帰問題に用いられます．

グラフ グラフは化合物を表します．

頂点 頂点は原子を表します．

辺 頂点 u と頂点 v の間の辺は，原子 u と原子 v の間の化学結合を表します．

頂点特徴量 頂点特徴量は原子の種類を表します．

辺特徴量 辺特徴量は化学結合の種類を表します．

グラフラベル 各グラフには化合物の水溶性を表す実数値が付与されています．

1.5.10 MUTAG

MUTAG[29, 101] は化合物グラフのデータセットです．主にグラフ分類問題に用いられます．

グラフ グラフは化合物を表します．

頂点 頂点は原子を表します．

辺 頂点 u と頂点 v の間の辺は，原子 u と原子 v の間の化学結合を表します．

頂点特徴量 頂点特徴量は原子の種類を表します．

辺特徴量 辺特徴量は化学結合の種類を表します．

グラフラベル 各グラフには細菌の突然変異を誘発させる性質があるかどうかの二値ラベルが付与されています．

1.5.11 NCI1

NCI1[101, 145] は化合物グラフのデータセットです．主にグラフ分類問題に用いられます．

グラフ グラフは化合物を表します．

頂点 頂点は原子を表します．

辺 頂点 u と頂点 v の間の辺は，原子 u と原子 v の間の化学結合を表します．

頂点特徴量 頂点特徴量は原子の種類を表します．

グラフラベル 各グラフにはヒトの肺癌細胞の増殖を抑制する効果があるかどうかの二値ラベルが付与されています．

1.5.12 PROTEINS

PROTEINS[13, 33, 101] はタンパク質グラフのデータセットです．主にグラフ分類問題に用いられます．

グラフ グラフはタンパク質を表します．

頂点 頂点はタンパク質の2次構造を表します．タンパク質の2次構造とは，タンパク質中のアミノ酸の部分配列が作る立体構造のことです．

辺 2次構造 u と2次構造 v はアミノ酸配列で隣接しているか，3次元空間中で一定距離以内にあるときに間に辺が張られます．

頂点特徴量 頂点特徴量は2次構造の種類（ヘリックス，シート，ターン）を表します．

グラフラベル 各グラフには酵素であるかどうかの二値ラベルが付与されています．

1.5.13 FB15k

FB15k[12] は知識グラフです．Freebase という知識グラフから一部を抜き出して構築されました．主に接続予測問題に用いられます．

頂点 頂点は事物を表します．

辺 頂点 u と頂点 v の間の辺は関係を表します．

辺ラベル 辺ラベルは関係の種類を表します．

オリジナルの FB15k には情報漏洩（リーク）の不備がありました．例えば，訓練データには A さんが賞 X を受賞したことを表す頂点 A から頂点 X への辺があるのに対し，テストデータには賞 X が A さんに授賞されたことを表す頂点 X から頂点 A の辺がありました．これにより，辺を反転させるだけの簡単なルールで多くの辺を予測できてしまい，手法の精度が正しく評価できませんでした．そこで，冗長な関係の種類を削除したバージョンが後に提案されています[138]．このバージョンは，関係の種類が 237 種類であることから FB15k-237 と呼ばれます．

1.6 記法

基本的な用語と記号を整理します．この段階では意味をつかみづらい用語や記法もあるかと思いますが，読み進めていくうちに明瞭になるものもあるので，ここですべてを覚える必要はありません．

- 集合 $\{1, 2, \ldots, n\}$ を $[n]$ と表記します．
- 正数全体の集合を $\mathbb{R}_+$，非負数全体の集合を $\mathbb{R}_{\geq 0}$ と表記します．例えば，$\mathbb{R}_+^d$ はすべての成分が正である d 次元ベクトル全体の集合です．$\mathbb{Z}_+, \mathbb{Z}_{\geq 0}$ も同様に正整数，非負整数全体の集合を表します．
- 成分がすべて 0 である n 次元ベクトルを $\mathbf{0}_n \in \mathbb{R}^n$ と表記します．
- 成分がすべて 1 である n 次元ベクトルを $\mathbf{1}_n \in \mathbb{R}^n$ と表記します．
- スカラーを小文字の a, b, c，ベクトルを太小文字の $\boldsymbol{a}, \boldsymbol{b}, \boldsymbol{c}$，行列やテンソルを太大文字の $\boldsymbol{A}, \boldsymbol{B}, \boldsymbol{C}$ と表記します．
- ベクトルや行列に下付き添え字を書いたときにはその成分を表します．例えば，ベクトル $\boldsymbol{a} \in \mathbb{R}^d$ の第 3 成分は $\boldsymbol{a}_3 \in \mathbb{R}$ と表記します．行列 $\boldsymbol{A} \in \mathbb{R}^{n \times m}$ について，$\boldsymbol{A}_i \in \mathbb{R}^m$ は行列 $\boldsymbol{A}$ の i 行目の成分を並べた列ベクトルを表し，$\boldsymbol{A}_{ij} \in \mathbb{R}$ は行列 $\boldsymbol{A}$ の i 行目 j 列目の成分を表します．
- 行の添え字集合 $\mathcal{I} \subset [n]$ と列の添え字集合 $\mathcal{J} \subset [m]$ について，$\boldsymbol{A}_{\mathcal{I},\mathcal{J}} \in \mathbb{R}^{|\mathcal{I}| \times |\mathcal{J}|}$ は行列 $\boldsymbol{A}$ の $\mathcal{I}$ 行目と $\mathcal{J}$ 列目を並べた部分行列を表します．また，$\boldsymbol{A}_{\mathcal{I}} \in \mathbb{R}^{|\mathcal{I}| \times m}$ は行列 $\boldsymbol{A}$ の $\mathcal{I}$ 行目を並べた部分行列を表します．添え字として $\boldsymbol{A}_{:i} = \boldsymbol{A}_{[i]}$ や $\boldsymbol{A}_{i:} = \boldsymbol{A}_{\{i,i+1,\ldots,n\}}$ や $\boldsymbol{A}_{i:j} = \boldsymbol{A}_{\{i,i+1,\ldots,j\}}$ や $\boldsymbol{A}_{:,k} = \boldsymbol{A}_{[n],k} \in \mathbb{R}^n$ など，コロンを用いた省略記法を用いることもあります．同様の添え字記法はベクトルや高階のテンソルについても用います．
- 要素 $a_1, a_2, \ldots, a_n \in \mathbb{R}$ を対角成分に並べた行列を $\mathrm{Diag}([a_1, a_2, \ldots, a_n]) \in \mathbb{R}^{n \times n}$ と表記します．
- 集合 $\mathcal{X}$ から $\mathcal{Y}$ への写像全体の集合を $\mathcal{Y}^{\mathcal{X}}$ と表記します．$\mathcal{X}$ が離散集合のときには写像 $\boldsymbol{a}\colon \mathcal{X} \to \mathbb{R}$ をベクトルとみなし，$\boldsymbol{a}(x)$ を $\boldsymbol{a}_x$ と表記します．例えば，$\mathcal{X} = \{x, y, z\}$ とすると，$\boldsymbol{a} \in \mathbb{R}^{\mathcal{X}}$ は x, y, z のいずれかを受けとり実数を返す写像であり，x に対応する値を $\boldsymbol{a}_x$ と表記します．
- **多重集合** (multiset) を $\{\!\{\cdot\}\!\}$ と表します．多重集合とは要素の重複を考慮する集合です．通常の集合は重複を無視するため $\{2, 3, 3\} = \{2, 3\}$ となりますが，多重集合では $\{\!\{2, 3, 3\}\!\} \neq \{\!\{2, 3\}\!\}$ となります．ただし，集合と同じく多重集合も順序は考慮しないため，$\{\!\{2, 3, 3\}\!\} = \{\!\{3, 2, 3\}\!\}$ となります．形式的には，集合 $\mathcal{X}$ 上の多重集合は $\mathcal{X}$ から $\mathbb{N}$ への写像（$\mathbb{N}^{\mathcal{X}}$ の元）

で表されます．例えば，$\mathcal{X} = \mathbb{R}$ とすると，$\mathcal{A} = \{\!\{2, 3, 3\}\!\}$ は

$$\mathcal{A}(2) = 1 \tag{1.1}$$

$$\mathcal{A}(3) = 2 \tag{1.2}$$

$$\mathcal{A}(x) = 0 \quad (x \neq 2, 3) \tag{1.3}$$

を表します．これは，多重集合中に 2 が 1 個，3 が 2 個含まれていることを表します．文脈から明らかな場合には，多重集合を単に集合と呼ぶこともあります．また，集合の記号 $\in$ などを多重集合にも用いることがあります．例えば，$3 \in \{\!\{2, 3, 3\}\!\}$ は真です．また，

$$\sum_{x \in \{\!\{2,3,3\}\!\}} x = 2 + 3 + 3 = 8 \tag{1.4}$$

です．

- 頂点集合が V，辺集合が E であるグラフを $G = (V, E)$ と表記します．
- 頂点集合が V，辺集合が E，頂点特徴量が $\boldsymbol{X}$ であるグラフを $G = (V, E, \boldsymbol{X})$ と表記します．
- 頂点 $v \in V$ の近傍頂点集合を $\mathcal{N}(v)$ と表記します．
- 頂点 $v \in V$ の次数を $\deg(v) \in \mathbb{Z}_{\geq 0}$ と表記します．
- グラフの**隣接行列**を $\boldsymbol{A} \in \mathbb{R}^{n \times n}$ と表記します．
- グラフの**接続行列**を $\boldsymbol{B} \in \mathbb{R}^{n \times m}$ と表記します．
- グラフの**次数行列**を

$$\boldsymbol{D} \overset{\text{def}}{=} \operatorname{Diag}([\deg(1), \ldots, \deg(n)]) \in \mathbb{R}^{n \times n} \tag{1.5}$$

と表記します．

- グラフの**対称正規化隣接行列**を

$$\hat{\boldsymbol{A}} \overset{\text{def}}{=} \boldsymbol{D}^{-\frac{1}{2}} \boldsymbol{A} \boldsymbol{D}^{-\frac{1}{2}} \in \mathbb{R}^{n \times n} \tag{1.6}$$

と表記します．次数が 0 の頂点が存在するときには $\boldsymbol{D}^{-\frac{1}{2}}$ の項のために対称正規化隣接行列は定義できないことに注意してください．このため，本書では対称正規化隣接行列が登場する場合には，次数が 0 の頂点が存在

しないと暗黙的に仮定します*2.

- グラフラプラシアンを

$$\boldsymbol{L} \stackrel{\text{def}}{=} \boldsymbol{D} - \boldsymbol{A} \in \mathbb{R}^{n \times n} \tag{1.7}$$

と表記します.

- 対称正規化ラプラシアンを

$$\boldsymbol{L}^{\text{sym}} = \boldsymbol{L}_{\text{sym}} \stackrel{\text{def}}{=} \boldsymbol{I}_n - \hat{\boldsymbol{A}} \in \mathbb{R}^{n \times n} \tag{1.8}$$

と表記します．ここで，上付きと下付きに分けているのは，累乗と下付き添え字が登場するときの可読性を高めるための便宜のためであり，数学的な意味の違いはありません．累乗が登場するときには $\boldsymbol{L}^k_{\text{sym}}$，下付き添え字が登場するときには $\boldsymbol{L}^{\text{sym}}_i$ と表記します．対称正規化隣接行列と同様に，本書では対称正規化ラプラシアンが登場する場合には，次数が 0 の頂点が存在しないと暗黙的に仮定します.

- 推移ラプラシアンを

$$\boldsymbol{L}^{\text{rw}} = \boldsymbol{L}_{\text{rw}} \stackrel{\text{def}}{=} \boldsymbol{I}_n - \boldsymbol{D}^{-1}\boldsymbol{A} \in \mathbb{R}^{n \times n} \tag{1.9}$$

と表記します．対称正規化隣接行列と同様に，本書では推移ラプラシアンが登場する場合には，次数が 0 の頂点が存在しないと暗黙的に仮定します.

- 指示関数：命題 P について，

$$1[P] = \begin{cases} 1 & (P \text{ が真 のとき}) \\ 0 & (P \text{ が偽 のとき}) \end{cases} \tag{1.10}$$

と定めます.

- ビッグ・オー記法：$\limsup_{x \to \infty} \frac{f(x)}{g(x)} < \infty$ であるとき，大文字の O を用いて $f(x) = O(g(x))$ と表記します．例えば $f(x) = O(x^2)$ とは f は高々 x^2 の速度で成長する関数であることを表します.
- ビッグ・オメガ記法：$\liminf_{x \to \infty} \frac{f(x)}{g(x)} > 0$ であるとき，Ω を用いて $f(x) = \Omega(g(x))$ と表記します．例えば $f(x) = \Omega(x^2)$ とは f は x^2 以上

---

*2 疑似逆行列を用いて行列の負のべきを定義する流派も存在します．このような定義を採用しても，本書の議論はほとんど変わりません．ただし，議論が煩雑になるため，本書では 0 の頂点が存在しないと暗黙的に仮定することで議論を避けることにします.

の速度で成長する関数であることを表します．

- **シータ記法**：$f = O(g(x))$ かつ $f = \Omega(g(x))$ のとき $f = \Theta(g(x))$ と表します．例えば $f(x) = \Theta(x^2)$ とは f は x^2 と同じ速度で成長する関数であることを表します．

1.7 本書の構成

本章では，グラフデータと，関連する問題の例を示しました．以降では，これらの問題に対するグラフニューラルネットワークを用いた解法を示していきます．

第 2 章：準備では，グラフニューラルネットワークを導入するための準備を行います．2.1 節ではニューラルネットワークについての基本的な事項の復習を，2.2 節ではグラフ理論についての基本的な事項の解説を行います．これらの節は，それぞれの分野に馴染みの深い読者は飛ばしても差し支えありません．2.3 節では，グラフニューラルネットワーク以前のグラフ機械学習手法を紹介します．この節は以降の章を読むうえで必須ではありませんが，古典的な手法を知ることで，グラフニューラルネットワークの特性をより深く理解できるため，簡単に読んでおくことをおすすめします．

第 3 章：グラフニューラルネットワークの定式化では，メッセージ伝達を用いたグラフニューラルネットワークの定式化について解説します．具体的なアーキテクチャの紹介と，訓練の手順についても解説します．この章を読めば，グラフニューラルネットワークについての基本事項を理解できます．

第 4 章：さまざまなタスクへの応用では，グラフ分類・接続予測・グラフ生成など，さまざまなタスクにグラフニューラルネットワークを応用する方法を解説します．この章を読めば，さまざまな問題に対してグラフニューラルネットワークを適用できるようになります．

第 5 章：グラフニューラルネットワークの高速化では，グラフニューラルネットワークの高速化の方法を解説します．現実世界には非常に大きなグラフが多数存在するため，グラフニューラルネットワークの高速化は重要な課題です．また，実地に応用するときには，コストを抑えてモデルを訓練・運用することが求められます．この章を読めば，グラフニューラルネットワークを高速化および省コスト化するための方法を学ぶことができます．この章の最後の節では，Pinterest というウェブサービスにおける 30 億頂点のグラフを用いた事例を紹介します．

第 6 章以降ではグラフニューラルネットワークの理論について解説します．

第 6 章：スペクトルグラフ理論は多くのグラフニューラルネットワークの理論の基礎となるトピックです．線形代数やフーリエ級数など，前提となる基礎知識から丁寧に解説します．6.4 節で紹介するグラフフーリエ変換に基づいたグラフニューラルネットワークの定式化は，第 3 章の定式化を補完するものとなっており，この章を読むことでグラフニューラルネットワークを多角的に理解できるようになります．

第 7 章：過平滑化現象とその対策では，過平滑化というグラフニューラルネットワークが持つ重要な問題点と，その解決方法を示します．過平滑化の理論は前章のスペクトルグラフ理論の直接的な応用例の 1 つです．

第 8 章：グラフニューラルネットワークの表現能力では，グラフニューラルネットワークにより解ける問題の範囲を理論的に明らかにします．グラフニューラルネットワークが解ける問題の範囲には特有の制限があることが知られています．この章を読めば，グラフニューラルネットワークの本質的な限界と，その限界を克服するための手法を学ぶことができます．

最後に，**第 9 章：おわりに**ではグラフニューラルネットワークを利用するためのソフトウェアとデータセットリポジトリと，読者がさらに学習を進めるための推薦図書を紹介します．

一部の節のタイトルにアスタリスクを付記することで，内容が補助的あるいは発展的であることを示しました．これらの節の内容は，理解をしなくともそれ以降の内容を理解する妨げにはならないので，難しいと感じた場合は無理せず次の章や節に進んでください．

Chapter 2

準備

本章では，グラフニューラルネットワークを定義するための準備を行います．まずはベクトルデータ用の通常のニューラルネットワークについて簡単に復習したのち，グラフ理論に関する基本的な概念を紹介します．その後，グラフニューラルネットワークが発達する以前の，グラフデータのための古典的な機械学習手法を紹介します．本章を読めば，グラフニューラルネットワークを定式化するために必要な基本事項を学ぶことができます．

2.1 ニューラルネットワーク

本節では，ニューラルネットワークについての基本的な概念について復習します．ニューラルネットワークに馴染みの深い読者の方は本節を読み飛ばしても差し支えありません．本書はニューラルネットワークの基本事項については学習済みの読者を想定しています．ニューラルネットワークについてのさらなる詳細は，本シリーズ『深層学習』[170] などを参照してください．

2.1.1 機械学習モデルの訓練と推論

機械学習モデルはパラメータ化された関数 $f_\theta(x)$ で表されます．θ はパラメータを表します．本書では機械学習モデルのことを単にモデルと呼ぶことがあります．また，モデルといったときには，具体的な θ の値を設定した関数 f_θ を表すこともあれば，θ を変数と見た関数族 $\{f_\theta\}_\theta$ を表すこともあることに注意してください．どちらを表しているかは文脈に依存します．

θ を固定したうえで，入力 x に対してモデルの出力 $y = f_\theta(x)$ を計算する過程をモデルの**推論** (inference) と呼びます．

適切なパラメータ θ を求める過程をモデルの**訓練** (training) あるいは学習 (learning) と呼びます．機械学習モデルはパラメータ θ の設定次第ではデタラメな関数にもなれば精度の高い関数にもなります．精度のよいパラメータの設定を見つけるのがモデルの訓練の目的です．典型的な訓練の問題設定は教師あり学習です．教師あり学習では，入出力の例の集合 $\mathcal{D} = \{(x_i, y_i)\}_i$ が与えられるので，$f_\theta(x_i) \approx y_i$ となるようにパラメータ θ を訓練します．入出力の例の集合 $\mathcal{D}$ を教師データと呼びます．訓練は損失関数と呼ばれるパラメータについての関数 $L(\theta)$ を最小化することによって行われます．例えば，回帰問題の場合，二乗誤差

$$\mathcal{L}(\theta) = \sum_i (f_\theta(x_i) - y_i)^2 \tag{2.1}$$

がよく用いられます．損失関数はタスクに応じて適切に設計する必要があります．損失関数を最小化するアルゴリズムを最適化アルゴリズムと呼びます．最適化アルゴリズムの代表例は**勾配降下法** (gradient descent; GD) です．勾配降下法は適当なパラメータ θ_0 から始めて，

$$\theta_{t+1} = \theta_t - \alpha \nabla_\theta \mathcal{L}(\theta_t) \tag{2.2}$$

というようにパラメータの列 $\theta_1, \ldots, \theta_T$ を逐次的に生成していきます．損失関数が

$$\mathcal{L}(\theta) = \frac{1}{n} \sum_{i=1}^{n} l(x_i, y_i, \theta) \tag{2.3}$$

というように，データごとの損失の平均値で表されるときには，**確率的勾配降下法** (stochastic gradient descent; SGD) もよく用いられます．確率的勾配降下法は，各反復においてデータ (x_i, y_i) を訓練データからランダムに抽出し，

$$\theta_{t+1} = \theta_t - \alpha \nabla_\theta l(x_i, y_i, \theta_t) \tag{2.4}$$

というように抽出されたデータについての損失の勾配を用いてパラメータを

更新します．このほか，勾配降下法と確率的勾配降下法の中間的な手法であるミニバッチ確率的勾配降下法や，更新式を工夫した Adam[70] などがよく用いられます．さらなる最適化アルゴリズムの詳細については，本シリーズ『深層学習』[170] や『機械学習のための連続最適化』[171] などを参照してください．

ニューラルネットワークは機械学習モデルの種類です．ニューラルネットワークという言葉の範囲は広く，明確な定義はありませんが，脳の神経網から着想を得た機械学習モデルとその派生モデルを主に指します．以下では，具体的なニューラルネットワークの一種である多層パーセプトロンと畳み込みニューラルネットワークを紹介します．

2.1.2 多層パーセプトロン

多層パーセプトロン (multi-layer perceptron; MLP) はベクトルを入力として受けとり，ベクトルを出力するニューラルネットワークです．以下の式で定義されます．

$$\begin{aligned} & f_{\boldsymbol{W}^{(1)},\boldsymbol{W}^{(2)},\ldots,\boldsymbol{W}^{(L)}}(\boldsymbol{x}) \\ & = \sigma^{(L)}(\boldsymbol{W}^{(L)}\sigma^{(L-1)}(\ldots\sigma^{(2)}(\boldsymbol{W}^{(2)}\sigma^{(1)}(\boldsymbol{W}^{(1)}\boldsymbol{x}))\ldots)) \end{aligned} \tag{2.5}$$

$\boldsymbol{W}^{(1)} \in \mathbb{R}^{d_1 \times d_0}, \boldsymbol{W}^{(2)} \in \mathbb{R}^{d_2 \times d_1}, \ldots, \boldsymbol{W}^{(L)} \in \mathbb{R}^{d_L \times d_{L-1}}$ がモデルの学習パラメータです．$\sigma^{(l)} \colon \mathbb{R}^{d_l} \to \mathbb{R}^{d_l}$ は活性化関数と呼ばれ，多くの場合，要素ごとの単純な非線形関数が用いられます．シグモイド関数

$$\sigma(x) = \frac{1}{1 + \exp(-x)} \tag{2.6}$$

や ReLU (rectified linear unit) 関数

$$\sigma(x) = \begin{cases} x & (x \geq 0) \\ 0 & (x < 0) \end{cases} \tag{2.7}$$

や Leaky ReLU 関数

$$\sigma(x) = \begin{cases} x & (x \geq 0) \\ -ax & (x < 0) \end{cases} \tag{2.8}$$

が活性化関数の代表例です．Leaky ReLU 関数の a は 0.01 などの正の定数です．上記の活性化関数の定義はスカラー関数ですが，スカラー関数をベクトルに適用したときには次元ごとにスカラー関数を適用するものとします．最後の層では活性化を行わず，$\sigma^{(L)}$ を恒等関数とすることもあります．多層パーセプトロンは線形変換と要素ごとの非線形変換を繰り返すモデルであるといえます．

多層パーセプトロンを始め，ニューラルネットワークの多くは同じ構造の変換の繰り返しからなります．繰り返しの単位を**層** (layer) と呼びます．多層パーセプトロンの場合，

$$g^{(l)}(\boldsymbol{x}) = \sigma^{(l)}(\boldsymbol{W}^{(l)}\boldsymbol{x}) \tag{2.9}$$

が 1 層に対応します．層の表記を用いると，多層パーセプトロンは

$$f_{\boldsymbol{W}^{(1)},\boldsymbol{W}^{(2)},\ldots,\boldsymbol{W}^{(L)}} = g^{(L)} \circ g^{(L-1)} \circ \ldots \circ g^{(2)} \circ g^{(1)} \tag{2.10}$$

というように合成関数として表すことができます．

2.1.3 畳み込みニューラルネットワーク

畳み込みニューラルネットワークは行列やテンソル（多次元配列）を受けとり，行列やテンソルを出力するニューラルネットワークです．ここでは，画像を念頭におき，3 階のテンソル $\boldsymbol{X} \in \mathbb{R}^{H\times W\times C}$ を入力とした場合を考えます．ここで，H は画像の高さ，W は幅，C はチャンネル数を表します．

畳み込みニューラルネットワークの層（畳み込み層）は以下で定義されます．

$$\boldsymbol{W} \in \mathbb{R}^{h\times w\times C\times F} \tag{2.11}$$

$$f_{\boldsymbol{W}} \colon \mathbb{R}^{H\times W\times C} \to \mathbb{R}^{(H-h+1)\times(W-w+1)\times F} \tag{2.12}$$

$$f_{\boldsymbol{W}}(\boldsymbol{X})_{ijk} = \sum_{p=1}^{h}\sum_{q=1}^{w}\sum_{r=1}^{C} \boldsymbol{W}_{pqrk}\boldsymbol{X}_{i+p,j+q,r} \tag{2.13}$$

畳み込み層は，入力 $\boldsymbol{X}$ 中の $h \times w$ の各長方形領域について，$\boldsymbol{W}_{:,:,:,k} \in \mathbb{R}^{h\times w\times C}$ との内積を出力します．$\boldsymbol{W}_{:,:,:,k}$ は入力のパターンを表していると解釈できます．出力 $f_{\boldsymbol{W}}(\boldsymbol{X})$ は，$\boldsymbol{W}_{:,:,:,k}$ の表す入力パターンとよく照合す

る箇所の値が高くなります．例えば画像の場合，パターンとは直線や曲線などの形状や，毛並みや水面などのテクスチャなどを表す小さな画像パッチに対応します．$\boldsymbol{W}$ はフィルタやカーネルとも呼ばれます．畳み込みニューラルネットワークはこのような局所的なパターンを効率よく抽出できるため，画像や音声や動画などのデータに適していると考えられています．

2.1.4 誤差逆伝播法と一気通貫学習

誤差逆伝播法 (backpropagation) はニューラルネットワークのパラメータについての誤差の勾配を効率よく計算するアルゴリズムです．誤差逆伝播法の基本的なアイデアは，出力に近い層から順次，層ごとに勾配を計算していくというものです．本書では，アルゴリズムの詳細については立ち入りません．詳細については本シリーズ『深層学習』[170, Chapter 4] を参照してください．

ここで重要なことは，どのようなニューラルネットワークであろうと，誤差逆伝播法を用いると手続き的に勾配を計算できるということです．深層学習のフレームワークである PyTorch や TensorFlow では，ニューラルネットワークを実行すると自動で誤差逆伝播法を行い，勾配を計算する機能を提供しています．勾配さえ計算できれば，後は勾配降下法などを用いることでパラメータを最適化できます．つまり，これらのフレームワークを用いる限り，ユーザーは勾配計算や最適化の詳細について立ち入る必要がないということです．これは，古典的な機械学習手法では，モデルを設計するごとに勾配の計算方法や最適化の方法を紙とペンを用いて導出していたこととは対照的です．

タスクの入出力の「始めから終わりまで (end-to-end)」を機械学習モデル f_θ で表現して，θ を一度に最適化することを**一気通貫学習** (end-to-end learning) と呼びます．古典的な方式では，タスクを扱いやすいステップに分解し，それぞれのステップについてアルゴリズムを設計するのが一般的でした．例えば，画像分類であれば，画像の前処理，特徴抽出，パターン認識というステップに分解できます．一方，一気通貫学習では，画像を受けとり，画像クラスを出力する機械学習モデル f_θ にすべての処理を一任します．ニューラルネットワークは非常に表現力が高いため，このような大胆な設計が可能になります．また，古典的な方式では，それぞれのステップを個別に最適化したり，1つのステップ内においてもパラメータを分割して個別に最適化することが多いですが，ニューラルネットワークでは誤差逆伝播法によりすべてのパラメータの勾配が求まり，一度にすべてを最適化できます．一気通貫学習により，モデルの設計者が考えるべきことが少なくなり，複雑なタスクを簡単に扱えるようになったことも，ニューラルネットワークが人気を博している1つの要因です．

2.2 グラフ理論

本節では，グラフ理論についての基本的な概念を導入します．グラフ理論に馴染みの深い読者の方は本節は読み飛ばしても差し支えありません．本節を読むうえでグラフ理論の予備知識は必要ありません．また，グラフ理論の基礎的な概念を本節にすべてまとめていますが，グラフ理論に馴染みのない読者の方はここですべての概念を完璧に理解する必要はありません．一度読んで分からない場合は，大体の意味を理解したのち，後続の章で概念が再登場したときに本節に戻ってくるという読み方をするとよいでしょう．

2.2.1 グラフの定義

グラフは頂点集合 V と辺集合 $E \subset \{\{u, v\} \mid u, v \in V\}$ の組 $G = (V, E)$ により定義されます．辺 $\{u, v\} \in E$ は要素数 1 または 2 の頂点の集合により表されます．要素数が 1 であるのは $u = v$ のとき，かつこのときのみであり，このような辺を**自己ループ** (self loop) といいます．本書では，頂点には 1 から n の番号を付け，一般性を失うことなく $V = [n]$ であると仮定します．これには，さまざまなグラフを統一的に扱うという目的と，頂点要素の重複を避けるという目的があります．例えば，原子と原子のつながりを表すとき，頂点集合を原子番号の集合で表してしまうと，同じ原子番号を持つ原子が複数登場したときに区別がつかなくなり，一方の原子を指し示すことができなくなります．頂点に番号を付けるとこのような混乱がなくなります．番号 i が付いている頂点のことを i 番目の頂点や頂点 i と呼びます．辺集合にも 1 から m の番号を付け，$E = \{e_1, e_2, \ldots, e_m\}$ と表します．本書のグラフの定義においては，同じ頂点対に 2 本以上の辺が存在しないことに注意してください．図 2.1 にグラフの例を掲載します．

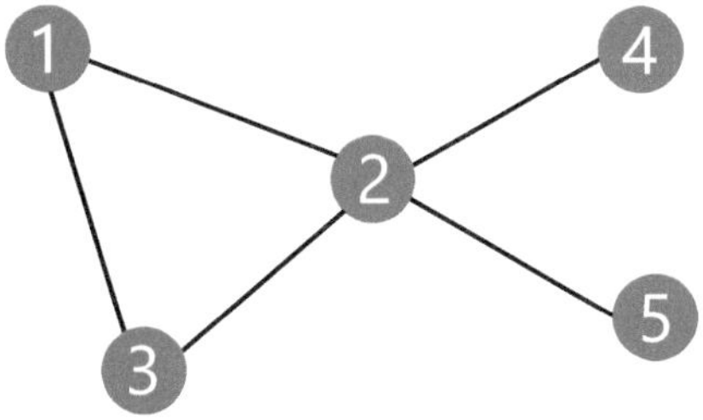

図 2.1 グラフの例. $V = \{1,2,3,4,5\}, E = \{\{1,2\},\{1,3\},\{2,3\},\{2,4\},\{2,5\}\}, G = (V,E)$ である.

2.2.2 近傍

頂点 v と辺を共有する頂点を v の**近傍** (neighborhood) といいます. 頂点 v の近傍頂点集合を $\mathcal{N}(v) \stackrel{\text{def}}{=} \{u \in V \mid \{v,u\} \in E\}$ と表記します. 頂点 u が頂点 v の近傍であるとき, 頂点 u は頂点 v と隣接しているといいます. ソーシャルネットワークの場合, 近傍頂点集合 $\mathcal{N}(v)$ は v の友達の集合を表します. 図 2.1 の例では, $\mathcal{N}(1) = \{2,3\}, \mathcal{N}(2) = \{1,3,4,5\}$ となります.

2.2.3 次数

頂点 v に隣接する頂点の数を頂点 v の**次数** (degree) といいます. 頂点 v の次数を $\deg(v) \stackrel{\text{def}}{=} |\mathcal{N}(v)| \in \mathbb{Z}_{\geq 0}$ と表記します. ソーシャルネットワークの場合, 頂点 v の次数 $\deg(v)$ は v の友達の人数を表します. 図 2.1 の例では, $\deg(1) = 2, \deg(2) = 4$ となります. 次数を対角成分に並べた対角行列

$$\boldsymbol{D} \stackrel{\text{def}}{=} \mathrm{Diag}(\deg(1), \deg(2), \ldots, \deg(n)) \in \mathbb{R}^{n \times n} \tag{2.14}$$

を次数行列といいます.

2.2.4 部分グラフ

グラフ G の一部を取り出したグラフを G の**部分グラフ** (subgraph) といいます (図 2.2). 正式には, グラフ $G = (V,E)$ について, 頂点集合 V' が V の部分集合であり, 辺集合 E' が E の部分集合であるグラフ $G' = (V', E')$ が G の部分グラフです. グラフ $G = (V,E)$ の頂点の部分集合 $V' \subset V$ について, V' の間の E の辺をすべて含む部分グラフ

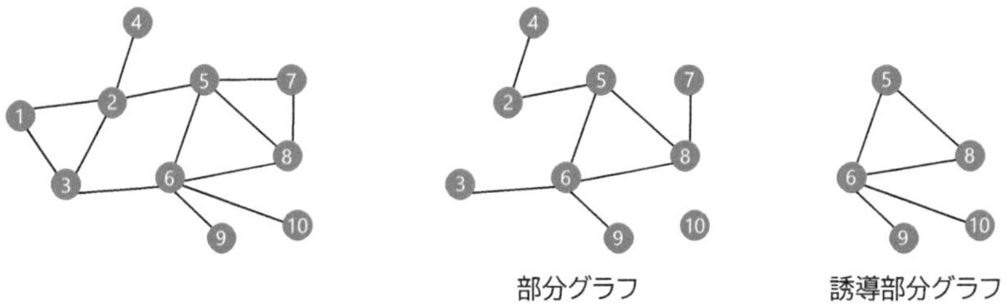

図 2.2 部分グラフの例．左：グラフ G．中央：G の部分グラフ．右：頂点 $V' = \{5, 6, 8, 9, 10\}$ で誘導される誘導部分グラフ $G(V')$．

$$G(V') \stackrel{\text{def}}{=} (V', \{e \in E \mid e \subset V'\}) \tag{2.15}$$

を V' で誘導される**誘導部分グラフ** (induced subgraph) といい，$G(V')$ と表します．直観的には，誘導部分グラフとは，G から V' の部分をくり抜いて取り出したグラフです．例えば，図 2.2 右のグラフが頂点 $\{5, 6, 8, 9, 10\}$ で誘導される誘導部分グラフです．

2.2.5 ウォークとパス

辺をたどって生成した頂点の列を**ウォーク** (walk) といいます．正式には，$i \in [l-1]$ について $\{v_i, v_{i+1}\} \in E$ が成り立つとき，頂点の列 $v_1, v_2, \ldots, v_l \in V$ をウォークといいます．特に，頂点に重複がない，つまり $i \neq j$ ならば $v_i \neq v_j$ が成り立つウォークのことを**パス** (path) といいます．ソーシャルネットワークの場合，ウォークとは，友達の友達，友達の友達の友達，... というように友人関係をたどった軌跡に相当します．図 2.2 左のグラフの例では，1, 3, 1, 2, 3, 6 はウォークです．1, 2, 5, 8, 7 はパスです．

2.2.6 連結性

パスによりすべての頂点の間を行き来できるグラフを**連結グラフ** (connected graph) といいます（図 **2.3**）．正式には，任意の頂点 $u, v \in V$ について，パス $v_1 = u, v_2, \ldots, v_l = v$ が存在するとき，このグラフは連結であるといいます．ソーシャルネットワークの場合，友達の友達，友達の友達の友達，... とたどっていけば，どのような人にもいつかはたどりつけるときグラ

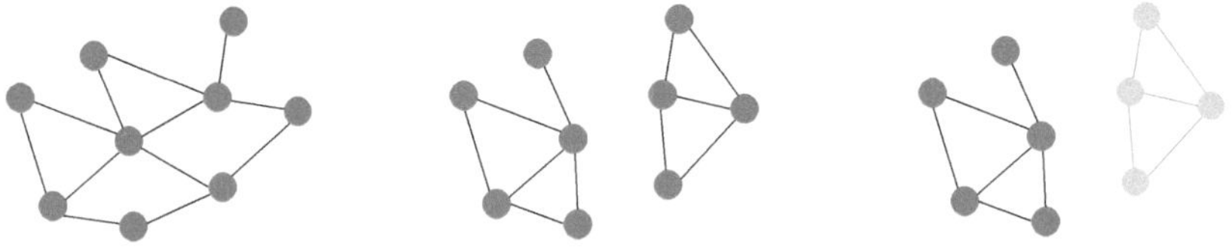

図 2.3　連結性．左：連結グラフの例．中央：非連結グラフの例．右：連結成分の例．青の頂点で誘導される誘導部分グラフが連結成分である．灰色の頂点で誘導される誘導部分グラフも連結成分である．

フが連結です．連結でないグラフを**非連結グラフ** (disconnected graph) といいます．

グラフ中の極大な連結部分グラフを**連結成分** (connected component) といいます（図 2.3 右）．ここで G' が極大であるとは，G' に G の頂点や辺を追加すると連結ではなくなることを指します．連結成分は適当な頂点 v から始めて，辺をたどってたどりつける頂点全体の集合により誘導される誘導部分グラフであるともいえます．

2.2.7　隣接行列と接続行列

隣接行列 (adjacency matrix) とは，グラフ中の各頂点対に辺が存在するかどうかを $n \times n$ の行列で表したものです．隣接行列 $\boldsymbol{A}$ は以下で定義されます．

$$\boldsymbol{A}_{ij} = \begin{cases} 1 & (\{i,j\} \in E) \\ 0 & (\{i,j\} \notin E) \end{cases} \tag{2.16}$$

つまり，頂点 i と j の間に辺があるとき $\boldsymbol{A}_{ij} = 1$ であり，辺がないとき $\boldsymbol{A}_{ij} = 0$ です．定義より隣接行列は対称行列です．隣接行列 $\boldsymbol{A}$ は頂点どうしの類似度を表した類似度行列とみなすことができます．ただし，間に辺があるかどうかだけを基準に，ゼロイチで判定している非常に疎な類似度の基準です．例えばソーシャルネットワークの場合，友達どうしは類似していて，それ以外は類似していないと判定していることに相当します．

接続行列 (incidence matrix) とは，各辺に接続する頂点を $n \times m$ の行列

で表したものです．接続行列 $\boldsymbol{B}$ は以下で定義されます．

$$\boldsymbol{B}_{ij} = \begin{cases} 1 & (i \in e_j) \\ 0 & (i \notin e_j) \end{cases} \tag{2.17}$$

つまり，頂点 i が j 番目の辺の端点となっているとき $\boldsymbol{B}_{ij} = 1$ であり，そうでないとき $\boldsymbol{B}_{ij} = 0$ です．接続行列の i 行目 $\boldsymbol{B}_i \in \mathbb{R}^m$ は頂点 i に接続している辺の集合を表しています．

隣接行列と接続行列はそれぞれ，グラフを完全に記述します．つまり，隣接行列を与えても，接続行列を与えても，頂点集合と辺集合の組 $G = (V, E)$ を与えても，情報量は同じです．以降では，隣接行列や接続行列をグラフそのものとみなすことがあります．

2.2.8 重み付きグラフ

各辺が実数値を持つグラフを**重み付きグラフ** (weighted graph) といいます．重み付きグラフは辺に実数値を割り当てる関数 $w\colon E \to \mathbb{R}$ を用いて $G = (V, E, w)$ と表されます．重み w は端点の距離を表すこともあれば端点の類似度を表すこともあります．この 2 つは正反対の意味なので，どちらを表しているかには注意が必要です．例えば交通ネットワークの場合，重みは道路の長さを表すことがあります．化合物グラフの場合は原子間の距離を表すことがあります．ソーシャルネットワークの場合，2 人の間のメッセージのやりとりの回数を表すことなどがあります．本書では断りのない限り，重みは類似度を表し，値が大きいほど端点は似ているとします．

重み付きグラフを表すために，以下で定義される重み付き隣接行列 $\boldsymbol{W} \in \mathbb{R}^{n \times n}$ がしばしば用いられます．

$$\boldsymbol{W}_{ij} = \begin{cases} w(\{i, j\}) & (\{i, j\} \in E) \\ 0 & (\{i, j\} \notin E) \end{cases} \tag{2.18}$$

重み付き隣接行列は重み付きグラフの情報をほとんどすべて含んでいます．ここで，ほとんどといったのは，重み付き隣接行列では辺がない場合と重みが 0 の辺がある場合が区別できないからです．ただし応用上は重みが 0 の辺は存在しないものと同一視できることが多く，重み付き隣接行列は重み付きグラフと等価であると考えて差し支えありません．重み付き隣接行列は，類似度行列とみなすことができます．また逆に，グラム行列などの類似度行列を重み付きグラフの隣接行列とみなし，重み付きグラフを構築できます．このことから，類似度行列と重み付きグラフは互いに変換可能な等価な表現であるといえます．

重み付きグラフにおいて，頂点 v の次数を接続する辺の重みの総和

$$\deg(v) \overset{\text{def}}{=} \sum_{u \in V} \boldsymbol{W}_{vu} \tag{2.19}$$

と定義し，重みなしグラフと同様に，次数行列を

$$\boldsymbol{D} \overset{\text{def}}{=} \mathrm{Diag}(\deg(1), \deg(2), \ldots, \deg(n)) \in \mathbb{R}^{n \times n} \tag{2.20}$$

と定義します．

重みのないグラフはすべての辺の重みが 1，つまり $w(e) = 1$ である重み付きグラフであるとみなすことができます．このとき，重み付き隣接行列は通常の隣接行列に一致します．

2.2.9 有向グラフ

辺に向きが付いているグラフを**有向グラフ** (directed graph) といいます．有向グラフと対比して，これまで扱ってきた向きのないグラフを**無向グラフ** (undirected graph) といいます．有向グラフの辺は順序対 (u, v) で表します．(u, v) は頂点 u から頂点 v に辺があることを表します．例えば，頂点が文書である引用グラフでは，文書 u が文書 v を引用しているとき辺 (u, v) が張られます．

有向グラフは以下で定義される隣接行列 $\boldsymbol{A} \in \mathbb{R}^{n \times n}$ で表現されます．

$$\boldsymbol{A}_{ij} = \begin{cases} 1 & ((i, j) \in E) \\ 0 & ((i, j) \notin E) \end{cases} \tag{2.21}$$

無向グラフの場合と異なり，有向グラフの隣接行列は対称とは限りません．

隣接行列をグラフの定義と見ると，有向グラフは対称性の制約を取り除いた，無向グラフの一般化であると見ることができます．逆に，無向グラフは隣接行列が対称である有向グラフの特殊例であると見ることができます．こ

れを頂点と辺の観点で解釈すると，無向グラフとはすべての辺が両方向存在する有向グラフ，つまり $(u,v) \in E$ のとき必ず $(v,u) \in E$ である有向グラフであるということになります．

本書では断りのない限りグラフは無向グラフであると仮定します．第3章で紹介するメッセージ伝達型グラフニューラルネットワークなどは，有向グラフにも自然に拡張できます．

2.2.10 同類選好的グラフと異類選好的グラフ

類は友を呼ぶ，というように，似た者どうしが絆を深める傾向を**同類選好** (homophily) といい，逆に，異なる性質の者どうしがつながる傾向を**異類選好** (heterophily) といいます．ネットワーク科学やグラフ機械学習の文脈では，性質の似た頂点の間に辺が生じやすいグラフを**同類選好的グラフ** (homophilous graph)，頂点の性質が似ていないときにも辺が生じる傾向のあるグラフを**異類選好的グラフ** (heterophilous graph) といいます．特に，頂点分類の文脈では，頂点ラベルが同じ頂点どうしに辺が生じやすいグラフを同類選好的グラフ，異なるラベルの頂点どうしにも辺が生じる傾向のあるグラフを異類選好的グラフと呼びます．文書が頂点で，引用関係が辺で，文書のカテゴリが頂点ラベルであるグラフは同類選好的グラフの代表例です．コンピュータに関する文献はコンピュータの文献を引用しやすく，物理の文献は物理の文献を引用しやすい傾向が強くあるからです．一方，映画関係者が頂点で，共演・共作関係が辺で，仕事の種類（監督・俳優・脚本家）が頂点ラベルであるグラフは異類選好的グラフです．なぜなら，監督と俳優や，監督と脚本家が共作することは一般的なので，異なるラベルの頂点どうしにも辺が多く生じるからです．むしろ，監督どうしが共作することのほうが稀であるので，同じラベルの頂点どうしに辺があまり生じません．また，グラフは同じでも，何をもって同類とするか，すなわち頂点ラベルが何かによって，あるグラフが同類選好的とも異類選好的とも解釈できます．例えば，映画関係者のグラフでも頂点ラベルをその人の国籍とすると同類選好的なグラフとなります．アメリカ人の俳優はアメリカ人の監督と共作する傾向が強く，日本人の監督は日本人の脚本家と共作する傾向が強いからです．現実世界のグラフデータは同類選好的なものが多い傾向があります．

2.3 古典的なグラフ機械学習手法*

本節ではグラフニューラルネットワークが発達する以前に提案されたグラフデータのための機械学習手法を紹介します．本節は，本格的にグラフニューラルネットワークを導入する前にグラフデータのための機械学習手法の考え方を学ぶ，いわば助走を目的としています．以降の章を読むうえで，各手法の詳細まで理解する必要はありません．むしろ，カタログ的に眺めて，大意をつかむ読み方を想定しています．

2.3.1 ラベル伝播法

以下で定義される転導的頂点二値分類問題を考えます．

問題 2.1（転導的頂点二値分類問題）

入力 重み付きグラフ $G = (V, E, w)$
一部の頂点 $V_{\mathrm{L}} \subset V$ について，教師ラベル $y_v \in \{0, 1\}$ $(v \in V_{\mathrm{L}})$

出力 教師ラベルの付いていない頂点 $V_{\mathrm{U}} = V \setminus V_{\mathrm{L}}$ について，ラベルの推定値 $\hat{y}_v \in \{0, 1\}$ $(v \in V_{\mathrm{U}})$

上記の問題設定では入力は重み付きグラフとしましたが，$w(e) = 1$ とすることで，重みなしグラフを用いることもできます．

ラベル伝播法 (label propagation) はこの問題を解くための手法です．ラベル伝播法は以下の最適化問題により定式化されます．

$$\min_{\boldsymbol{f} \in \mathbb{R}^n} \frac{1}{2} \sum_{u \in V} \sum_{v \in V} \boldsymbol{W}_{uv} (\boldsymbol{f}_u - \boldsymbol{f}_v)^2 \tag{2.22}$$

$$\text{s.t.} \quad \boldsymbol{f}_v = y_v \quad (v \in V_{\mathrm{L}}) \tag{2.23}$$

ここで，$\boldsymbol{f} \in \mathbb{R}^n$ は頂点のラベルの推定値を表すベクトルです．制約条件より，教師ラベルを持つ頂点の推定値は教師ラベルをそのまま用います．それ以外の頂点については，目的関数の定義より，この推定値は隣接する頂点と似た値をとります．類似度が大きく重み $\boldsymbol{W}_{uv}$ が大きい頂点対 $\{u, v\}$ については，推定値の差が特に小さくなります．予測時には，$\boldsymbol{f}_v \geq 0.5$ であれば $\hat{y}_v = 1$ とし，$\boldsymbol{f}_v < 0.5$ であれば $\hat{y}_v = 0$ とします．

周囲に $y_u = 1$ なる教師ラベル付き頂点が多くあれば，目的関数の定義より，$\boldsymbol{f}_v$ の値は 1 に近くなり，$\hat{y}_v = 1$ と予測されることになります．このことから，同じラベルの頂点間に辺が張られやすい，同類選好的な場合には，ラベル伝播法は同類選好の傾向を活用して，精度よくラベルを推定できます．

ラベル伝播法の最適解は閉じた式で計算できます．まず，目的関数を

$$\mathcal{L}(\boldsymbol{f}) \stackrel{\text{def}}{=} \frac{1}{2} \sum_{u \in V} \sum_{v \in V} \boldsymbol{W}_{uv}(\boldsymbol{f}_u - \boldsymbol{f}_v)^2 \tag{2.24}$$

と表します．目的関数を $\boldsymbol{f}_i$ について偏微分すると，

$$\begin{aligned}\frac{\partial \mathcal{L}}{\partial \boldsymbol{f}_i} &= \sum_{v \in V} \boldsymbol{W}_{iv}(\boldsymbol{f}_i - \boldsymbol{f}_v) - \sum_{u \in V} \boldsymbol{W}_{ui}(\boldsymbol{f}_u - \boldsymbol{f}_i) \\ &\stackrel{\text{(a)}}{=} 2\left(\sum_{v \in V} \boldsymbol{W}_{iv} \boldsymbol{f}_i\right) - 2\left(\sum_{v \in V} \boldsymbol{W}_{iv} \boldsymbol{f}_v\right) \\ &= 2 \cdot \deg(i) \boldsymbol{f}_i - 2\boldsymbol{W}_i^\top \boldsymbol{f} \end{aligned} \tag{2.25}$$

となります．(a) では隣接行列 $\boldsymbol{W}$ が対称であることを用いました．頂点の次数を対角成分に並べた行列を

$$\boldsymbol{D} \stackrel{\text{def}}{=} \mathrm{Diag}([\deg(1), \ldots, \deg(n)]) \in \mathbb{R}^{n \times n} \tag{2.26}$$

とし，これと式 (2.25) を用いて勾配をベクトル形式で表すと，

$$\nabla_{\boldsymbol{f}} \mathcal{L} = 2(\boldsymbol{D} - \boldsymbol{W})\boldsymbol{f} \tag{2.27}$$

となります．$\boldsymbol{f}$ から頂点集合 $V_{\mathrm{L}}, V_{\mathrm{U}}$ に対応する次元を取り出して並べたベクトルをそれぞれ $\boldsymbol{f}_{\mathrm{L}} \in \mathbb{R}^{V_{\mathrm{L}}}, \boldsymbol{f}_{\mathrm{U}} \in \mathbb{R}^{V_{\mathrm{U}}}$ と表します．目的関数の $\boldsymbol{f}_{\mathrm{U}}$ についての勾配を 0 とおいた方程式は，式 (2.27) より，

$$\begin{aligned}(\boldsymbol{D}_{\mathrm{UU}} - \boldsymbol{W}_{\mathrm{UU}})\boldsymbol{f}_{\mathrm{U}} + (\boldsymbol{D}_{\mathrm{UL}} - \boldsymbol{W}_{\mathrm{UL}})\boldsymbol{f}_{\mathrm{L}} &= 0 \\ (\boldsymbol{D}_{\mathrm{UU}} - \boldsymbol{W}_{\mathrm{UU}})\boldsymbol{f}_{\mathrm{U}} - \boldsymbol{W}_{\mathrm{UL}}\boldsymbol{f}_{\mathrm{L}} &= 0 \\ (\boldsymbol{D}_{\mathrm{UU}} - \boldsymbol{W}_{\mathrm{UU}})\boldsymbol{f}_{\mathrm{U}} &= \boldsymbol{W}_{\mathrm{UL}}\boldsymbol{f}_{\mathrm{L}} \\ \boldsymbol{f}_{\mathrm{U}} &= (\boldsymbol{D}_{\mathrm{UU}} - \boldsymbol{W}_{\mathrm{UU}})^{-1}\boldsymbol{W}_{\mathrm{UL}}\boldsymbol{f}_{\mathrm{L}} \end{aligned} \tag{2.28}$$

と解けます．ただし，$\boldsymbol{D}_{\mathrm{UU}} \in \mathbb{R}^{V_{\mathrm{U}} \times V_{\mathrm{U}}}, \boldsymbol{W}_{\mathrm{UU}} \in \mathbb{R}^{V_{\mathrm{U}} \times V_{\mathrm{U}}}, \boldsymbol{D}_{\mathrm{UL}} \in \mathbb{R}^{V_{\mathrm{U}} \times V_{\mathrm{L}}}$, $\boldsymbol{W}_{\mathrm{UL}} \in \mathbb{R}^{V_{\mathrm{U}} \times V_{\mathrm{L}}}$ はそれぞれ $\boldsymbol{D}, \boldsymbol{W}$ から頂点集合 $V_{\mathrm{U}}, V_{\mathrm{L}}$ に対応する次元を取り出して並べた行列です．1 行目から 2 行目への変換では $\boldsymbol{D}$ が対角行列であることから $\boldsymbol{D}_{\mathrm{UL}} = 0$ である事実を用いました．$\boldsymbol{f}_{\mathrm{L}}$ は制約式 (2.23) より定まるため，式 (2.28) によりラベルなし頂点における解 $\boldsymbol{f}_{\mathrm{U}}$ を計算できます．

ラベル伝播法のアルゴリズムをアルゴリズム 2.1 に記載します．

アルゴリズム 2.1　ラベル伝播法

入力：重み付き隣接行列 $\boldsymbol{W} \in \mathbb{R}^{n \times n}$
　　　教師あり頂点のインデックス V_{L}
　　　教師あり頂点のラベル $\{y_v \mid v \in V_{\mathrm{L}}\}$
出力：教師なし頂点のラベルの予測値 $\{\hat{y}_u \mid u \in V_{\mathrm{U}}\}$

$\boldsymbol{f}_v \leftarrow y_v \quad (\forall v \in V_{\mathrm{L}})$
$\boldsymbol{D} \leftarrow \mathrm{Diag}([\deg(1), \ldots, \deg(n)])$
$\boldsymbol{f}_{\mathrm{U}} \leftarrow (\boldsymbol{D}_{\mathrm{UU}} - \boldsymbol{W}_{\mathrm{UU}})^{-1} \boldsymbol{W}_{\mathrm{UL}} \boldsymbol{f}_{\mathrm{L}}$
$\hat{y}_u \leftarrow 1[\boldsymbol{f}_u \geq 0.5] \quad (\forall u \in V_{\mathrm{U}})$
Return $\{\hat{y}_u \mid u \in V_{\mathrm{U}}\}$

ラベル伝播法はランダムウォークを用いた解釈が可能です．ランダムウォークとは，適当な頂点から開始して，隣接する頂点に確率的に推移していく過程のことです．頂点 v にいるとき，確率 $p_{vu} \stackrel{\mathrm{def}}{=} \boldsymbol{W}_{vu}/\deg(v)$ で頂点 u に推移する過程を考えます．ラベル伝播法の解 $\boldsymbol{f}_v$ は，頂点 v からランダムウォークを始めたとき，初めて訪れた教師ラベル付き頂点のラベルが 1 である確率 $\boldsymbol{q}_v \in [0, 1]$ と一致します．これを以下に示します．

まず，ラベル付き頂点 $v \in V_{\mathrm{L}}$ については，自分自身が初めて訪れた教師ラベル付き頂点であるので，$y_v = 1$ のとき $\boldsymbol{q}_v = 1$，$y_v = 0$ のとき $\boldsymbol{q}_v = 0$ となります．この制約はラベル伝播法の $\boldsymbol{f}$ の制約に一致します．

ラベルなし頂点 $v \in V_{\mathrm{U}}$ については，次に頂点 $u \in V$ を訪れる確率が p_{vu}

であり，そこからさらに初めて訪れた教師ラベル付き頂点のラベルが 1 である確率が $\boldsymbol{q}_u$ であるので，この和をとると，

$$\begin{aligned}\boldsymbol{q}_v &= \sum_{u \in V} p_{vu} \boldsymbol{q}_u \\ &= \sum_{u \in V} \frac{\boldsymbol{W}_{vu}}{\deg(v)} \boldsymbol{q}_u \end{aligned} \tag{2.29}$$

と表すことができます．この式の両辺に $\deg(v)$ をかけて整理すると，

$$\deg(v)\boldsymbol{q}_v - \boldsymbol{W}_{v,:}^{\top}\boldsymbol{q} = 0 \tag{2.30}$$

となり，これはラベル伝播法の目的関数の勾配である式 (2.25) を 0 とおいた形と等価です．ゆえに，$\boldsymbol{q} \in \mathbb{R}^d$ もラベル伝播法の解

$$(\boldsymbol{D}_{\mathrm{UU}} - \boldsymbol{W}_{\mathrm{UU}})^{-1}\boldsymbol{W}_{\mathrm{UL}}\boldsymbol{f}_{\mathrm{L}} \tag{2.31}$$

と一致します．

ランダムウォークを用いた解釈から，ラベル伝播法はグラフ上で近くにラベル 1 の頂点が多ければラベル 1 に分類し，ラベル 0 の頂点が多ければラベル 0 に分類することが分かります．例えばソーシャルネットワークの場合，知人や知人の知人，親族などにラベル 1 の人が多ければ，その人もラベル 1 と予測されることになります．

例 2.1 （ラベル伝播法の数値例）

図 2.4 左のデータを用いた数値例を紹介します．このデータは以下のように生成しました．グラフは頂点数 50, 50，確率 0.1, 0.02 の確率的ブロックモデル (stochastic block model) を用いて生成しました．すなわち，合計 100 個の頂点を 50, 50 のグループに分割し，同じグループ内の各頂点対について確率 0.1 で独立に辺を張り，異なるグループの各頂点対について確率 0.02 で辺を張りました．全 100 個の頂点のうち，20 個の頂点をランダムに選びラベル付き頂点 V_{L} としました．頂点のラベルは，第一のグループに属する頂点 v については確率 0.8 で $y_v = 1$ とし，確率 0.2 で $y_v = 0$ としました．第二のグループに属する頂点 v については確率 0.2 で $y_v = 1$ とし，確率 0.8 で $y_v = 0$ としました．図 2.4 右が分類の結果で

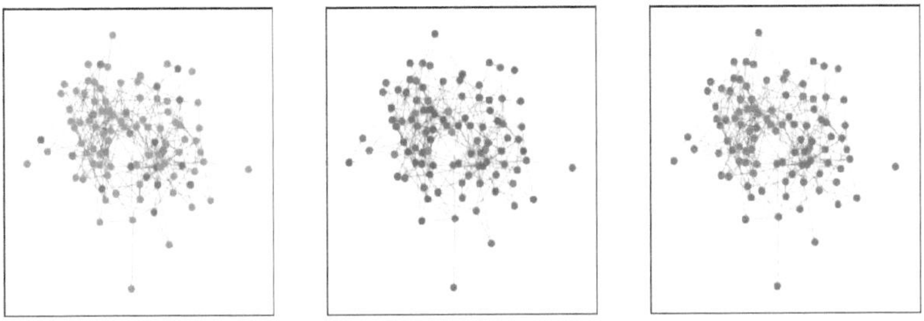

図 2.4 ラベル伝播法の数値例．左：入力データ．赤の頂点は正のラベル付きデータ，青の頂点は負のラベル付きデータ，灰色の頂点はラベルなしデータを表す．中央：ラベル伝播法の $\boldsymbol{f}$ の値．値が大きいほど赤く，値が小さいほど青く表示している．右：予測ラベル．近くにある頂点どうしが同じラベルになるように分類されていることが分かる．

す．近くにある頂点どうしが同じラベルになるように分類されていることが分かります．

2.3.2 行列分解

以下で定義される教師なし頂点表現学習問題を考えます．

問題 2.2（教師なし頂点表現学習問題）

入力 重み付きグラフ $G = (V, E, w)$

出力 グラフ構造を考慮した頂点の埋め込み $\boldsymbol{Z} \in \mathbb{R}^{n \times d}$

埋め込み (embedding) とは，データの情報を含んだ低次元ベクトルのことです．**表現学習** (representation learning) は埋め込み，すなわち低次元ベクトル表現を訓練することを指します．頂点表現学習問題では，グラフ構造を考慮した頂点の埋め込みを得ることを目指します．$\boldsymbol{Z}_i \in \mathbb{R}^d$ はグラフ中での頂点 i の情報を含んでいるため，$\boldsymbol{Z}_i$ さえ求まれば，$\boldsymbol{Z}_i$ に対してベクトルデータ用の機械学習手法を適用することで，頂点分類や頂点クラスタリングをすることができます．つまり，頂点表現学習により，グラフデータの機械学習問題を，ベクトルデータの機械学習問題に帰着できます．このため，頂点表現学習はグラフデータの機械学習問題の前処理としてよく用いられます．

この問題は隣接行列の**行列分解** (matrix factorization) により解くことができます．行列分解は以下の最適化問題で定義されます．

$$\min_{\boldsymbol{Z} \in \mathbb{R}^{n \times d}} \frac{1}{2} \sum_{u \in V} \sum_{v \in V} ((\boldsymbol{D}_{uv} + \boldsymbol{W}_{uv}) - \boldsymbol{Z}_u^\top \boldsymbol{Z}_v)^2 \tag{2.32}$$

行列分解は埋め込みの内積 $\boldsymbol{Z}_u^\top \boldsymbol{Z}_v$ が次数行列と隣接行列の和 $(\boldsymbol{D}_{uv} + \boldsymbol{W}_{uv})$ に近くなることを目指します．互いに隣接する頂点対については $\boldsymbol{W}_{uv}$ が正であるので埋め込みの内積が大きく，隣接していない頂点対については $\boldsymbol{W}_{uv}$ が 0 であるので内積が 0 に近づきます．これにより，グラフ上で近くにある頂点の埋め込みは似たものとなり，埋め込みはグラフの接続関係を反映したものになります．

埋め込みの次元 d が非常に大きいときには，接続行列がこの問題の解となることを示します．重み付きグラフの接続行列 $\boldsymbol{B} \in \mathbb{R}^{n \times m}$ を

$$\boldsymbol{B}_{ij} = \begin{cases} \sqrt{w(e_j)} & (i \in e_j) \\ 0 & (i \notin e_j) \end{cases} \tag{2.33}$$

と定義します．このとき，以下の関係があります．

命題 2.3（接続行列と隣接行列と次数行列）

自己ループを持たないグラフにおいて，$\boldsymbol{B}\boldsymbol{B}^\top = \boldsymbol{D} + \boldsymbol{W}$ が成り立つ．

証明

$$\begin{aligned} (\boldsymbol{B}\boldsymbol{B}^\top)_{ij} &= \sum_k \boldsymbol{B}_{ik} \boldsymbol{B}_{jk} \\ &= \sum_k \sqrt{w(e_k)} 1[i \in e_k] \sqrt{w(e_k)} 1[j \in e_k] \\ &= \sum_k w(e_k) 1[i \in e_k \wedge j \in e_k] \end{aligned} \tag{2.34}$$

ここで，$i \neq j$ のときには，

$$
\begin{aligned}
(\boldsymbol{B}\boldsymbol{B}^\top)_{ij} &= \sum_k w(e_k) 1[i \in e_k \land j \in e_k] \\
&= \sum_k w(e_k) 1[e_k = \{i, j\}] \\
&= w(\{i, j\}) 1[\{i, j\} \in E] \\
&= \boldsymbol{W}_{ij} \\
&= (\boldsymbol{D} + \boldsymbol{W})_{ij}
\end{aligned} \tag{2.35}
$$

であり，$i = j$ のときには

$$
\begin{aligned}
(\boldsymbol{B}\boldsymbol{B}^\top)_{ii} &= \sum_k w(e_k) 1[i \in e_k] \\
&= \sum_{k:\, i \in e_k} w(e_k) \\
&= \deg(i) \\
&= (\boldsymbol{D} + \boldsymbol{W})_{ii}
\end{aligned} \tag{2.36}
$$

となり，等式が成立する． □

つまり，接続行列 $\boldsymbol{B} \in \mathbb{R}^{n \times m}$ は式 (2.32) の目的関数値 0 を達成し，最適解となります．接続行列の v 行目 $\boldsymbol{B}_v \in \mathbb{R}^m$ は頂点 v に接続している辺の集合を表しており，頂点 v の特徴ベクトルであると解釈できます．命題 2.3 は特徴ベクトル $\boldsymbol{B}_v$ どうしの内積を頂点の類似度とすると，その類似度行列が $(\boldsymbol{D} + \boldsymbol{W})$ であることを表しています．

しかし，$d = m$ というのは高次元であり，$\boldsymbol{B}_v$ は疎な行列です．行列分解では多くの場合，$d \ll m$ と小さな次元を設定します．これにより，接続する辺のリストである $\boldsymbol{B}_v \in \mathbb{R}^m$ と同等の情報を含みながら，より低次元で簡潔な表現を得ることを目指します．

問題 (2.32) で表される行列分解問題はスペクトル分解により解くことができます．隣接行列 $(\boldsymbol{D} + \boldsymbol{W})$ は命題 2.3 より半正定値行列であるので，実固有値 $\lambda_1 \geq \lambda_2 \geq \ldots \geq \lambda_n \geq 0$ を持ち，固有ベクトルを並べた直交行列 $\boldsymbol{V} = [\boldsymbol{v}_1, \boldsymbol{v}_2, \ldots, \boldsymbol{v}_n] \in \mathbb{R}^{n \times n}$ により，

$$(\boldsymbol{D}+\boldsymbol{W}) = \boldsymbol{V}\mathrm{Diag}([\lambda_1, \ldots, \lambda_n])\boldsymbol{V}^\top \tag{2.37}$$

と表すことができます．このとき，

$$\boldsymbol{Z} = [\sqrt{\lambda_1}\boldsymbol{v}_1, \sqrt{\lambda_2}\boldsymbol{v}_2, \ldots, \sqrt{\lambda_d}\boldsymbol{v}_d] \in \mathbb{R}^{n\times d} \tag{2.38}$$

が問題 (2.32) の最適解であることが示せます．以下では一般の長方行列の行列分解が特異値分解により解くことができることを示します．行列 $(\boldsymbol{D}+\boldsymbol{W})$ のような半正定値行列の場合，特異値分解はスペクトル分解と一致します．

定理 2.4（特異値分解による行列分解）

行列 $\boldsymbol{X} \in \mathbb{R}^{n\times m}$ の特異値を $\sigma_1 \geq \sigma_2 \geq \ldots \geq \sigma_m$ とし，

$$\boldsymbol{X} = \boldsymbol{U}\boldsymbol{\Sigma}\boldsymbol{V}^\top \tag{2.39}$$

を $\boldsymbol{U} \in \mathbb{R}^{n\times n}, \boldsymbol{V} \in \mathbb{R}^{m\times m}$ による特異値分解とするとき，$(\boldsymbol{U}_{:,:d}\sqrt{\boldsymbol{\Sigma}}_{:d,:d}, \boldsymbol{V}_{:,:d}\sqrt{\boldsymbol{\Sigma}}_{:d,:d}) \in \mathbb{R}^{n\times d} \times \mathbb{R}^{m\times d}$ は

$$\begin{aligned}&\min_{\boldsymbol{A}\in\mathbb{R}^{n\times d}, \boldsymbol{B}\in\mathbb{R}^{m\times d}} \frac{1}{2}\sum_{i=1}^{n}\sum_{j=1}^{m}(\boldsymbol{X}_{ij} - \boldsymbol{A}_i^\top \boldsymbol{B}_j)^2 \\ &= \min_{\boldsymbol{A}\in\mathbb{R}^{n\times d}, \boldsymbol{B}\in\mathbb{R}^{m\times d}} \frac{1}{2}\|\boldsymbol{X} - \boldsymbol{A}\boldsymbol{B}^\top\|_F^2\end{aligned} \tag{2.40}$$

の最適解となる（ただし，一般にこれ以外にも最適解は存在する）．ここで，$\boldsymbol{U}_{:,:d} \in \mathbb{R}^{n\times d}$ は $\boldsymbol{U} \in \mathbb{R}^{n\times n}$ の最初の d 個の列を取り出した部分行列であり，$\sqrt{\boldsymbol{\Sigma}}_{:d,:d} \in \mathbb{R}^{d\times d}$ は $\boldsymbol{\Sigma} \in \mathbb{R}^{n\times m}$ の成分ごとの平方根をとり，最初の d 個の行と列を取り出した部分行列である．

証明

$(\boldsymbol{A}^*, \boldsymbol{B}^*)$ が式 (2.40) の最適解であるとする．列が正規直交である行列 $\boldsymbol{Q} \in \mathbb{R}^{m\times d}$ と係数行列 $\boldsymbol{R} \in \mathbb{R}^{d\times d}$ を用いて $\boldsymbol{B}^* = \boldsymbol{Q}\boldsymbol{R}$ と書き表すと，

$$\boldsymbol{A}^*\boldsymbol{B}^{*\top} = \boldsymbol{A}^*(\boldsymbol{Q}\boldsymbol{R})^\top = (\boldsymbol{A}^*\boldsymbol{R}^\top)\boldsymbol{Q}^\top \tag{2.41}$$

となり，$(\boldsymbol{A}^*\boldsymbol{R}^\top, \boldsymbol{Q})$ も式 (2.40) の最適解となる．よって，一般性を失うことなく，$\boldsymbol{B}$ の列は正規直交であると仮定する．$\boldsymbol{B}$ を固定すると，

$$\begin{aligned}
&\|\boldsymbol{X}_i - \boldsymbol{B}\boldsymbol{A}_i\|_2^2 \\
&= \|(\boldsymbol{X}_i - \boldsymbol{B}\boldsymbol{B}^\top\boldsymbol{X}_i) + (\boldsymbol{B}\boldsymbol{B}^\top\boldsymbol{X}_i - \boldsymbol{B}\boldsymbol{A}_i)\|_2^2 \\
&\overset{\text{(a)}}{=} \|\boldsymbol{X}_i - \boldsymbol{B}\boldsymbol{B}^\top\boldsymbol{X}_i\|_2^2 + \|\boldsymbol{B}\boldsymbol{B}^\top\boldsymbol{X}_i - \boldsymbol{B}\boldsymbol{A}_i\|_2^2 \\
&\geq \|\boldsymbol{X}_i - \boldsymbol{B}\boldsymbol{B}^\top\boldsymbol{X}_i\|_2^2 \qquad (2.42) \\
&= \|\boldsymbol{X}_i\|_2^2 - 2\boldsymbol{X}_i^\top\boldsymbol{B}\boldsymbol{B}^\top\boldsymbol{X}_i + \boldsymbol{X}_i^\top\boldsymbol{B}\boldsymbol{B}^\top\boldsymbol{B}\boldsymbol{B}^\top\boldsymbol{X}_i \\
&\overset{\text{(b)}}{=} \|\boldsymbol{X}_i\|_2^2 - \boldsymbol{X}_i^\top\boldsymbol{B}\boldsymbol{B}^\top\boldsymbol{X}_i \\
&= \|\boldsymbol{X}_i\|_2^2 - \|\boldsymbol{B}^\top\boldsymbol{X}_i\|_2^2 \qquad (2.43)
\end{aligned}$$

となる．(a) では，$\boldsymbol{B}$ が正規直交であるので，$\boldsymbol{B}\boldsymbol{B}^\top\boldsymbol{X}_i$ は $\boldsymbol{B}$ の列で張られる平面に射影したベクトルであることと，$\boldsymbol{B}\boldsymbol{A}_i$ は $\boldsymbol{B}$ の列で張られる平面上に位置することと，三平方の定理（図 2.5）を用いた．(b) は $\boldsymbol{B}$ が正規直交であるので，$\boldsymbol{B}^\top\boldsymbol{B} = I_d$ となることから従う．

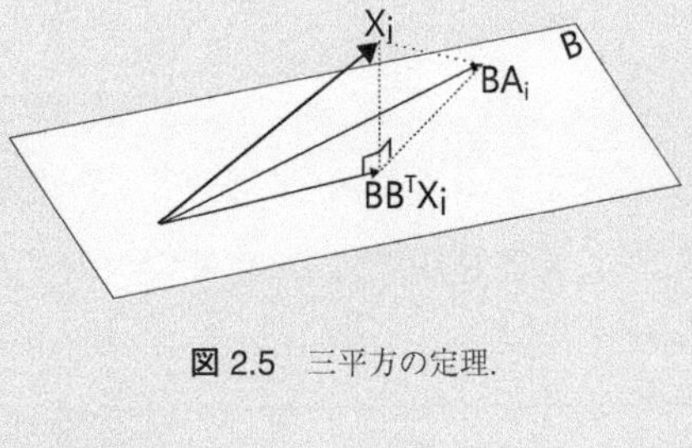

図 2.5　三平方の定理.

よって，$\boldsymbol{B}$ を固定したときには

$$\boldsymbol{A} = \boldsymbol{X}\boldsymbol{B} \qquad (2.44)$$

とするのが最適であり，このとき式 (2.42) が等号となる．このとき，式 (2.43) より

$$\max_{\boldsymbol{B} \in \mathbb{R}^{m \times d}} \|\boldsymbol{XB}\|_F^2 \tag{2.45}$$

の最適解が式 (2.40) の最適解となる．ここで，

$$\begin{aligned}\|\boldsymbol{XB}\|_F^2 &= \|\boldsymbol{U\Sigma V}^\top \boldsymbol{B}\|_F^2 \\ &\overset{\text{(a)}}{=} \|\boldsymbol{\Sigma V}^\top \boldsymbol{B}\|_F^2 \\ &\overset{\text{(b)}}{=} \|\boldsymbol{\Sigma B}'\|_F^2 \\ &= \sum_{i=1}^{m} \sum_{j=1}^{d} \sigma_i^2 \boldsymbol{B}_{ij}'^2 \end{aligned} \tag{2.46}$$

となる．(a) は $\boldsymbol{U}$ が直交行列であることから従う．(b) では

$$\boldsymbol{B}' \overset{\text{def}}{=} \boldsymbol{V}^\top \boldsymbol{B} \in \mathbb{R}^{m \times d} \tag{2.47}$$

とおいた．

$$\begin{aligned}\boldsymbol{B}'^\top \boldsymbol{B}' &= \boldsymbol{B}^\top \boldsymbol{V}\boldsymbol{V}^\top \boldsymbol{B} \\ &= \boldsymbol{B}^\top \boldsymbol{B} \\ &= \boldsymbol{I}_d \end{aligned} \tag{2.48}$$

より，$\boldsymbol{B}'$ の列も正規直交である．よって，

$$\sum_{i=1}^{m} \sum_{j=1}^{d} \boldsymbol{B}_{ij}'^2 = d \tag{2.49}$$

である．また，i 番目の標準基底 $\boldsymbol{e}_i \in \mathbb{R}^m$ について，$\|\boldsymbol{e}_i\|_2^2 = 1$ であり，$\boldsymbol{B}'$ の列は正規直交であるので，$\boldsymbol{e}_i$ の $\boldsymbol{B}'$ の列による座標表示 $\boldsymbol{e}_i^\top \boldsymbol{B}'$ のノルムは

$$1 \geq \|\boldsymbol{e}_i^\top \boldsymbol{B}'\|_2^2 = \|\boldsymbol{B}_i'\|_2^2 = \sum_{j=1}^{d} \boldsymbol{B}_{ij}'^2 \tag{2.50}$$

を満たす．式 (2.49), (2.50) より，式 (2.46) のとりうる最大値は

$$\sum_{i=1}^{d} \sigma_i^2 \tag{2.51}$$

である．これは $\boldsymbol{B}' = [\boldsymbol{e}_1, \boldsymbol{e}_2, \ldots, \boldsymbol{e}_d] \in \mathbb{R}^{m \times d}$ のときに達成でき最適となる．式 (2.47) よりこれは $\boldsymbol{B} = \boldsymbol{V}_{:,:d}$ のとき成り立ち，式 (2.44) より，

$$\begin{aligned} \boldsymbol{A} &= \boldsymbol{X}\boldsymbol{V}_{:,:d} \\ &= \boldsymbol{U}\boldsymbol{\Sigma}\boldsymbol{V}^\top \boldsymbol{V}_{:,:d} \\ &= \boldsymbol{U}_{:,:d}\boldsymbol{\Sigma}_{:d,:d} \end{aligned} \tag{2.52}$$

となる．すなわち，$(\boldsymbol{U}_{:,:d}\boldsymbol{\Sigma}_{:d,:d}, \boldsymbol{V}_{:,:d})$ が式 (2.40) の最適解である．式変形により $(\boldsymbol{U}_{:,:d}\sqrt{\boldsymbol{\Sigma}}_{:d,:d}, \boldsymbol{V}_{:,:d}\sqrt{\boldsymbol{\Sigma}}_{:d,:d})$ も同じく最適解である． □

隣接行列のスペクトル分解とその解釈については，6.5.1 節でさらに詳しく解説します．

行列分解のアルゴリズムをアルゴリズム 2.2 に記載します．

アルゴリズム 2.2 隣接行列の行列分解

入力：重み付き隣接行列 $\boldsymbol{W} \in \mathbb{R}^{n \times n}$
　　　埋め込みの次元 d
出力：頂点埋め込み $\boldsymbol{Z} \in \mathbb{R}^{n \times d}$

$(\boldsymbol{D} + \boldsymbol{W})$ の固有値 $\lambda_1 \geq \lambda_2 \geq \ldots \geq \lambda_n$ と固有ベクトル $\boldsymbol{v}_1, \ldots, \boldsymbol{v}_n$ を計算する．
$\boldsymbol{Z} = [\sqrt{\lambda_1}\boldsymbol{v}_1, \sqrt{\lambda_2}\boldsymbol{v}_2, \ldots, \sqrt{\lambda_d}\boldsymbol{v}_d]$
Return $\boldsymbol{Z}$

行列分解問題は式 (2.32) のほか，特定の頂点対についてのみ損失を考える変種や，二乗誤差以外の基準で損失を考える変種などが存在します．

行列分解の代表的な応用先であるトピックモデルと協調フィルタリングについて解説します．**トピックモデル** (topic model) は文書および文書中の単語の意味を解析するための自然言語処理の技法です．文書や単語の大まかな意味カテゴリをトピックといいます．以下の文書と単語のトピック推定の問題を考えます．

問題 2.5（トピック推定）

入力 単語の集合 $\{w_1, w_2, \ldots, w_W\}$
文書 $t_1, t_2, \ldots, t_T$．文書 t_i は単語の列で表されるものとする．
トピックの数 d

出力 各文書 t_i のトピックの割当量 $\boldsymbol{U}_i \in \mathbb{R}^d$ $(i \in [T])$
各単語 w_i のトピックの割当量 $\boldsymbol{V}_i \in \mathbb{R}^d$ $(i \in [W])$

T は文書の数を，W は単語の数を表します．$\boldsymbol{U}_{ik} \in \mathbb{R}$ が大きいほど文書 t_i にトピック k が割り当てられる度合いが大きいことを表し，$\boldsymbol{V}_{ik} \in \mathbb{R}$ が大きいほど単語 w_i にトピック k が割り当てられる度合いが大きいことを表します．

潜在意味解析 (latent semantic analysis; LSA) はトピックモデルの代表的な手法の 1 つです．潜在意味解析はまず，文書 t_i を単語の集合 (bag of words) ベクトル $\boldsymbol{X}_i \in \mathbb{R}^W$ で表します．$\boldsymbol{X}_{ij} \in \mathbb{R}$ は文書 t_i 中に単語 w_j が出現する回数を表します．潜在意味解析は以下の最適化問題によりトピックを推定します．

$$\min_{\boldsymbol{U} \in \mathbb{R}^{T \times d}, \boldsymbol{V} \in \mathbb{R}^{W \times d}} \frac{1}{2} \sum_{i=1}^{T} \sum_{j=1}^{W} (\boldsymbol{X}_{ij} - \boldsymbol{U}_i^\top \boldsymbol{V}_j)^2 \tag{2.53}$$

定理 2.4 より，この最適化問題は特異値分解を用いて解くことができます．

潜在意味解析は，文書 i のトピック分布と単語 j のトピック分布の類似度を内積 $\boldsymbol{U}_i^\top \boldsymbol{V}_j$ により測り，類似度が高いほど，単語 j が文書 i に出現する回数 $\boldsymbol{X}_{ij}$ が多くなるとしています．

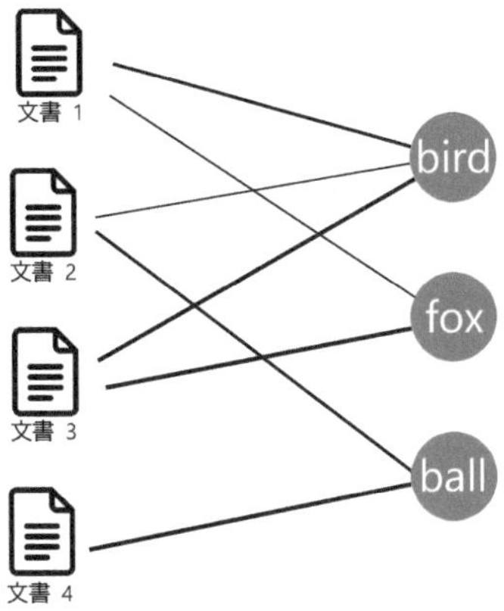

図 2.6　文書と単語の関係を表したグラフ．潜在意味解析に用いられる．

潜在意味解析はグラフの行列分解として解釈することが可能です．文書集合と単語集合を合併して頂点集合とし，文書 t_i 中に単語 w_j が出現するとき，頂点 t_i と頂点 w_j の間に辺を張ります（図 2.6）．辺の重みは単語の出現する回数とします．これは，グラフが頂点間の類似度を定義しているという観点では，文書中に単語が登場するとその文書とその単語は似ていると定義していることに相当します．このグラフの重み付き隣接行列は

$$\boldsymbol{W} = \begin{pmatrix} \boldsymbol{0} & \boldsymbol{X} \\ \boldsymbol{X}^\top & \boldsymbol{0} \end{pmatrix} \tag{2.54}$$

となります．このグラフのうち，文書と単語の対についての損失のみを考えたときの行列分解問題（式 (2.32)）は，潜在意味解析（式 (2.53)）に一致します．

協調フィルタリング (collaborative filtering) とは，傾向の似たほかのユーザーの消費した品目に基づいて推薦を行う技法のことです．以下の映画推薦問題を考えます．

問題 2.6（映画推薦問題）

入力 ユーザーの映画の評価履歴 $\{(u_i, v_j, r_{ij})\}$

出力 各ユーザーに対するおすすめの映画

評価履歴 (u_i, v_j, r_{ij}) はユーザー u_i が映画 v_j に評価値 $r_{ij} \in \mathbb{R}$ を付けたことを表します．すべてのユーザーがすべての映画に評価を付けている必要はなく，各ユーザーが一部の映画にのみ評価を付けている場合を想定します．

協調フィルタリングとは，他のユーザーの評価データを活用して，当該ユーザーへの推薦を作成するアプローチのことです．協調フィルタリングの代表的な手法が**特異値分解** (singular value decomposition; SVD) です．特異値分解ではまず，評価を行列形式でまとめた評価値行列 $\boldsymbol{R} \in \mathbb{R}^{U \times V}$ を構成します．ユーザー u_i が映画 v_j を評価済みのとき $\boldsymbol{R}_{ij} = r_{ij}$ であり，未評価のとき $\boldsymbol{R}_{ij} = 0$ と定義します．特異値分解はユーザーの嗜好を表すユーザー埋め込み $\boldsymbol{U} \in \mathbb{R}^{U \times d}$ と映画の埋め込み $\boldsymbol{V} \in \mathbb{R}^{V \times d}$ を以下の最適化問題により推定します．

$$\min_{\boldsymbol{U} \in \mathbb{R}^{U \times d}, \boldsymbol{V} \in \mathbb{R}^{V \times d}} \frac{1}{2} \sum_{i=1}^{U} \sum_{j=1}^{V} (\boldsymbol{R}_{ij} - \boldsymbol{U}_i^\top \boldsymbol{V}_j)^2 \tag{2.55}$$

特異値分解では，ユーザーの嗜好 $\boldsymbol{U}_i$ が映画の埋め込み $\boldsymbol{V}_j$ に似ているほど，ユーザー u_i は映画 v_j に高い評価を与えると考えます．

定理 2.4 より，最適化問題（式 (2.55)）は評価値行列 $\boldsymbol{R}$ に対して特異値分解を適用することで解くことができます．

ユーザーと映画の埋め込みを計算した後は，各ユーザー u_i について，このユーザーが未評価の映画 v_j に付けるであろう評価値を $\hat{r}_{ij} = \boldsymbol{U}_i^\top \boldsymbol{V}_j$ により推定し，この評価値が最も高い未評価の映画をユーザー u_i に推薦します．

特異値分解による推薦はグラフの行列分解として解釈することが可能です．ユーザー集合と映画集合を合併して頂点集合とし，ユーザー u_i が映画 v_j を評価したとき，頂点 u_i と頂点 v_j の間に辺を張ります（図 2.7）．辺の重みは評価値 r_{ij} とします．これは，グラフが類似度を定義しているという観点では，ユーザーが映画を高く評価するほど，そのユーザーと映画は似て

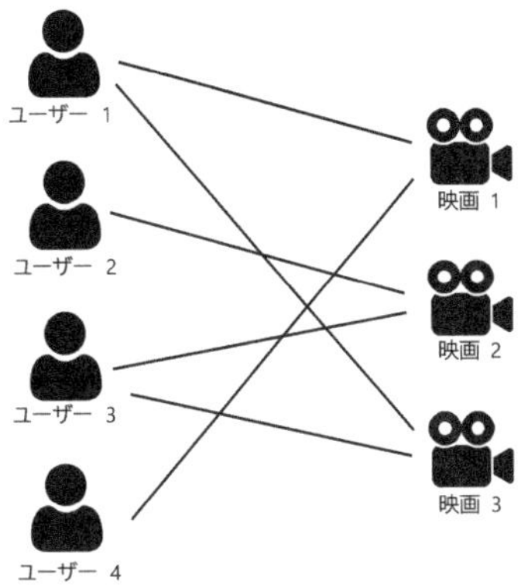

図 2.7 ユーザーと映画の関係を表したグラフ．特異値分解による推薦に用いられる．

いると定義していることに相当します．このグラフの重み付き隣接行列は

$$\boldsymbol{W} = \begin{pmatrix} \mathbf{0} & \boldsymbol{R} \\ \boldsymbol{R}^\top & \mathbf{0} \end{pmatrix} \tag{2.56}$$

となります．このグラフのうち，ユーザーと映画の対のみを考えたときの行列分解問題（式 (2.32)）は，特異値分解（式 (2.55)）に一致します．

例 2.2 （行列分解の数値例）

図 2.8 左のデータを用いた数値例を紹介します．グラフは頂点数 50, 50，確率 0.1, 0.02 の確率的ブロックモデルを用いて生成しました．すなわち，合計 100 個の頂点を 50, 50 のグループに分割し，同じグループ内の各頂点対について確率 0.1 で独立に辺を張り，異なるグループの各頂点対について確率 0.02 で辺を張りグラフを生成しました．図 2.8 右がアルゴリズム 2.2 により得られた $d = 2$ 次元の埋め込みを図示したものです．同じグループの頂点は似た埋め込みとなっていることが見てとれます．中央には若干の重なりがありますが，2 つのグループは線形分離に近い形になっています．所属するグループを表すラベルが一部の頂点について得られ，ほかの頂点のラベルを推定する半教師あり学習の設定を考えます．この埋め込みに対して線形分類器を適用すれば，グループのラベルを予測する問

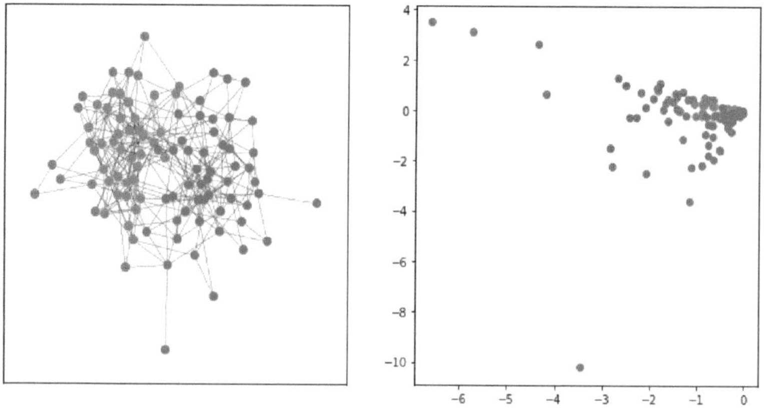

図 2.8 行列分解の数値例．左：入力データ．色はグループを表している．右：得られた埋め込み．同じグループの頂点は似た埋め込みとなっていることが見てとれる．

題を高い精度で解くことができます．よりよい行列分解の埋め込みについては 6.5.1 節で取り上げます．

2.3.3 DeepWalk

DeepWalk [111] は，行列分解とは違った観点から教師なしの頂点表現学習を行います．本節でも引き続き，以下の問題を考えます．

問題 2.7（教師なし頂点表現学習問題）

入力 重み付きグラフ $G = (V, E, w)$

出力 グラフ構造を考慮した頂点の埋め込み $\boldsymbol{Z} \in \mathbb{R}^{n \times d}$

DeepWalk は単語の表現学習手法であるスキップグラム [97] に触発されて提案されました．スキップグラムは，単語表現を用いて周囲の単語が予測できるように単語表現を訓練する手法です．

DeepWalk では，頂点の表現を訓練するにあたって，まずはグラフ上でランダムウォークを行い，頂点の列 $w_1, w_2, \ldots, w_L \in V$ を生成します．DeepWalk は頂点を単語とみなし，ランダムウォークにより生成された頂点の列を文であるとみなします．そして，この「単語」と「文」に対してスキップグラムを適用することで，頂点の表現を訓練します．

DeepWalk の訓練はスキップグラムと同様であり，ランダムウォーク中で周囲に登場する頂点を，頂点の表現 $\boldsymbol{Z}_i \in \mathbb{R}^d$ を用いて予測できるようにするというものです．ランダムウォーク中で，頂点 v が頂点 u の前後 T ステップ以内に登場するとき，頂点 v は頂点 u の周囲に出現するということにします．頂点 u の周囲という条件下での頂点 v の出現確率を $p^*(v \mid u)$ と表します．p^* を頂点の表現を用いてモデル化します．モデルの下で頂点 v が頂点 u の周囲に登場する確率を

$$p_\theta(v \mid u) \stackrel{\text{def}}{=} \frac{\exp(\boldsymbol{Z}_u^\top \boldsymbol{Z}_v)}{\sum_{k \in V} \exp(\boldsymbol{Z}_u^\top \boldsymbol{Z}_k)} \tag{2.57}$$

と定義します．最大化する目的関数は

$$\mathbb{E}_{u \sim p(u), v \sim p^*(v|u)}[\log p_\theta(v \mid u)] \tag{2.58}$$
$$= -\mathbb{E}_{u \sim p(u)}[\mathrm{KL}(p^*(v \mid u) \| p_\theta(v \mid u))] + \text{const.} \tag{2.59}$$

です．ここで，$p(u)$ はランダムウォーク中で頂点 u が登場する確率であり，KL は**カルバック・ライブラー情報量** (Kullback-Leibler divergence) を表します．カルバック・ライブラー情報量は非負であり，2 つの確率分布が等しいときかつそのときのみ 0 をとるので，

$$p_\theta(v \mid u) = p^*(v \mid u) \tag{2.60}$$

が成立するならば p_θ は式 (2.59) を最大化します．ただし，モデルや真の分布 p^* によっては式 (2.60) が達成できるとは限らないことに注意してください*1．実際上は，グラフ上でランダムウォークを有限回行い，式 (2.58) の期待値をサンプル近似します．具体的には，ランダムウォーク中で中心頂点 u とその周囲に出現した頂点の組 $\{(u_i, v_i)\}_{i=1,\ldots,N}$ を記録し，

$$\frac{1}{N}\sum_{i=1}^{N} \log p_\theta(v_i \mid u_i) \tag{2.61}$$

---

*1 このとき，「式 (2.60) が成立するならば」という仮定は偽になり，全体として命題は正しいことになります．

を最大化することでモデルを訓練します．表現 $\boldsymbol{Z}$ の最適化は確率的勾配向上法により行います．頂点 u, v がグラフ上で近くにあるとき，$p_\theta(v \mid u)$ は大きくなり，このとき内積 $\boldsymbol{Z}_u^\top \boldsymbol{Z}_v$ が大きくなります．逆に，グラフ上で遠くにある頂点対は内積が小さくなります．つまり，グラフ上で近い頂点ほど表現が似る，グラフ構造を反映した表現を得ることができます．

ここでは簡単のため，各頂点に 1 つの埋め込みを定義しましたが，$p_\theta(v \mid u)$ は v と u について対称ではないので，頂点につき 2 つの埋め込み $\boldsymbol{U}_v \in \mathbb{R}^d$ と $\boldsymbol{V}_v \in \mathbb{R}^d$ を定義して，

$$p_\theta(v \mid u) \stackrel{\text{def}}{=} \frac{\exp(\boldsymbol{U}_u^\top \boldsymbol{V}_v)}{\sum_{k \in V} \exp(\boldsymbol{U}_u^\top \boldsymbol{V}_k)} \tag{2.62}$$

というように役割に応じて埋め込みを使い分ける方法を用いることもよくあります．

式 (2.57) の計算量が大きいことが実用上問題となります．式 (2.57) の分母の和はすべての頂点について渡っています．大きいグラフでは頂点の数は数百万や数億にのぼるため，分母の計算に時間がかかってしまいます．しかも，この項は訓練の過程で何度も計算する必要が生じます．この問題を解決するため，DeepWalk の論文では階層的ソフトマックス [100] という技法を用いて計算量を削減することを提案しています．また，負例サンプリング [98] を用いた計算量削減もよく用いられます [44, 137]．ここでは，負例サンプリングについて解説します．負例サンプリングは，頂点対 (u, v) を受け取り，(u, v) がランダムウォーク中に周囲に登場したものか，ランダムな組かを判定する二値分類器を訓練することで，間接的に式 (2.58) の尤度を最大化します．負例サンプリングを用いた DeepWalk の訓練は，以下の目的関数を最大化することにより行います．

$$\begin{aligned} \mathbb{E}_{u \sim p(u)} \Big[& \mathbb{E}_{v \sim p^*(v \mid u)} \left[\log p_\theta(C = 1 \mid u, v) \right] \\ & + K \mathbb{E}_{v' \sim p_n(v')} \left[\log p_\theta(C = 0 \mid u, v') \right] \Big] \end{aligned} \tag{2.63}$$

ここで，

$$p_\theta(C = 1 \mid u, v) \stackrel{\text{def}}{=} \frac{1}{1 + \gamma \exp(-\boldsymbol{Z}_u^\top \boldsymbol{Z}_v)} \tag{2.64}$$

は (u, v) の組が周囲に登場する確率を表し，

$$p_\theta(C=0 \mid u, v) = 1 - p_\theta(C=1 \mid u, v) \tag{2.65}$$

は (u,v) の組が周囲に登場しない確率を表します．$p_n(v')$ は負例の頂点 v' がサンプリングされる確率を表します．負例分布 p_n としては頂点集合 V 上の一様分布が用いられることが多いです．K は正例 1 組あたりの負例の数です．実際上は，小さなデータセットであれば $K=5 \sim 20$ 程度，大きなデータセットであれば $K=2 \sim 5$ 程度が用いられます [98]．直観的には，頂点 u,v がグラフ上で近くにあるとき，$p_\theta(C=1 \mid u,v)$ は大きくなり，内積 $\boldsymbol{Z}_u^\top \boldsymbol{Z}_v$ が大きくなります．逆に，グラフ上で遠くにある頂点対は内積が小さくなります．実際上は，グラフ上でランダムウォークを有限回行い，式 (2.63) の期待値をサンプル近似します．具体的には，ランダムウォーク中で中心頂点 u とその周囲に出現した頂点の組 $\{(u_i, v_i)\}_{i=1,\ldots,N}$ を記録し，各正例について負例 $v'_{i,k}$ を一様サンプリングし，

$$\sum_{i=1}^{N} \left(\log p_\theta(C=1 \mid u_i, v_i) + \sum_{k=1}^{K} \log p_\theta(C=0 \mid u_i, v'_{i,k}) \right) \tag{2.66}$$

を確率的勾配向上法により最大化します．

ノイズ対比推定 [47] の理論より，$\gamma = Kp_n(v') = K/|V|$ とすると，負例サンプリングの最適化により元のスキップグラムの最適解が得られます．このことを以下に示します．$p_\theta(\cdot|u)$ が各 u で任意の確率分布をとれるときには，式 (2.63) は

$$p_{\theta^*}(C=1 \mid u, v) = \frac{p^*(v \mid u)}{p^*(v \mid u) + Kp_n(v)} \tag{2.67}$$

となるのが最適です．一方，式 (2.64) を整理すると

$$p_\theta(C=1 \mid u, v) = \frac{\exp(\boldsymbol{Z}_u^\top \boldsymbol{Z}_v)}{\exp(\boldsymbol{Z}_u^\top \boldsymbol{Z}_v) + Kp_n(v)} \tag{2.68}$$

であるので，式 (2.67) と式 (2.68) を比べると

$$\exp(\boldsymbol{Z}_u^\top \boldsymbol{Z}_v) = p^*(v \mid u) \tag{2.69}$$

のとき式 (2.67) を満たし，最適となります．$p^*(v \mid u)$ は確率分布なので，このとき，

$$\sum_{k \in V} \exp(\boldsymbol{Z}_u^\top \boldsymbol{Z}_k) = 1 \tag{2.70}$$

が自動的に成立します．式 (2.69) を満たす $\boldsymbol{Z}$ と式 (2.57) により定義される p_θ は式 (2.60) を満たすので，式 (2.58) を最大化します．以上より，負例サンプリングを用いた最適化も，実質的に式 (2.58) を最大化していることになります．計算上は式 (2.57) の重い正規化を行わずとも，目的関数の設定により自動的に最適解において正規化されるようにするというのが負例サンプリングとノイズ対比推定の妙です．ただし，表現 $\boldsymbol{Z}$ のみに興味があり，確率の正規化は多くの場合考える必要がないので，$\gamma = 1$ と設定した簡易版を用いることがよくあります [98]．

2.3.4 DeepWalk と行列分解との関係

スキップグラムおよび DeepWalk は行列分解として解釈できることが知られています [81,113]．式 (2.60) と式 (2.69) で述べたように DeepWalk は，

$$\boldsymbol{Z}_u^\top \boldsymbol{Z}_v = \log p^*(v \mid u) \tag{2.71}$$

となるのが最適です．ここで，行列 $\boldsymbol{P}^* \in \mathbb{R}^{n \times n}$ を $\boldsymbol{P}^*_{uv} \overset{\text{def}}{=} \log p^*(v \mid u)$ と定義すると，式 (2.71) は $\boldsymbol{Z}\boldsymbol{Z}^\top = \boldsymbol{P}^*$ となる $\boldsymbol{Z}$ が最適であることを示しています．ただし，求める埋め込み $\boldsymbol{Z}$ の次元は $d \ll n$ であるため，$\boldsymbol{Z}\boldsymbol{Z}^\top = \boldsymbol{P}^*$ が達成できるとは限りません．そこで，現実的には $\boldsymbol{Z}\boldsymbol{Z}^\top$ が $\boldsymbol{P}^*$ になるべく近くなるように埋め込みを求めることになります．つまり，$\boldsymbol{Z}\boldsymbol{Z}^\top$ を用いて $\boldsymbol{P}^*$ を低ランク近似します．ただし，従来の行列分解は二乗誤差

$$\|\boldsymbol{P}^* - \boldsymbol{Z}\boldsymbol{Z}^\top\|_F^2 = \sum_{i,j=1}^{n} (\boldsymbol{P}^*_{ij} - \boldsymbol{Z}_i^\top \boldsymbol{Z}_j)^2 \tag{2.72}$$

で $\boldsymbol{P}^*$ と $\boldsymbol{Z}\boldsymbol{Z}^\top$ の距離を測ることが多いですが，DeepWalk では式 (2.72) の代わりに式 (2.58) や式 (2.63) を用いて $\boldsymbol{P}^*$ と $\boldsymbol{Z}\boldsymbol{Z}^\top$ の距離を測ります．

スキップグラムや DeepWalk では分類問題を出発点として定式化を行いましたが，初めから行列分解の見方を出発点として，$\boldsymbol{P}^* \approx \boldsymbol{Z}\boldsymbol{Z}^\top$ を満たす埋め込み $\boldsymbol{Z}$ を求めることが Levy ら [81] により提案されています．式 (2.62) のように役割に応じて別の埋め込みを用いて，二乗誤差

$$\|\boldsymbol{P}^* - \boldsymbol{U}\boldsymbol{V}^\top\|_F^2 = \sum_{i,j=1}^{n} (\boldsymbol{P}^*_{ij} - \boldsymbol{U}_i^\top \boldsymbol{V}_j)^2 \tag{2.73}$$

を最適化することで，$\boldsymbol{P}^* \approx \boldsymbol{U}\boldsymbol{V}^\top$ となる埋め込み $\boldsymbol{U}, \boldsymbol{V} \in \mathbb{R}^{n \times d}$ を求めることを考えます．式 (2.73) は定理 2.4 より，特異値分解を用いて厳密に最適化できます．厳密最適解が求まるのはスキップグラムの定式化よりも定性的に優れた点です．Levy ら [81] はこの手法を単語埋め込みに応用し，さまざまな自然言語処理問題でスキップグラムと競合する性能を発揮することを確認しています．

Chapter 3

グラフニューラルネットワークの定式化

本章ではいよいよグラフニューラルネットワークの定式化を行います．グラフニューラルネットワークの定式化にはさまざまなものがあります．難しい定式化の方法は本書の後半で扱うことにして，本章では直観的であり最も広く用いられている方法であるメッセージ伝達に基づく定式化を紹介します．メッセージ伝達は一般的な枠組みであり，さまざまな具体化が考えられます．本章ではその中から代表的な具体例として，グラフ畳み込みネットワーク，グラフ注意ネットワーク，単純グラフ畳み込みなどを紹介します．その後，頂点分類問題を例に，グラフニューラルネットワークの訓練方法と推論を紹介します．そして，異種混合グラフへの拡張を紹介します．最後に，メッセージ伝達型グラフニューラルネットワークの重要な性質である同変性について議論します．本章を読めば，グラフニューラルネットワークについての基本事項を理解できます．

3.1 メッセージ伝達による定式化

3.1.1 メッセージ伝達型グラフニューラルネットワーク

問題 3.1（頂点埋め込みの計算）

入力 頂点特徴量付きグラフ $G = (V, E, \boldsymbol{X})$

出力 頂点特徴量とグラフ構造を考慮した頂点の埋め込み $\boldsymbol{Z} \in \mathbb{R}^{n \times d}$

本章では，グラフニューラルネットワークを用いて，問題 3.1 の頂点埋め込みの計算問題を解く方法を解説します．

グラフニューラルネットワークの代表的な定式化は頂点間の**メッセージ伝達** (message passing) に基づくもの [40, 41, 123] です．初期状態では各頂点は独自の情報を持っています．各時刻において頂点は隣接する頂点とメッセージ伝達を行い情報を更新していきます．最終的に頂点が持つ情報をもとに，頂点分類などのタスクを解きます．メッセージ伝達により，頂点は自身の情報だけでなく，グラフ上で周辺にある頂点の情報も活用でき，グラフ構造に基づいた予測が可能となります．この手順は以下のように定式化されます．

$$\boldsymbol{h}_v^{(0)} = \boldsymbol{X}_v \ (\forall v \in V) \tag{3.1}$$

$$\boldsymbol{h}_v^{(l+1)} = f_{\theta, l+1}^{\text{集約}}(\boldsymbol{h}_v^{(l)}, \{\!\{\boldsymbol{h}_u^{(l)} \mid u \in \mathcal{N}(v)\}\!\}) \tag{3.2}$$

$$\boldsymbol{z}_v = \boldsymbol{h}_v^{(L)} \tag{3.3}$$

ここで，$\boldsymbol{h}_v^{(l)} \in \mathbb{R}^{d_l}$ は l 回目のメッセージ伝達の後，すなわち l 層目における頂点 v の持つ情報を表すベクトルです．$\boldsymbol{h}_v^{(l)}$ は中間表現や中間埋め込みといいます．式 (3.1) の通り，中間表現は頂点特徴ベクトル $\boldsymbol{X}_v$ で初期化されます．$f_{\theta, l+1}^{\text{集約}}$ は周囲の頂点の中間表現を集約して 1 つにまとめる関数であり，**集約関数** (aggregation function) といいます．集約関数は多くの場合，ニューラルネットワークでパラメータ化された関数であり，θ はそのパラメータを表します．ベクトル $\boldsymbol{h}_u^{(l)}$ というメッセージが頂点 $u \in \mathcal{N}(v)$ から頂点 $v \in V$ に送信され，頂点 v は受けとったメッセージの集合と自身の

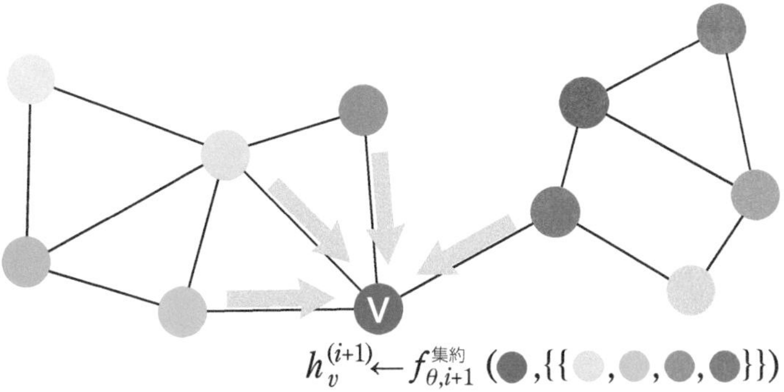

図 3.1 メッセージ伝達の模式図．頂点の色は中間表現を模式的に表している．

中間表現 $\boldsymbol{h}_v^{(l)}$ をもとに，次時刻の中間表現を決定します．$\{\!\{\cdot\}\!\}$ は多重集合 (multiset) を表します．多重集合とは要素の重複を考慮する集合です．通常の集合は重複を無視するため $\{2,3,3\} = \{2,3\}$ となりますが，多重集合では $\{\!\{2,3,3\}\!\} \neq \{\!\{2,3\}\!\}$ となります．ただし，集合と同じく多重集合も順序は考慮しないため，$\{\!\{2,3,3\}\!\} = \{\!\{3,2,3\}\!\}$ となります．形式的な定義は 1.6 節を参照してください．以降，文脈から明らかな場合には，多重集合を集合と呼ぶこともあります．$\boldsymbol{z}_v \in \mathbb{R}^d$ が最終的な頂点 v の頂点埋め込みベクトルです．

図 3.1 にメッセージ伝達の模式図を表します．頂点の色は中間表現を模式的に表しています．各頂点は，隣接する頂点からメッセージを受けとり，自身の中間表現を更新します．例えば，周囲に寒色系の頂点が多いので，頂点 v を寒色系で更新する，といった規則で更新できます．この更新規則を繰り返し適用すると，左の 6 つの頂点が寒色に，右の 5 つの頂点が暖色に落ち着きます．このように，メッセージ伝達を繰り返すことで，周囲の頂点の情報を反映した表現を得ることができます．この更新規則は 2.3.1 節で解説したラベル伝播法とも似ていますが，グラフニューラルネットワークは更新規則をデータから自動で学習することが大きな違いです．ラベル伝播法との関連性は 8.7 節で再び取り上げます．

1.4 節で紹介した，**図 3.2** の知識グラフを用いて推薦を行うことを再び考えてみましょう．初期状態 $\boldsymbol{h}_v^{(0)}$ では各頂点には自身の情報のみが格納され

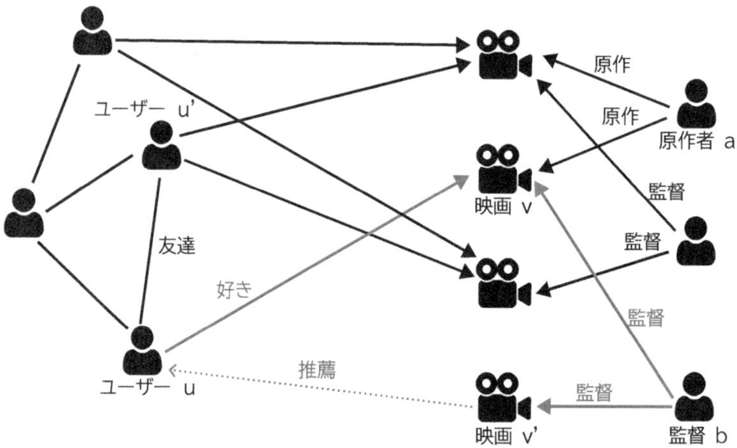

図 3.2 知識グラフを用いた推薦の例．ユーザー u が好きな映画 v と同じ監督の映画 v' を推薦する．これは映画 v' が一度も視聴されたことがなくても可能である．

ています．1 回のメッセージ伝達の後には，映画 v の中間表現 $\boldsymbol{h}_v^{(1)}$ には原作者 a が原作を務めているということ，監督 b が手がけていること，ユーザー u が好きであることという情報が格納されます．また，ユーザー u' の中間表現 $\boldsymbol{h}_{u'}^{(1)}$ にはユーザー u と友達であることなどの情報が格納されます．この時点で，映画 v とユーザー u' の中間表現にはともにユーザー u についての情報が格納されているため，これらの中間表現 $(\boldsymbol{h}_v^{(1)}, \boldsymbol{h}_{u'}^{(1)})$ が類似し，映画 v がユーザー u' に推薦されやすくなります．また，2 回のメッセージ伝達の後には，1 回目で格納された情報が中間表現 $\boldsymbol{h}_v^{(1)}$ を通してさらに隣接頂点へと伝播するため，ユーザー u の中間表現 $\boldsymbol{h}_u^{(2)}$ には好きな映画 v の監督が b である情報が格納されます．また，映画 v' には第 1 層の中間表現 $\boldsymbol{h}_{v'}^{(1)}$ にすでに監督 b の作品である情報が入っているため，第 2 層の表現 $\boldsymbol{h}_{v'}^{(2)}$ にもこの情報が含まれることになります．これらの情報により，映画 v' がユーザー u に推薦されやすくなります．

集約関数 $f_{\theta,l+1}^{\text{集約}}$ の設定方法にはさまざまな変種が考えられます．集約関数を定めることにより具体的なグラフニューラルネットワークのアーキテクチャが定義できます．集約関数は多くの場合，学習パラメータを含みます．すべての関数を入力およびパラメータについて微分可能なものに設定することで，グラフニューラルネットワーク全体が微分可能となり，通常のニューラルネットワークと同様に誤差逆伝播法により訓練できます．具体的な集約関数の設定方法と，訓練の仕方については 3.2 節以降で解説します．

アルゴリズム 3.1 にグラフニューラルネットワークの推論の手続きをまとめます．

アルゴリズム 3.1 メッセージ伝達型グラフニューラルネットワークの推論

入力：頂点特徴量付きグラフ $G = (V, E, \boldsymbol{X})$
　　　グラフニューラルネットワーク
出力：頂点埋め込み $\boldsymbol{Z} \in \mathbb{R}^{n \times d}$

$\boldsymbol{h}_v^{(0)} \leftarrow \boldsymbol{X}_v \ (\forall v \in V)$
for $l = 0, 1, \ldots, L-1$ **do**
　$\boldsymbol{h}_v^{(l+1)} \leftarrow f_{\theta, l+1}^{\text{集約}}(\boldsymbol{h}_v^{(l)}, \{\!\{\boldsymbol{h}_u^{(l)} \mid u \in \mathcal{N}(v)\}\!\}) \ (\forall v \in V)$
end
$\boldsymbol{Z} \leftarrow [\boldsymbol{h}_1^{(L)}, \boldsymbol{h}_2^{(L)}, \ldots, \boldsymbol{h}_n^{(L)}]^\top \in \mathbb{R}^{n \times d}$
Return $\boldsymbol{Z}$

式 (3.3) とアルゴリズム 3.1 は頂点埋め込み $\boldsymbol{z}_v$ を求めるところで終わっていますが，実際に特定のタスクを解くときには，この頂点埋め込みを後続の層の入力とします．例えば頂点分類は，$\boldsymbol{z}_v$ を入力とする分類器を用いることで解くことができます．この分類器は線形モデルや多層パーセプトロンなど，任意のものを用いることができます．$\boldsymbol{z}_v$ にはすでにグラフ構造についての情報が込められているので，分類器の適用が各頂点で独立であったとしてもグラフ構造に基づいた予測が可能です．その他のタスクについても $\boldsymbol{z}_v$ さえ求まれば簡単に解くことができます．具体的な実現方法は 3.3 節と次章でタスクごとに議論します．

3.1.2 通常のニューラルネットワークは特殊例

式 (3.1)～(3.3) の定式化は非常に一般的なもので，通常のニューラルネットワークを特殊例として含んでいます．データセットを $\boldsymbol{x}_1, \boldsymbol{x}_2, \ldots, \boldsymbol{x}_n$ とします．例えば画像分類のデータセットでは $\boldsymbol{x}_i$ は一枚の画像を表しています．g_i を通常のニューラルネットワークの i 番目の層とします．g_i は線形層でも，畳み込み層でも，トランスフォーマーの注意層（アテンション層）[142] でも，任意のもので構いません．ニューラルネットワークを

$$g = g_L \circ g_{L-1} \circ \ldots \circ g_1 \tag{3.4}$$

により定義します．このニューラルネットワークは $g(x_i)$ により，複数の層を経てデータ x_i を処理します．このとき，

$$f^{\text{集約}}_{\theta,l+1}(\boldsymbol{h}^{(l)}_v, \{\!\{\boldsymbol{h}^{(l)}_u \mid u \in \mathcal{N}(v)\}\!\}) = g_{l+1}(\boldsymbol{h}^{(l)}_v) \tag{3.5}$$

とおくと，グラフニューラルネットワーク（式 (3.1)〜(3.3)）はニューラルネットワーク g と同じ計算を行うことができます．すなわち，通常のニューラルネットワークは，グラフニューラルネットワークのうち頂点間でメッセージのやりとりをしない特殊例となっています．

式 (3.5) では，集約関数の第 2 引数を無視することでメッセージのやりとりをしないことを表しましたが，グラフから辺を取り除くことでもメッセージのやりとりを無効にできます．すなわち，辺の存在しないグラフに対するグラフニューラルネットワークは通常のニューラルネットワークと等価です．

つまり，グラフニューラルネットワークは少なくとも通常のニューラルネットワーク以上の表現力を持ちます．データ（頂点）の間に有用な関係があるときには，グラフニューラルネットワークはこの関係を用いることで通常のニューラルネットワークよりも優れた性能を発揮できます．また，グラフとして表現されているデータであっても，辺にノイズが多く，辺の情報を用いることが有益でない場合には，あえて辺を無視することで通常のニューラルネットワークと等価な動作をさせ，性能を保つことができます．

この事実は実践上重要な意味をいくつか持ちます．第一に，グラフニューラルネットワークのアーキテクチャの設計に活用できます．そのタスクに対して有用なニューラルネットワークがすでにあるとき，そのニューラルネットワークをもとにして，メッセージ伝達の機構を付加したグラフニューラルネットワークを設計することで性能を改善できます．第二に，グラフデータを構築するときに活用できます．辺の定義に複数の候補があり，どの組み合

わせを用いればよいかが分からないときには，一度すべての辺を取り除き，通常のニューラルネットワークに帰着した後，辺の種類を 1 つずつ追加していくことで，どの辺を用いるべきかを判断できます．第三に，グラフニューラルネットワークをデバッグするときに役立ちます．グラフニューラルネットワークの挙動が理解できないときには，辺をすべて取り除いて通常のニューラルネットワークに帰着することで，問題を切り分けることができます．

3.2　具体的なアーキテクチャ

本節では，グラフニューラルネットワークの具体的なアーキテクチャを紹介します．グラフニューラルネットワークのアーキテクチャは，集約関数をどのように設計するかによって決まります．本節では，これらの設計について代表例を紹介します．

3.2.1　グラフ畳み込みネットワーク (GCN)

グラフ畳み込みネットワーク (Graph Convolutional Network; GCN) [72] はメッセージ伝達に基づくグラフニューラルネットワークの代表例です．グラフ畳み込みネットワークはまず入力グラフの各頂点に自己ループを追加します．自己ループを追加することで，自分自身も隣接する頂点となり，自身へもメッセージを送ることができるようになります．この機構は集約関数を工夫することでも対応可能ですが，グラフ畳み込みネットワークでは自己ループを加えるという前処理を行うことで，自身と他の頂点を対称に扱い，実装を簡単にしています．グラフ畳み込みネットワークは以下で定式化されます．

$$\begin{aligned} & f^{\text{集約}}_{\theta,l+1}(\boldsymbol{h}^{(l)}_v, \{\!\{\boldsymbol{h}^{(l)}_u \mid u \in \mathcal{N}(v)\}\!\}) \\ & = \sigma\left(\sum_{u \in \mathcal{N}(v)} \frac{1}{\sqrt{|\mathcal{N}(v)|}\sqrt{|\mathcal{N}(u)|}} \boldsymbol{W}^{(l+1)} \boldsymbol{h}^{(l)}_u\right) \end{aligned} \tag{3.6}$$

ここで，$\boldsymbol{W}^{(l+1)} \in \mathbb{R}^{d_{l+1} \times d_l}$ は $(l+1)$ 層目のパラメータ，σ はシグモイド関数や ReLU 関数などの活性化関数です．自己ループを追加しているため，$|\mathcal{N}(v)|$ は常に正であることに注意してください．グラフ畳み込みネッ

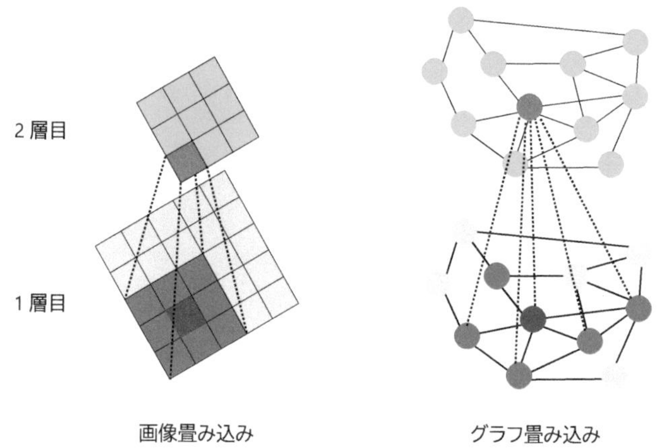

図 3.3 画像畳み込みとグラフ畳み込みの比較．画像畳み込みは画像の各画素に対して，隣接する画素から情報を集めてくる．グラフ畳み込みはグラフの各頂点に対して，隣接する頂点から情報を集めてくる．ただし，画像畳み込みは左上・上・右上・左・中央・右・左下・下・右下それぞれの中間表現に対して異なる線形変換を適用するが，グラフ畳み込みネットワークではすべての隣接頂点の中間表現に同じ線形変換 $\boldsymbol{W}^{(l)}$ を施す．3.4 節で述べるように，辺に属性を付けて関係グラフ畳み込みを適用することで，画像畳み込みのように隣接関係によって変換パラメータを変えることも可能である．

トワークは，隣接する頂点からのメッセージを線形変換して足し合わせ，次数の平方根で正規化することでメッセージを集約します．次数に応じて正規化するのは，直観的には，次数の大きな頂点において中間表現のノルムが急激に大きくなるのを防ぐためです．式 (3.6) のように，頂点 u と頂点 v の次数の平方根を用いて正規化する理由は，直観的には，頂点 u が頂点 v に与える影響と頂点 v が u に与える影響を対称にするためです．平方根による正規化でなく，以下のように平均値を用いる変種も存在します [51]．

$$\boldsymbol{h}_v^{(l+1)} = \sigma\left(\frac{1}{|\mathcal{N}(v)|}\sum_{u\in\mathcal{N}(v)}\boldsymbol{W}^{(l+1)}\boldsymbol{h}_u^{(l)}\right) \tag{3.7}$$

図 3.3 のように，隣接頂点から情報を集めてくる様子は画像の畳み込み演算に似ています．グラフ畳み込みの意味は第 6 章で説明するスペクトルグラフ理論を用いると，さらに明瞭になります．

全頂点の中間表現を $\boldsymbol{H}^{(l)} = [\boldsymbol{h}_1^{(l)}, \ldots, \boldsymbol{h}_n^{(l)}]^\top \in \mathbb{R}^{n \times d_l}$ というように行列形式で表すと，グラフ畳み込みネットワークの更新式は以下のように表すことができます．

$$\boldsymbol{H}^{(l+1)} = \sigma\left(\hat{\boldsymbol{A}}\boldsymbol{H}^{(l)}\boldsymbol{W}^{(l+1)\top}\right) \tag{3.8}$$

ここで，

$$\hat{\boldsymbol{A}} \stackrel{\text{def}}{=} \boldsymbol{D}^{-\frac{1}{2}}\boldsymbol{A}\boldsymbol{D}^{-\frac{1}{2}} \in \mathbb{R}^{n \times n} \tag{3.9}$$

は次数により正規化した隣接行列であり，

$$\boldsymbol{D} \stackrel{\text{def}}{=} \mathrm{Diag}([\deg(1), \ldots, \deg(n)]) \in \mathbb{R}^{n \times n} \tag{3.10}$$

は頂点の次数を対角成分に並べた行列です．$\hat{\boldsymbol{A}}_{vu} > 0 \Leftrightarrow u \in \mathcal{N}(v)$ であるので，

$$\begin{aligned}(\hat{\boldsymbol{A}}\boldsymbol{H}^{(l)})_v &= \sum_u \hat{\boldsymbol{A}}_{vu}\boldsymbol{h}_u^{(l)} \\ &= \sum_{u \in \mathcal{N}(v)} \hat{\boldsymbol{A}}_{vu}\boldsymbol{h}_u^{(l)} \\ &= \sum_{u \in \mathcal{N}(v)} \frac{1}{\sqrt{|\mathcal{N}(v)|}\sqrt{|\mathcal{N}(u)|}}\boldsymbol{h}_u^{(l)} \end{aligned} \tag{3.11}$$

というように隣接行列 $\hat{\boldsymbol{A}}$ をかけることは隣接頂点の和をとることに対応していることに注意してください．式 (3.8) の行列形式を用いることで，グラフ畳み込みネットワークは行列計算ライブラリを用いて高速に計算できます．

アルゴリズム 3.2 に行列形式によるグラフ畳み込みネットワークの疑似コードを掲載します．

グラフ畳み込みネットワークの学習パラメータは $\boldsymbol{W}^{(1)}, \ldots, \boldsymbol{W}^{(L)}$ です．これらのパラメータは通常のニューラルネットワークと同様に誤差逆伝播法により訓練できます．

アルゴリズム 3.2 グラフ畳み込みネットワークの推論

入力：頂点特徴量付きグラフ $G = (V, E, \boldsymbol{X})$
　　　パラメータ $\boldsymbol{W}^{(1)}, \dots, \boldsymbol{W}^{(L)}$
出力：頂点埋め込み $\boldsymbol{Z} \in \mathbb{R}^{n \times d}$

1 $\boldsymbol{H}^{(0)} \leftarrow \boldsymbol{X} \in \mathbb{R}^{n \times d_0}$
2 $\hat{\boldsymbol{A}} \leftarrow \boldsymbol{D}^{-\frac{1}{2}} \boldsymbol{A} \boldsymbol{D}^{-\frac{1}{2}} \in \mathbb{R}^{n \times n}$
3 **for** $l = 0, 1, \dots, L-1$ **do**
4 　$\left| \quad \boldsymbol{H}^{(l+1)} \leftarrow \sigma\left(\hat{\boldsymbol{A}} \boldsymbol{H}^{(l)} \boldsymbol{W}^{(l+1)\top} \right) \right.$
　end
5 **Return** $\boldsymbol{H}^{(L)}$

3.2.2 グラフ注意ネットワーク (GAT)

グラフ注意ネットワーク (Graph Attention Network; GAT) [143] は注意機構 (アテンション, attention)[7,142] を用いたグラフニューラルネットワークです．グラフ畳み込みネットワークは次数を用いて隣接頂点を重み付けしていましたが，グラフ注意ネットワークは頂点の重み付け方法も学習し，データに応じた重み付けを行います．グラフ注意ネットワークは以下で定式化されます．

$$f^{集約}_{\theta, l+1}(\boldsymbol{h}_v^{(l)}, \{\!\{ \boldsymbol{h}_u^{(l)} \mid u \in \mathcal{N}(v) \}\!\}) = \sigma\left(\sum_{u \in \mathcal{N}(v)} \alpha_{vu}^{(l+1)} \boldsymbol{W}^{(l+1)} \boldsymbol{h}_u^{(l)} \right) \quad (3.12)$$

$$\tilde{h}_v^{(l)} = \boldsymbol{W}_a^{(l+1)} \boldsymbol{h}_v^{(l)} \quad (3.13)$$

$$\alpha_{vu}^{(l+1)} = \frac{\exp\left(\text{LeakyReLU}\left(\boldsymbol{a}^{(l+1)\top} \text{Concat}\left(\tilde{h}_v^{(l)}, \tilde{h}_u^{(l)} \right) \right) \right)}{\displaystyle\sum_{w \in \mathcal{N}(v)} \exp\left(\text{LeakyReLU}\left(\boldsymbol{a}^{(l+1)\top} \text{Concat}\left(\tilde{h}_v^{(l)}, \tilde{h}_w^{(l)} \right) \right) \right)} \in \mathbb{R}$$

$$(3.14)$$

ここで，ベクトル $\boldsymbol{x}, \boldsymbol{y} \in \mathbb{R}^d$ に対して $\text{Concat}(\boldsymbol{x}, \boldsymbol{y}) \in \mathbb{R}^{2d}$ はベクト

ルの連結を表します．学習パラメータは $\boldsymbol{W}^{(l+1)} \in \mathbb{R}^{d_{l+1} \times d_l}, \boldsymbol{W}_a^{(l+1)} \in \mathbb{R}^{f_{l+1} \times d_l}, \boldsymbol{a}^{(l+1)} \in \mathbb{R}^{2f_{l+1}}$ $(l = 1, \ldots, L)$ です．式 (3.14) では，頂点 u, v の中間表現を入力とする 2 層のモデルを用いて頂点 v から頂点 u への注意重みを計算しています．そして，式 (3.12) より注意重みをかけて集約を行います．

グラフ注意ネットワークの論文では，訓練の過程を安定させるにはマルチヘッド注意 [142] が有効であると述べられています．マルチヘッド注意を用いたグラフ注意ネットワークは，パラメータ $\boldsymbol{W}^{(l)}, \boldsymbol{W}_a^{(l)}, \boldsymbol{a}^{(l)}$ $(l = 1, \ldots, L)$ を K 通り用意し，

$$\begin{aligned} &f_{\theta, l+1}^{\text{集約}}(\boldsymbol{h}_v^{(l)}, \{\!\{\boldsymbol{h}_u^{(l)} \mid u \in \mathcal{N}(v)\}\!\}) \\ &= \left[\sum_{u \in \mathcal{N}(v)} \alpha_{vu}^{(l+1,1)} \boldsymbol{W}^{(l+1,1)} \boldsymbol{h}_u^{(l)}; \ldots; \sum_{u \in \mathcal{N}(v)} \alpha_{vu}^{(l+1,K)} \boldsymbol{W}^{(l+1,K)} \boldsymbol{h}_u^{(l)}\right] \end{aligned} \tag{3.15}$$

というように集約において K 通りの結果を連結します．実際上は $K = 8$ などの値が用いられます．この拡張は必須ではありませんが，これにより精度が向上することが実験的に確認されています [143]．

グラフ注意ネットワークはトランスフォーマー [142] のグラフへの一般化とみなすことができます [35,156]．入力グラフが完全グラフ，すなわちすべての頂点間に辺があるグラフの場合には，グラフ注意ネットワークはすべての中間表現からすべての中間表現に対して注意を払うため，トランスフォーマーと同様の動作となります．一般のグラフに対しては，グラフ注意ネットワークは入力グラフ構造を利用して，関連のある頂点のみに注意を払うことができます．このことは，3.1.2 節で述べたグラフニューラルネットワークの一般性と同様の意義を持ちます．辺の定義に複数の候補がある場合，まずは完全グラフを用いてトランスフォーマーと同等の性能を記録し，そこから不要な辺を取り除いてグラフの定義を洗練させていくことで，トランスフォーマーよりも高い性能が得られると期待できます．

3.2.3 ゲート付きグラフニューラルネットワーク (GGNN)

ゲート付きグラフニューラルネットワーク (Gated Graph Neural Network; GGNN) [86] はゲート付き回帰型ユニット (Gated Recurrent Unit; GRU)[22] を用いて中間表現を更新するモデルです．ゲート付きグラフニューラルネットワークは以下で定式化されます．

$$\begin{aligned} & f^{\text{集約}}_{\theta,l+1}(\boldsymbol{h}^{(l)}_v, \{\!\{\boldsymbol{h}^{(l)}_u \mid u \in \mathcal{N}(v)\}\!\}) \\ & \quad = \left(\mathbf{1} - \boldsymbol{z}^{(l+1)}_v\right) \odot \boldsymbol{h}^{(l)}_v + \boldsymbol{z}^{(l+1)}_v \odot \tilde{\boldsymbol{h}}^{(l+1)}_v \end{aligned} \tag{3.16}$$

$$\tilde{\boldsymbol{h}}^{(l+1)}_v = \tanh\left(\boldsymbol{W}\boldsymbol{m}^{(l+1)}_v + \boldsymbol{U}\left(\boldsymbol{r}^{(l+1)}_v \odot \boldsymbol{h}^{(l)}_v\right)\right) \tag{3.17}$$

$$\boldsymbol{r}^{(l+1)}_v = \sigma(\boldsymbol{W}^{(r)}\boldsymbol{m}^{(l+1)}_v + \boldsymbol{U}^{(r)}\boldsymbol{h}^{(l)}_v) \tag{3.18}$$

$$\boldsymbol{z}^{(l+1)}_v = \sigma(\boldsymbol{W}^{(z)}\boldsymbol{m}^{(l+1)}_v + \boldsymbol{U}^{(z)}\boldsymbol{h}^{(l)}_v) \tag{3.19}$$

$$\boldsymbol{m}^{(l+1)}_v = \sum_{u \in \mathcal{N}(v)} \boldsymbol{h}^{(l+1)}_u + \boldsymbol{b} \tag{3.20}$$

ここで $\odot$ は要素ごとの積を表します．提案論文 [86] では有向グラフ用のモデルとして定義されていますが，ここでは他との整合性のため無向グラフ用に書き直しています．ゲート付き回帰型ユニット (GRU) を用いて書き表すと

$$\boldsymbol{m}^{(l+1)}_v = \sum_{u \in \mathcal{N}(v)} \boldsymbol{h}^{(l+1)}_u + \boldsymbol{b} \tag{3.21}$$

$$\boldsymbol{h}^{(l+1)}_v = \mathrm{GRU}_\theta(\boldsymbol{m}^{(l+1)}_v, \boldsymbol{h}^{(l)}_v) \tag{3.22}$$

となります．すなわち，隣接頂点からのメッセージを集約することと，集約ベクトル $\boldsymbol{m}^{(l+1)}_v$ をゲート付き回帰型ユニットに入力することを繰り返して表現を計算します．

学習パラメータは $\boldsymbol{b}, \boldsymbol{W}^{(z)}, \boldsymbol{W}^{(r)}, \boldsymbol{W}, \boldsymbol{U}^{(z)}, \boldsymbol{U}^{(r)}, \boldsymbol{U}$ です．グラフ畳み込みネットワークやグラフ注意ネットワークとは異なり，ゲート付きグラフニューラルネットワークではこれらのパラメータはすべての層で共通であることに注意してください．これはベクトルデータ用のネットワークにおける順伝播ニューラルネットワークと再帰ニューラルネットワークの違いに対応します．

グラフ畳み込みネットワークやグラフ注意ネットワークでは，中間表現の次元は異なるものを用いることができますが，ゲート付きグラフニューラルネットワークでは中間表現の次元はすべて同じです．すなわち，グラフ

畳み込みネットワークやグラフ注意ネットワークは中間表現は異なる空間 $\mathbb{R}^{d_1}, \ldots, \mathbb{R}^{d_L}$ に属しますが，ゲート付きグラフニューラルネットワークでは中間表現は同じ空間 $\mathbb{R}^d$ に属します．グラフ畳み込みネットワークやグラフ注意ネットワークでは，中間表現を順次異なるものに変換していき，最終的な表現を計算すると解釈ができる一方，ゲート付きグラフニューラルネットワークでは中間表現は記憶状態であり，近傍頂点からの新しい情報を加えて更新することで最終的な表現を計算すると解釈ができます．グラフニューラルネットワークの定式化について両方の見方ができると，アーキテクチャの設計の幅を広げることができます．

3.2.4 単純グラフ畳み込み (SGC)

単純グラフ畳み込み (Simple Graph Convolution; SGC) [151] はグラフ畳み込みネットワークから活性化関数を取り除いたシンプルなモデルです．単純グラフ畳み込みは以下で定義されます．

$$\boldsymbol{Z} = \hat{\boldsymbol{A}}^L \boldsymbol{X}\boldsymbol{W}^\top \tag{3.23}$$

ここで，$\hat{\boldsymbol{A}} \stackrel{\text{def}}{=} \boldsymbol{D}^{-\frac{1}{2}}\boldsymbol{A}\boldsymbol{D}^{-\frac{1}{2}}$ は正規化された隣接行列です．グラフ畳み込みネットワークと同様，隣接行列 $\boldsymbol{A}$ には自己ループを加える前処理を行うものとします．$\hat{\boldsymbol{A}}^L = \hat{\boldsymbol{A}} \cdot \hat{\boldsymbol{A}} \cdot \ldots \cdot \hat{\boldsymbol{A}}$ は行列としての累乗を表します．学習パラメータは $\boldsymbol{W}$ です．

式 (3.8) を再帰的に展開すると，グラフ畳み込みネットワークの埋め込みは以下の式で表されます．

$$\boldsymbol{Z} = \sigma\left(\hat{\boldsymbol{A}}\sigma\left(\ldots\sigma\left(\hat{\boldsymbol{A}}\boldsymbol{X}\boldsymbol{W}^{(1)\top}\right)\boldsymbol{W}^{(2)\top}\ldots\right)\boldsymbol{W}^{(L)\top}\right) \tag{3.24}$$

ここから活性化関数 σ を取り除くと

$$\boldsymbol{Z} = \hat{\boldsymbol{A}}^L \boldsymbol{X}\boldsymbol{W}^{(1)\top}\boldsymbol{W}^{(2)\top}\ldots\boldsymbol{W}^{(L)\top} \tag{3.25}$$

となります．$\boldsymbol{W}^{(1)\top}\boldsymbol{W}^{(2)\top}\ldots\boldsymbol{W}^{(L)\top}$ は全体としては線形変換となり冗長なので，1 つの行列でパラメータ化すると，式 (3.23) となります．

単純グラフ畳み込みは $\boldsymbol{X}' = \hat{\boldsymbol{A}}^L\boldsymbol{X} \in \mathbb{R}^{n \times d}$ により特徴抽出を行い，パラメータ $\boldsymbol{W}$ により線形変換したモデルであると見ることもできます．$\boldsymbol{X}'$ はパラメータ $\boldsymbol{W}$ によらず一定なので，前処理で計算しておくことができます．前処理を行うと単純グラフ畳み込みは単なる線形モデルとなります．

単純グラフ畳み込みの利点は実装が簡単であることと，高速であることです．前処理を行えば線形モデルであるので，実装に深層モデルのライブラリすら必要なく，古典的な機械学習のライブラリや線形代数のライブラリのみで十分です．

単純グラフ畳み込みは単純でありながら，グラフ構造を考慮して埋め込みを計算するというグラフニューラルネットワークの目的は達成しています．単純グラフ畳み込みはこの目的以外の部分を究極まで削ぎ落としたモデルであるといえます．

驚くべきことに，提案論文[151]では，単純グラフ畳み込みはさまざまなタスクにおいてグラフ畳み込みネットワークと同等の精度を達成することが報告されています．タスクによっては，単純グラフ畳み込みのほうが精度が高い場合もあります．また，単純グラフ畳み込みの訓練はグラフ畳み込みネットワークと比べて数倍から数十倍高速です．

実装が簡単なこともあり，とりあえずグラフ構造を活用したい場合には，単純グラフ畳み込みは有力な候補です．

3.2.5 同類・異類選好グラフ畳み込みネットワーク (H_2GCN)

同類・異類選好グラフ畳み込みネットワーク (H_2GCN)[164] は同類選好的グラフと異類選好的グラフの両方で優れた性能を発揮するグラフニューラルネットワークです．これは，従来のグラフ畳み込みネットワークやグラフ注意ネットワークが同類選好的グラフに対しては優れた性能を発揮する一方で異類選好的グラフに対しては性能が大きく低下することとは対照的です．

同類・異類選好グラフ畳み込みネットワークは異類選好的グラフに対応するための 3 つの機構を備えています．

第一は，集約する頂点自身の中間表現と近傍頂点の中間表現を区別することです．グラフ畳み込みネットワークでは，自己ループを加えることで，集約する頂点自身も近傍頂点に加え，集約する頂点自身と近傍頂点を対等に扱っていました．同類選好的グラフにおいては，近傍頂点は集約する頂点自身と同じラベルを持つ傾向があるので，このように集約することで，そのラベルの特徴を強化することにつながります．一方，異類選好的グラフでは，近傍頂点は集約する頂点自身と異なるラベルを持つ傾向があるので，このように集約することで，別のラベルの特徴を強化することになり，誤分類につながります．ゆえに，同類選好的グラフにおいては，集約する頂点自身と近傍頂点の表現を混ぜ，異類選好的グラフにおいては，集約する頂点自身と近傍頂点の表現を分離するというように，異なる集約方法が望ましいです．同類・異類選好グラフ畳み込みネットワークでは，

$$\begin{aligned}\boldsymbol{h}_v^{(l+1)} &= \operatorname{Concat}\left(\boldsymbol{h}_v^{(l)}, g(\{\!\{\boldsymbol{h}_u^{(l)} \mid u \in \mathcal{N}(v)\}\!\})\right) \\ &= \operatorname{Concat}\left(\boldsymbol{h}_v^{(l)}, \sum_{u \in \bar{\mathcal{N}}(v)} \frac{1}{\sqrt{|\mathcal{N}(v)|}\sqrt{|\mathcal{N}(u)|}} \boldsymbol{h}_u^{(l)}\right)\end{aligned} \tag{3.26}$$

というように，集約する頂点自身の中間表現と近傍頂点の中間表現を区別して集約します．ここで，$\bar{\mathcal{N}}(v)$ は集約する頂点自身を除いた近傍頂点の集合です．

第二は，直接の近傍頂点だけではなく，2 ホップ（2 本の辺）でたどりつける頂点集合

$$\mathcal{N}_2(v) \stackrel{\text{def}}{=} \bigcup_{u \in \mathcal{N}(v)} \mathcal{N}(u) \tag{3.27}$$

や，3 ホップでたどりつける頂点集合

$$\mathcal{N}_3(v) \stackrel{\text{def}}{=} \bigcup_{u \in \mathcal{N}_2(v)} \mathcal{N}(u) \tag{3.28}$$

からも情報を集約することです．これは，異類選好的グラフにおいて，直接の近傍頂点は異なるラベルを持つ傾向がある一方で，2 ホップや 3 ホップでたどりつける頂点集合には同じラベルを持つ頂点がしばしばあるからです．例えば，映画関係者が頂点で，共演・共作関係が辺で，仕事の種類（監督・俳優・脚本家）が頂点ラベルであるグラフを考えましょう．監督と俳優や，監督と脚本家が共作することは一般的なので，異なるラベルの頂点どうしに多くの辺が生じます．監督どうしは共作することは稀であるので，同じラベルの頂点どうしに辺があまり生じません．一方で，監督 A が脚本家 X と仕事をし，監督 B が脚本家 X と仕事をした場合，監督 A から監督 B には 2 ホップでたどりつくことができます．同類・異類選好グラフ畳み込みネットワークでは，

$$\boldsymbol{h}_v^{(l+1)} = \mathrm{Concat}\left(\boldsymbol{h}_v^{(l)}, g(\{\!\{\boldsymbol{h}_u^{(l)} \mid u \in \mathcal{N}(v)\}\!\}), g(\{\!\{\boldsymbol{h}_u^{(l)} \mid u \in \mathcal{N}_2(v)\}\!\})\right) \tag{3.29}$$

というように，直接の近傍頂点だけでなく，2 ホップでたどりつける頂点集合からも情報を集約します．

第三は，最終層の表現だけではなく，途中の層の表現も埋め込みとして利用することです．初期の層の表現には局所的な情報のみが格納されています．後段の層には，何度か集約を繰り返すことで，より大域的な情報が格納されています．同類選好的グラフにおいてはある程度の範囲の局所的な領域から強く情報を集約することが望ましく，異類選好的グラフにおいては，2 ホップや 4 ホップ先の頂点集合のように，特殊な範囲から情報を集約することが望ましいです．同類・異類選好グラフ畳み込みネットワークでは，どの範囲からの情報を最終的に利用するかを柔軟に選択できるようにするため，

$$\boldsymbol{z}_v = \mathrm{Concat}\left(\boldsymbol{h}_v^{(0)}, \boldsymbol{h}_v^{(1)}, \ldots, \boldsymbol{h}_v^{(L)}\right) \tag{3.30}$$

というように，途中の層の表現を最終的な表現に連結します．

最終的な同類・異類選好グラフ畳み込みネットワークは以下で定義されます．

$$\boldsymbol{h}_v^{(0)} = \boldsymbol{X}_v \tag{3.31}$$

$$\boldsymbol{h}_v^{(l+1)} = \mathrm{Concat}\left(g(\{\!\{\boldsymbol{h}_u^{(l)} \mid u \in \mathcal{N}(v)\}\!\}), g(\{\!\{\boldsymbol{h}_u^{(l)} \mid u \in \mathcal{N}_2(v)\}\!\})\right) \tag{3.32}$$

$$g(\{\!\{\boldsymbol{h}_u^{(l)} \mid u \in \mathcal{N}(v)\}\!\}) = \sum_{u \in \tilde{\mathcal{N}}(v)} \frac{1}{\sqrt{|\mathcal{N}(v)|}\sqrt{|\mathcal{N}(u)|}} \boldsymbol{h}_u^{(l)} \tag{3.33}$$

$$\boldsymbol{z}_v = \mathrm{Concat}\left(\boldsymbol{h}_v^{(0)}, \boldsymbol{h}_v^{(1)}, \ldots, \boldsymbol{h}_v^{(L)}\right) \tag{3.34}$$

いくつか設計上の注意点があります．第一に，同類・異類選好グラフ畳み込みネットワークは単純グラフ畳み込みと同様に，パラメータの存在しない埋め込みモデルです．頂点埋め込みは事前に計算でき，分類モデルを訓練するときには，頂点埋め込み $\boldsymbol{z}_v$ からラベルを予測するモデルのみを訓練します．第二に，式 (3.29) とは異なり，式 (3.32) の集約には中心頂点の中間表現は含まれていません．これは，最終的な頂点埋め込みの式 (3.34) に自身のすべての中間表現が含まれており，重複を避けるためです．

提案論文[164]では，同類・異類選好グラフ畳み込みネットワークは同類選好的グラフと異類選好的グラフの両方で優れた性能を発揮することが報告されています．現実世界には同類選好的グラフが多いものの，異類選好的グラフも多く存在し，全体的には同類選好的であるものの一部の領域が異類選好的であるといったグラフも存在するため，このように両方の場合に対応できることは有用です．

3.3 訓練と推論の手順

頂点分類問題を例に，グラフニューラルネットワークの訓練と推論の手順についてより詳細に論じます．

1.2.1 節で述べたように，頂点分類問題には転導的学習と帰納的学習の 2 通りの問題設定があります．グラフニューラルネットワークを用いるとどちらの問題設定もほとんど同じように扱うことができます．ここでは丁寧に両方の場合を分けて説明します．

3.3.1 転導的学習

訓練時には，グラフ $G = (V, E, \boldsymbol{X})$ と，一部の頂点 $V_{\mathrm{L}} \subset V$ についての教師ラベルが与えられます．ラベルの集合を $\mathcal{Y}$ とします．テスト時に残りの頂点についてのラベルを予測するのが目標です．

訓練時にはまず，教師ラベルの持つ頂点の埋め込み $\boldsymbol{Z}_v$ $(v \in V_{\mathrm{L}})$ を計算します．この埋め込みの計算には当該頂点以外の頂点，特に，教師ラベルを持たない頂点の特徴ベクトルも必要であることに注意してください．なぜなら，埋め込みの計算には周囲の頂点からの情報も必要だからです．そして，埋め込みをもとに頂点ごとに予測を行います．埋め込みからラベルの予測は任意のモデルを用いることができますが，

$$\hat{\boldsymbol{Y}}_v = \mathrm{softmax}(\boldsymbol{Z}_v) \in \mathbb{R}^{\mathcal{Y}} \tag{3.35}$$

というように，埋め込みにソフトマックス関数をかけて直接ラベル確率を推定することがよくあります．これは，埋め込みを計算する段階で非線形の変換を多く経ており，$\boldsymbol{Z}_v$ にはすでに頂点の特徴量から非線形な情報が抽出されているためです．決定規則が複雑な場合には，

$$\hat{\boldsymbol{Y}}_v = \mathrm{MLP}_\theta(\boldsymbol{Z}_v) \in \mathbb{R}^{\mathcal{Y}} \tag{3.36}$$

というように，埋め込みをさらに分類モデルに入力してラベルを予測することもできます．そして，この予測をもとに，損失を計算してパラメータを最適化します．損失としては，通常の多クラス分類と同様に，交差エントロピー損失

$$\mathcal{L} = -\sum_{v \in V_{\mathrm{L}}} \sum_{y \in \mathcal{Y}} \boldsymbol{Y}_{v,y} \log \hat{\boldsymbol{Y}}_{v,y} \tag{3.37}$$

を用いることができます．訓練は誤差逆伝播法を用いて，グラフニューラルネットワークのパラメータと分類モデルのパラメータ θ（もしあれば）を同時に最適化することにより行えます．

テスト時には，訓練したグラフニューラルネットワークを用いて，テスト頂点の埋め込みを計算し，そこから訓練した分類モデルを用いてラベルの予測を行います．

3.3.2 帰納的学習

訓練時には，グラフ $G_{\mathrm{L}} = (V_{\mathrm{L}}, E_{\mathrm{L}}, \boldsymbol{X}_{\mathrm{L}})$ と教師ラベルが与えられます．教師ラベルはすべての頂点について与えられることもあれば，一部の頂点にのみ与えられることもあります．テスト時には，新しいグラフ $G_u = (V_u, E_u, \boldsymbol{X}_u)$ が与えられるので，このグラフの頂点のラベルを予測します．テストグラフには１つも教師ラベルを持つ頂点がないことが帰納的学習の特徴です．頂点の特徴の定義は訓練グラフとテストグラフで同一であると仮定します．すなわち，訓練グラフとテストグラフで特徴ベクトルの次元数は同じであり，各次元は同じ意味を持つと仮定します．

訓練時には，訓練グラフ中の教師ラベルを持つ頂点について埋め込みを計算し，転導的学習の場合と同様に，その埋め込みをもとに頂点ごとに予測を行います．交差エントロピー損失を用いて誤差を計測し，誤差逆伝播法により，グラフニューラルネットワークのパラメータと分類モデルのパラメータを同時に最適化する点も転導的学習と同様です．

テスト時には，訓練したグラフニューラルネットワークと分類モデルを用いて，テストグラフの頂点のラベルを予測できます．

グラフニューラルネットワークは転導的学習と帰納的学習はほとんど区別

することなく扱うことができます．古典的なグラフ機械学習の手法では，これらを区別して扱う必要がある場合が多く，転導的学習にのみ適用でき帰納的学習には適用できない手法もあります．2 つの設定を区別することなく扱えることはグラフニューラルネットワークの利点の 1 つです．

例 3.1（文書分類）

Cora[96, 125] (1.5.1 節) は機械学習関連の論文の引用グラフのデータセットです．頂点は論文を表し，頂点 u から頂点 v への辺は，論文 u が論文 v を引用したことを表します．頂点特徴量は論文要旨の単語の集合 (bag of words) を表します．語彙の数および次元は 1433 です．頂点ラベルは論文のカテゴリを表します．手法カテゴリを表す Case Based（事例ベース），Genetic Algorithm（遺伝的アルゴリズム），Neural Networks（ニューラルネットワーク），Probabilistic Methods（確率的手法），Reinforcement Learning（強化学習），Rule Learning（ルール学習），Theory（理論）の

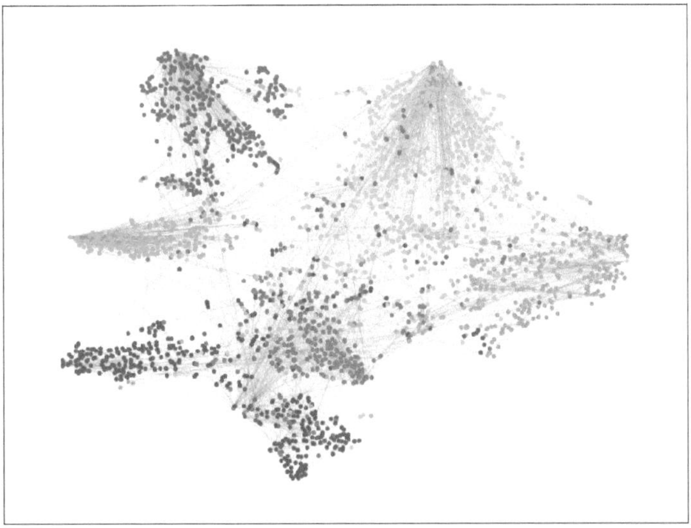

図 3.4 グラフ畳み込みネットワークによる Cora データセットの文書埋め込み．色は文書のカテゴリを表す．文書のカテゴリは埋め込みの計算には直接用いていない．同じカテゴリの文書が似た埋め込みを持つことが見てとれる．

7つのカテゴリがあります．論文の情報から論文のカテゴリを予測するモデルを構築することを目指します．

使用したモデルは 2 層のグラフ畳み込みネットワーク

$$\hat{\boldsymbol{Y}} = \mathrm{softmax}\left(\hat{\boldsymbol{A}}\ \mathrm{ReLU}\left(\hat{\boldsymbol{A}}\boldsymbol{X}\boldsymbol{W}^{(1)\top}\right)\boldsymbol{W}^{(2)\top}\right) \in \mathbb{R}^{n\times 7} \tag{3.38}$$

です．中間層の次元は $d_1 = 16$ としました．各カテゴリから 20 個ずつランダムに選んだ，計 140 個の頂点を教師あり頂点 V_L に設定し，残りの頂点のうちランダムに選んだ 500 個の頂点を検証用データ，1000 個の頂点をテスト用データとしました．最適化アルゴリズムはすべての頂点の損失を同時に最適化するフルバッチの勾配降下法です．学習率は 0.1，重み減衰は 0.0001 に設定しました．モデルの訓練は 500 エポック行いました．Intel Core i7-12700 の CPU 上での訓練時間は全体で 1.6 秒です．テストデータの正解率は 80.5 パーセントでした．機械学習関連の論文の細かい手法カテゴリの分類であることと，7 つのカテゴリがあることを考えると，高い精度であるといえます．図 3.4 に，訓練済みモデルのパラメータ

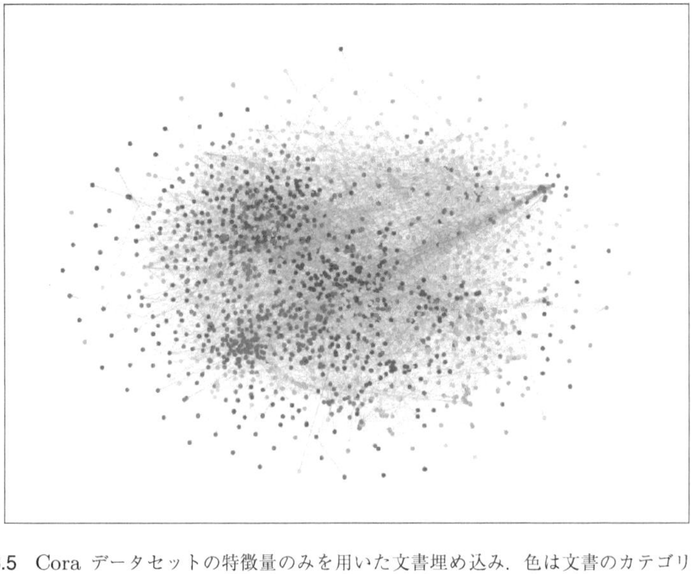

図 3.5 Cora データセットの特徴量のみを用いた文書埋め込み．色は文書のカテゴリを表す．グラフ畳み込みネットワークによる埋め込みと比べて，カテゴリが混在している．

$\boldsymbol{W}^{*(1)}$ についての第 1 層の中間埋め込み

$$\boldsymbol{H}^{(1)} = \hat{\boldsymbol{A}}\boldsymbol{X}\boldsymbol{W}^{*(1)\top} \tag{3.39}$$

を可視化した結果を掲載します．可視化は t-SNE[140] により行いました．色は文書のカテゴリを表します．同じカテゴリの文書が似た埋め込みを持つことが見てとれます．

比較のため，文書の特徴ベクトル $\boldsymbol{X}$ を同じ方法で可視化したものを図 3.5 に掲載します．同じカテゴリの文書はある程度まとまりがあるものの，グラフ畳み込みネットワークと比べるとグラフ構造を考慮できておらず，カテゴリも混在していることが見てとれます．

3.3.3 バッチの構築方法

訓練には，すべての頂点の埋め込みの計算と分類を同時に行うフルバッチの方法と，一度に少しの頂点の埋め込みの計算と分類を行うミニバッチの方法があります．この 2 通りの方式があることは通常のベクトルデータのときと同じですが，グラフニューラルネットワークにおいては意味合いが少し異なります．なぜなら，グラフニューラルネットワークではある頂点集合についての予測を行うときに他の頂点の情報が必要だからです．フルバッチの扱いは簡単です．すべての頂点について中間表現と予測を計算すればよいからです．教師ラベルを持たない頂点も含めて，すべての頂点の中間表現を計算することに注意してください．ただし，教師ラベルを持たない頂点は損失が計算できないので，損失計算は教師ラベルを持つ頂点に対してのみ行います．グラフ畳み込みネットワークのフルバッチ計算の手続きはアルゴリズム 3.2 に掲載しました．

ミニバッチを用いる場合，分類を行う頂点集合を $B \subset V$ とすると，1 層のグラフニューラルネットワークでは $\mathcal{N}_1(B) \stackrel{\text{def}}{=} \cup_{u \in B}\mathcal{N}(u)$ 内のすべての頂点をミニバッチに含める必要があります．2 層のグラフニューラルネットワークでは $\mathcal{N}_2(B) \stackrel{\text{def}}{=} \mathcal{N}_1(\mathcal{N}_1(B))$ 内のすべての頂点をミニバッチに含める必要があります．一般に，L 層のグラフニューラルネットワークでは $\mathcal{N}_L(B) \stackrel{\text{def}}{=} \mathcal{N}_1(\mathcal{N}_{L-1}(B))$ 内のすべての頂点をミニバッチに含める必要があります．$\mathcal{N}_L(B)$ は，頂点集合 B から幅優先探索を行うことで求めることが

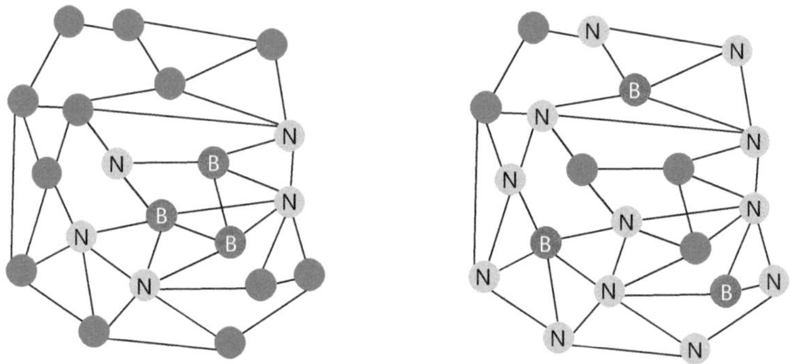

図 3.6 ミニバッチの構築方法の比較．B：分類を行う頂点集合，N：1 層の計算でミニバッチに含める必要のある頂点集合．左の図は B がグラフ中で局所的に集中しているため，依存する頂点を共有でき，ミニバッチが小さくなっている．右の図は B がグラフ中で散らばっており，ミニバッチが大きくなっている．

できます．図 3.6 に示すように，分類を行う頂点集合 B の大きさが同じでも，必要なミニバッチの大きさは異なります．一般に，B はグラフ上で近い頂点が集まっているほうが，依存する頂点を共有でき，ミニバッチを小さくできます．このため，グラフ全体をクラスタリングし，クラスタをミニバッチとすることがあります [21]．実際上は，ランダムな頂点から始めて，幅優先探索を行い順次頂点を B に追加することで，グラフ上で近い頂点を得てミニバッチを構築することもよくあります．

フルバッチの利点は実装が簡単なことと行列計算の高速化がしやすいことです．しかし，フルバッチはメモリを多く消費するため，大規模なグラフには適用できません．ミニバッチは実装が複雑になりますが，メモリを節約でき，大規模なグラフにも適用できます．ミニバッチを用いたときのグラフニューラルネットワークの予測をアルゴリズム 3.3 に示します．

ミニバッチの構築法と，計算の効率化については第 5 章で詳しく論じます．

アルゴリズム 3.3 ミニバッチを用いたグラフニューラルネットワークの予測

入力：グラフニューラルネットワーク
　　　入力グラフ $G = (V, E, \boldsymbol{X})$
　　　頂点のミニバッチ $B \subset V$
出力：ミニバッチ内の頂点の埋め込み $\{\boldsymbol{Z}_v\}_{v \in B}$

$B_L \leftarrow B$
for $l = L-1, L-2, \ldots, 0$ **do**
　$B_l \leftarrow B_{l+1}$
　for $v \in B_{l+1}$ **do**　// l 層目にて計算するべき頂点集合
　　$B_l \leftarrow B_l \cup \mathcal{N}(v)$
　end
end
$\hat{\boldsymbol{h}}_v^{(0)} \leftarrow \boldsymbol{X}_v \quad \forall v \in B_0$
for $l = 0, 1, \ldots, L-1$ **do**
　for $v \in B_{l+1}$ **do**
　　$\boldsymbol{h}_v^{(l+1)} \leftarrow f^{\text{集約}}_{\theta, l+1}(\boldsymbol{h}_v^{(l)}, \{\!\{\boldsymbol{h}_u^{(l)} \mid u \in \mathcal{N}(v)\}\!\}) \ (\forall v \in V)$
　end
end
Return $\{\boldsymbol{h}_v^{(L)}\}_{v \in B_L}$

3.4 異種混合グラフへの拡張

グラフニューラルネットワークは異種混合グラフへ簡単に拡張できます．異種混合グラフとは，頂点や辺に複数の種類があるグラフです（1.3 節）．グラフニューラルネットワークを異種混合グラフに拡張するための基本的なアイデアは，集約関数において頂点と辺の種類を活用するというものです．

3.4.1 頂点の種類が複数ある場合

頂点の種類が複数ある場合に対処する最も簡単な方法は，頂点特徴量に頂点の種類についての情報を含めることです．例えば，頂点の種類が K 個ある場合，K 次元のワンホットベクトルで頂点の種類を表し，頂点特徴量に設定する，あるいはほかに特徴がある場合にはその特徴と連結して頂点特徴量とすることができます．この方式を用いると，グラフ畳み込みネットワークやグラフ注意ネットワークなど，同質的グラフのためのグラフニューラルネットワークアーキテクチャをそのまま用いることができるので，実装も容易です．

頂点の種類によって利用できる特徴ベクトルが異なる場合には注意が必要です．例えば，ユーザーを表す頂点と商品を表す頂点がグラフ中に存在するとします．ユーザーはユーザーの年齢や居住地などの特徴を持ち，商品はジャンルや価格などの特徴を持ちます．一般には，これらのベクトルの次元数は異なり，メッセージ集約のときに次元数が合わないため，そのまま頂点特徴に設定できません．仮にたまたま次元数が同じだとしても，意味は異なるので，区別せずに用いてしまうと精度は高くならないでしょう．このような場合，頂点の種類 c ごとにベクトル埋め込みモデル $f_c\colon \mathbb{R}^{d_c} \to \mathbb{R}^d$ を用いて，$f_c(\boldsymbol{X}_v)$ をグラフニューラルネットワークの初期埋め込みとすることで解決できます [148]．ベクトル埋め込みモデルは，線形モデルがしばしば用いられます [148]．このとき，グラフニューラルネットワークの初期埋め込みは，

$$\boldsymbol{h}_v^{(0)} = \boldsymbol{W}_{c(v)}\boldsymbol{X}_v \tag{3.40}$$

となります．$c(v)$ は頂点 v の種類，$\boldsymbol{W}_c \in \mathbb{R}^{d \times d_c}$ はベクトル埋め込みモデルのパラメータであり，グラフニューラルネットワークのパラメータと同時に訓練を行います．この方式を用いる場合であっても，グラフ畳み込みネットワークやグラフ注意ネットワークなど，同質的グラフのためのグラフニューラルネットワークアーキテクチャをそのまま用いることができます．

3.4.2 辺の種類が複数ある場合

辺の種類が複数ある場合には，メッセージを集約するとき，そのメッセージがどの種類の辺を通って送られたかを区別することが重要です．以下に具体的なモデルを 3 つ紹介します．

3.4.2.1 関係グラフ畳み込みネットワーク (RGCN)

関係グラフ畳み込みネットワーク (Relational Graph Convolutional Network; RGCN)[124] はグラフ畳み込みネットワークの異種混合グラフへの拡張です．関係グラフ畳み込みネットワークは以下で定義されます．

$$\boldsymbol{h}_v^{(l+1)} = \sigma\left(\boldsymbol{W}^{(l+1)}\boldsymbol{h}_v^{(l)} + \sum_{r\in\mathcal{R}} \frac{1}{|\mathcal{N}_r(v)|} \sum_{u\in\mathcal{N}_r(v)} \boldsymbol{W}_r^{(l+1)}\boldsymbol{h}_u^{(l)}\right) \tag{3.41}$$

ここで，$\mathcal{R}$ は辺の種類全体の集合であり，$\mathcal{N}_r(v)$ は頂点 v に種類 r の辺で隣接する頂点集合です．関係グラフ畳み込みネットワークは辺の種類ごとに重みパラメータを用意し，辺の種類ごとに独立に集約し，それらを足し合わせます．辺の種類が 1 つのときには，式 (3.7) のグラフ畳み込みネットワークとほとんど等価です．ただし，式 (3.7) のグラフ畳み込みネットワークは自己ループを他の辺と等価に扱っているのに対し，式 (3.41) では自己ループは他と異なる行列で変換しているという細かな違いがあります．

3.4.2.2 辺条件付き畳み込み (ECC)

辺条件付き畳み込み (Edge Conditioned Convolution; ECC)[129] は関係グラフ畳み込みネットワークと同様に，辺の種類に応じて重み行列を変更します．ただし，変換行列を陽に持たず，辺の特徴量から重み行列への変換を学習します．辺条件付き畳み込みの入力は辺特徴量の付いたグラフ $G = (V, E, \boldsymbol{X}, \boldsymbol{F})$ です．ここで，$\boldsymbol{F} \in \mathbb{R}^{E\times d_E}$ は辺の特徴量を表します．例えば，$\boldsymbol{F}_e \in \mathbb{R}^{d_E}$ には辺 e の種類を表すワンホットベクトルを設定できます． 辺条件付き畳み込みは以下で定義されます．

$$\boldsymbol{h}_v^{(l+1)} = \sigma\left(\frac{1}{|\mathcal{N}(v)|} \sum_{u\in\mathcal{N}(v)} \mathrm{MLP}_{\theta,l+1}(\boldsymbol{F}_{\{u,v\}})\boldsymbol{h}_u^{(l)} + \boldsymbol{b}^{(l+1)}\right) \tag{3.42}$$

ここで，$\mathrm{MLP}_{\theta,l+1}\colon \mathbb{R}^{d_E} \to \mathbb{R}^{d_{l+1}\times d_l}$ は辺の特徴量を受けとり，重み行列を出力するモデルです．$\boldsymbol{b}^{(l)} \in \mathbb{R}^{d_{l+1}}$ はバイアスベクトルです．辺条件付き畳み込みの学習パラメータは $\mathrm{MLP}_{\theta,l+1}$ のパラメータと $\boldsymbol{b}^{(l+1)}$ です．定義式は関係グラフ畳み込みネットワークと似ていますが，辺の特徴量が連続量であっても適用できる点と，辺の種類が増大してもパラメータ数を抑えられることが辺条件付き畳み込みの利点です．

3.4.2.3 異種混合グラフ注意ネットワーク (HAN)

異種混合グラフ注意ネットワーク (Heterogeneous graph Attention Network; HAN)[148] は注意機構（アテンション）を用いた異種混合グラフ用のモデルです．異種混合グラフ注意ネットワークは関係グラフ畳み込みネットワークや辺条件付き畳み込みとは異なり，集約を 1 回のみ行います．ただし，**メタパス** (meta-path) という概念を用いて，遠くの頂点からの情報も一度に集約します．メタパスとは，頂点の種類 $A_1, \ldots, A_{l+1}$ と辺の種類 $R_1, \ldots, R_l$ を交互に並べた列 $A_1 \xrightarrow{R_1} A_2 \xrightarrow{R_2} \ldots \xrightarrow{R_l} A_{l+1}$ のことです．$P_c = \text{ユーザー頂点} \xrightarrow{\text{購入辺}} \text{商品頂点} \xrightarrow{\text{所属辺}} \text{企業頂点}$ はメタパスの例です．頂点 v からメタパス P をたどって到達できる頂点集合をメタパス近傍 $\mathcal{N}_P(v)$ といいます．例えば，ユーザー頂点 v について，$\mathcal{N}_{P_c}(v)$ はユーザー v が買ったことのある商品が所属する企業の集合です．異種混合グラフ注意ネットワークでは複数のメタパスを用いて頂点埋め込みを求めます．まず，頂点 v において 1 層の注意機構を用いてメタパス近傍 $\mathcal{N}_{P_i}(v)$ の特徴ベクトルを 1 本のベクトル $\boldsymbol{h}_{v,P_i}$ に集約し，頂点の中間表現とします．これにより，各頂点はメタパスの数だけ中間表現を持つことになります．その後，頂点 v において 1 層の注意機構を用いて中間表現ベクトルの集合 $\{\boldsymbol{h}_{v,P_1}, \ldots, \boldsymbol{h}_{v,P_k}\}$ を 1 つのベクトルに集約することで，頂点の埋め込みを求めます．どのようなメタパスを用いるかはモデルの設計者が人手で定めます．例えば，商品推薦において，企業ブランドが重要そうな領域であれば，上述のメタパス P_c を用いるのは有力でしょう．提案論文 [148] では辺の種類の情報を活用することで頂点分類の精度を大きく向上させられることが実験的に示されています．

補足 3.1 メタパス

異種混合グラフ注意ネットワークにおいてメタパスという概念が突然現れましたが，メタパスは異種混合グラフ注意ネットワークで提案されたものではなく，異種混合グラフを扱ううえで古くから利用されているアイデアです [135, 159]．例えば，metapath2vec[34] は，メタパスを用いて異種混合グラフの頂点埋め込みを計算する手法です．これは 2.3.3 節で紹介した DeepWalk[111] の異種混合グラフ版ともいえるものです．metapath2vec は異種混合グラフ注意ネットワークでもベースライン手法として用いられています．そのような歴史的経緯があり，グラフニューラルネットワークで異種混合グラフを扱うときにも，メタパスを構成要素に用いることがしばしばあります [149,160]．

3.5 同変性とメッセージ伝達による定式化の意義

問題 3.1 を解くニューラルネットワークはメッセージ伝達に基づくもの以外にも多く考えられます．簡単には，以下のように隣接行列をモデルに入力すれば，グラフ構造を考慮した埋め込みが得られそうです．

$$\boldsymbol{z}_v = \boldsymbol{W}\boldsymbol{A}_v \tag{3.43}$$

ここで，$\boldsymbol{A} \in \mathbb{R}^{n \times n}$ は隣接行列であり，$\boldsymbol{W} \in \mathbb{R}^{d \times n}$ は学習パラメータです．式 (3.43) のモデルには 3 つ問題があります．第一の問題点は，大きさの異なるグラフに適用できないことです．隣接行列 $\boldsymbol{A} \in \mathbb{R}^{n \times n}$ の次元数は頂点数 n に依存します．異なる大きさのグラフに対してこのモデルを実行しようとしても，パラメータ $\boldsymbol{W}$ との次元が合わずに計算できません．画像用のグラフニューラルネットワークでは，画像をリサイズして入力することで対処されますが，グラフはリサイズして頂点数を合わせるという操作ができません．一方，メッセージ伝達型グラフニューラルネットワークは，すべての頂点において同じ集約方法を適用することで，モデルが頂点数に依存することを回避しています．第二の問題点は，グラフが大規模になるとパラメータ数と計算量が増大してしまうことです．現実世界には数十億頂点のグラフが多く存在します．そのようなグラフに対しては，頂点数について線形のパラメータ数を持つモデルですら手に負えません．一方，メッセージ伝達型グラフニューラルネットワークは，すべての頂点でモデルを共有することで，頂点数について定数個のパラメータ数に抑えることに成功しています．第三の問題点は**同変** (equivariant) ではないことです．同変とは，同じ構造のグラフに対して同じ出力をすることを指します．例えば，図 3.7 の 2 つのグラフ

$$G_1 = (\{1,2,3,4\}, \{\{1,2\},\{1,4\},\{2,3\},\{2,4\}\}) \tag{3.44}$$

$$G_2 = (\{1,2,3,4\}, \{\{1,2\},\{1,3\},\{2,3\},\{3,4\}\}) \tag{3.45}$$

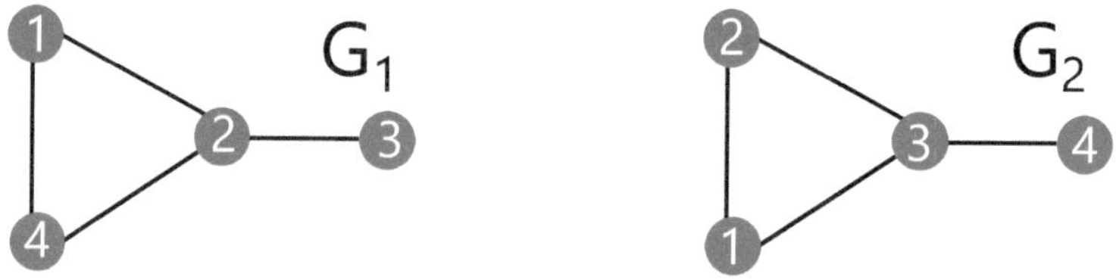

図 3.7 同型なグラフの例．G_1 と G_2 は頂点番号の順番が異なるだけで，等価なグラフを表す．

は頂点番号の順番が異なるだけで，等価なグラフを表します．このように，頂点番号の並び替えだけで移りあうとき，2 つのグラフは**同型** (isomorphic) であるといいます．頂点番号の順番は恣意的なものであったので，同型なグラフに対してモデルは同じ予測をするべきです．例えば，図 3.7 の G_1 の頂点 1 と G_2 の頂点 2 に対しては同じ予測をするべきです．しかし，式 (3.43) は隣接行列 $\boldsymbol{A}$ の添え字の並び方に依存しており，同変ではありません．具体的には，G_1 を入力すると，頂点 1 の埋め込みは

$$\boldsymbol{W}_{:,2} + \boldsymbol{W}_{:,4} \tag{3.46}$$

となり，G_2 を入力すると，頂点 2 の埋め込みは

$$\boldsymbol{W}_{:,1} + \boldsymbol{W}_{:,3} \tag{3.47}$$

となります．一方，メッセージ伝達型グラフニューラルネットワークでは，頂点番号が定式化中に登場せず，隣接関係にのみ基づいた計算を行っています．また，隣接する頂点を多重集合として対称に扱っています．このため，メッセージ伝達型グラフニューラルネットワークは必ず同変になることが保証されます．

以下に，同型性についての議論を数学的に示します．まず，グラフの同型性は以下で定義されます．

定義 3.2（グラフの同型性）

グラフ $G_1 = (V_1, E_1, \boldsymbol{X})$ と $G_2 = (V_2, E_2, \boldsymbol{Y})$ が同型であるとは，全単射 $f\colon V_1 \to V_2$ が存在し，

$$\boldsymbol{X}_v = \boldsymbol{Y}_{f(v)} \tag{3.48}$$

がすべての $v \in V_1$ について成り立ち，

$$\{u, v\} \in E_1 \iff \{f(u), f(v)\} \in E_2 \tag{3.49}$$

がすべての $u, v \in V_1$ について成り立つことである．このような全単射 f を同型写像といい，$v \in V_1$ と $f(v) \in V_2$ を同型な頂点という．

例えば，図 3.7 の左のグラフと右のグラフは，すべての頂点特徴量が同一であるとすると，

$$f(1) = 2 \tag{3.50}$$

$$f(2) = 3 \tag{3.51}$$

$$f(3) = 4 \tag{3.52}$$

$$f(4) = 1 \tag{3.53}$$

という同型写像により同型です．同変性は以下で定義されます．

定義 3.3（同変性）

グラフを受けとり頂点埋め込み集合を返す関数

$$g\colon (V, E, \boldsymbol{X}) \mapsto \boldsymbol{Z} \in \mathbb{R}^{|V| \times d} \tag{3.54}$$

が同変であるとは，任意の同型なグラフ $G_1 = (V_1, E_1, \boldsymbol{X})$ と $G_2 = (V_2, E_2, \boldsymbol{Y})$ と任意の同型写像 $f\colon V_1 \to V_2$ について，

$$g(G_1)_v = g(G_2)_{f(v)} \tag{3.55}$$

がすべての $v \in V_1$ について成り立つことをいう．

メッセージ伝達型グラフニューラルネットワークは必ず同変になることを示します．

定理 3.4（グラフニューラルネットワークの同変性）

メッセージ伝達型グラフニューラルネットワークは同変である．

証明

グラフ $G_1 = (V_1, E_1, \boldsymbol{X})$ と $G_2 = (V_2, E_2, \boldsymbol{Y})$ が同型であるとする．同型写像を $f\colon V_1 \to V_2$ とする．層番号 l についての帰納法により，同型な頂点の中間表現は常に同じであることにより示す．G_1 の中間表現を $\boldsymbol{h}^{(l)}$，G_2 の中間表現を $\boldsymbol{g}^{(l)}$ と表す．

$l = 0$ のとき，同型性の定義式 (3.48) と初期化の式 (3.1) より，

$$\boldsymbol{h}_v^{(0)} = \boldsymbol{X}_v = \boldsymbol{Y}_{f(v)} = \boldsymbol{g}_{f(v)}^{(0)} \tag{3.56}$$

となる．

$l = k$ のとき成立したとすると，

$$\begin{aligned}
\boldsymbol{h}_v^{(l+1)} &= f_{\theta,l+1}^{\text{集約}}(\boldsymbol{h}_v^{(l)}, \{\!\{\boldsymbol{h}_u^{(l)} \mid u \in \mathcal{N}(v)\}\!\}) \\
&\overset{\text{(a)}}{=} f_{\theta,l+1}^{\text{集約}}(\boldsymbol{g}_{f(v)}^{(l)}, \{\!\{\boldsymbol{g}_{f(u)}^{(l)} \mid u \in \mathcal{N}(v)\}\!\}) \\
&\overset{\text{(b)}}{=} f_{\theta,l+1}^{\text{集約}}(\boldsymbol{g}_{f(v)}^{(l)}, \{\!\{\boldsymbol{g}_u^{(l)} \mid u \in \mathcal{N}(f(v))\}\!\}) \\
&= \boldsymbol{g}_{f(v)}^{(l+1)}
\end{aligned} \tag{3.57}$$

であるので，$l = k + 1$ のときも成立する．ここで，(a) は帰納法の仮定より，(b) は同型写像の定義より従う．よって，最終的な頂点埋め込みについても

$$\boldsymbol{h}_v^{(L)} = \boldsymbol{g}_{f(v)}^{(L)} \tag{3.58}$$

が成立し，同変性が示された． □

ただし，定理 3.4 は集約関数が $\boldsymbol{h}_v^{(l)}$ と $\{\!\{\boldsymbol{h}_u^{(l)} \mid u \in \mathcal{N}(v)\}\!\}$ の関数になっている場合にのみ有効です．集約関数がこの形式になっていないメッセー

ジ伝達型グラフニューラルネットワークも存在します．例えば，長短期記憶 (long short-term memory; LSTM) を用いて集約する方法 [51]

$$h_v^{(l+1)} = \mathrm{LSTM}\left(h_v^{(l)}, h_{\mathcal{N}(v)_1}^{(l)}, \ldots, h_{\mathcal{N}(v)_{\deg(v)}}^{(l)}\right) \tag{3.59}$$

は頂点番号の並び順に依存するため，同変ではありません．

同変性が重要なのは，2 つ以上のグラフが登場する場合だけではありません．グラフが 1 つしか登場しない場合も重要です．例えば，図 3.7 のグラフ G_1 において，頂点 1 と頂点 4 の頂点特徴量が同じとすると，これらの役割は同じであり，

$$f(1) = 4 \tag{3.60}$$

$$f(2) = 2 \tag{3.61}$$

$$f(3) = 3 \tag{3.62}$$

$$f(4) = 1 \tag{3.63}$$

は G_1 から G_1 への同型写像です．このように自身への同型写像を**自己同型** (automorphism) といいます．グラフ G_1 の頂点 1 が正例であると分かったとしましょう．このとき，頂点 4 も役割は同じなので，正例である可能性は非常に高いです．定理 3.4 より，メッセージ伝達型グラフニューラルネットワークはグラフ G_1 の頂点 1 と頂点 4 に対して同じ予測を行うため，ただちに頂点 4 も正例であると学習できます．一方，式 (3.43) のような同変ではないモデルでは，頂点 1 と頂点 4 は同一視しないため，個別に学習する必要があり，知識の汎化ができません．このように，グラフが 1 つしか登場しない場合も，同変性はグラフニューラルネットワークの訓練において重要な役割を果たします．

本節では，メッセージ伝達型グラフニューラルネットワークは異なる大きさのグラフを扱えること，パラメータ数が抑えられること，同変性が自動的に担保されることという 3 つの利点があることを示しました．また，これだけではなく，メッセージ伝達型グラフニューラルネットワークはグラフ上で近くにある頂点ほど強い影響を与えるという性質も組み込まれており，この性質は多くのグラフ機械学習問題においてよい帰納バイアスとなります．

ただし，式 (3.43) のように，隣接行列をそのままニューラルネットワーク

に入力する方法も絶対に間違いだというわけではありません．特に，訓練・テストを通じて１つしかグラフが登場せず，常に同じ頂点番号で表現されることが保証されている場合には，本節で紹介した問題の多くは生じません．頂点間で知識が共有できないことと，帰納バイアスが弱いという欠点はありますが，まったく学習ができないというほどではありません．他のニューラルネットワークと組み合わせる場合や実装を簡潔にしたい場合など，特別な事情がある場合には，式 (3.43) のようなモデルを考慮する価値があるかもしれません．

また，グラフニューラルネットワークはメッセージ伝達型のものしかないわけではありません．現状，多くのグラフニューラルネットワークがメッセージ伝達に基づいた定式化を採用していますが，メッセージ伝達以外の定式化が用いられることもあります．その他の定式化の代表例は，グラフフーリエ変換に基づく定式化と同変基底に基づく定式化です．グラフフーリエ変換に基づくグラフニューラルネットワークは 6.4 節で，同変基底に基づいたグラフニューラルネットワークは 8.3 節で詳しく紹介します．

Chapter 4

さまざまなタスクへの応用

前章では頂点分類問題を題材にグラフニューラルネットワークの定式化を行いました．グラフニューラルネットワークの強みは，頂点分類問題だけでなく，グラフに関連するさまざまなタスクに適用できることです．本章では，グラフニューラルネットワークを用いてグラフ分類，接続予測，そしてグラフ生成を行う方法を紹介します．本章を読めば，さまざまな問題に対してグラフニューラルネットワークを適用できるようになります．

4.1 グラフ分類

4.1.1 グラフ分類問題の解き方

問題 4.1（教師ありグラフ分類問題）

入力 いくつかのクラスラベルを持つグラフ $\{(G_1, y_1), \ldots, (G_n, y_n)\}$（$G_i$ はグラフ，y_i はクラスラベル），テスト用のグラフ G

出力 グラフ G のクラスラベル y の予測値

グラフ分類問題はグラフ全体をクラスに分類する問題です．化合物グラフを毒性のありなしに分類する問題や，薬効のありなしに分類する問題が代表例です．

グラフ分類問題の難しい点は，グラフ中に含まれる頂点数が一定ではないことです．例えば化合物グラフを分類する場合，頂点数（原子の数）が $n = 6$ の化合物グラフもあれば，頂点数が $n = 8$ の化合物グラフもあります．グラフニューラルネットワークは頂点につき 1 つの埋め込みを出力します．つまり，グラフ全体では合計 n 個の埋め込みを出力します．グラフ中の頂点の数が一定ではないと，この埋め込みの数も異なることになり，単純に比較ができません．

グラフニューラルネットワークをグラフ分類に適用するには大きく分けて 2 種類の方法があります．**グラフプーリング** (graph pooling) を用いる方式と**超頂点** (supernode) を用いる方式です．以下にそれぞれの方式を説明します．入力頂点特徴量を $\boldsymbol{x}_1, \ldots, \boldsymbol{x}_n$，グラフニューラルネットワークが出力した頂点埋め込みを $\boldsymbol{z}_1, \ldots, \boldsymbol{z}_n$ とします．グラフ全体の埋め込み $\boldsymbol{z}_G$ を得ることが目標です．

グラフプーリング グラフプーリングは，n 個の頂点埋め込みを 1 個のベクトルにまとめる操作です．グラフプーリングは**読み出し** (readout) とも呼ばれます．代表的なものとしては，頂点埋め込みの平均をとる平均プーリング

$$\boldsymbol{z}_G = \frac{1}{n} \sum_{v \in V} \boldsymbol{z}_v \tag{4.1}$$

次元ごとの最大値をとる最大プーリング

$$\boldsymbol{z}_G = \max(\boldsymbol{z}_1, \ldots, \boldsymbol{z}_n) \tag{4.2}$$

頂点ごとに重みを調整する手法 [86]

$$\boldsymbol{z}_G = \tanh\left(\sum_{v \in V} \sigma(f(\boldsymbol{z}_v, \boldsymbol{x}_v)) \odot \tanh(g(\boldsymbol{z}_v, \boldsymbol{x}_v))\right) \tag{4.3}$$

トランスフォーマー [142] を用いた手法 [40, 152]

$$\boldsymbol{z}_G = \text{Transformer}(\{\!\{\boldsymbol{z}_1, \ldots, \boldsymbol{z}_n, [\text{CLS}]\}\!\})[\text{CLS}] \tag{4.4}$$

などがあります．式 (4.3) において，$f\colon \mathbb{R}^{(d_L + d_0)} \to \mathbb{R}^d$ は頂点の次元ごとの寄与重みを計算する補助的なニューラルネットワーク，σ はシグモイド関数，$g\colon \mathbb{R}^{(d_L + d_0)} \to \mathbb{R}^d$ は頂点ごとに最終的なグラフ埋め込みを計算する補

助的なニューラルネットワーク，$\odot$ は要素ごとの掛け算を表す演算子です．式 (4.4) で用いられているトランスフォーマーは埋め込み集合を受けとり，同じ要素数の変換された埋め込みの集合を出力するモデルです．式 (4.4) において [CLS] はグラフ全体を表す特殊な要素（トークン）であり，最後の [CLS] は出力された埋め込み集合から [CLS] に相当する埋め込みを取得することを表します．

頂点埋め込みは複数あれど，それぞれの頂点埋め込みは次元が同一であり，同じ空間に属するため，上記のように平均プーリングや最大プーリングなどの操作により 1 本のベクトルにまとめることができます．

グラフプーリングを用いると，グラフ中の頂点数が異なる場合でも，1 つのベクトル $\boldsymbol{z}_G$ でグラフを表現できます．このベクトルをグラフの埋め込みとし，分類器に入力することでグラフ分類を行うことができます．

超頂点 グラフが与えられたとき，前処理として超頂点という形式的な頂点をグラフに追加してからグラフニューラルネットワークを適用します [84, 123]．超頂点はすべての頂点と辺で結び，すべての頂点から情報を受けとれるようにします．そして，この超頂点の埋め込みをグラフ全体の埋め込みとみなします．こうすることで，グラフ中の埋め込みを代表的な 1 個に絞り，頂点数が異なる場合にも対応できます．この超頂点の埋め込み $\boldsymbol{z}_G$ を分類器に入力することでグラフ分類を行うことができます．

グラフ埋め込み $\boldsymbol{z}_G$ さえ求まれば，ベクトルデータ用のニューラルネットワークと同様に推論や訓練を行うことができます．具体的には，教師ありグラフ分類問題の場合，ソフトマックス関数を用いてクラスラベルを予測し，交差エントロピー損失と誤差逆伝播法を用いて訓練することが可能です．

例 4.1 （化合物分類）

NCI1[101, 145]（1.5.11 節，図 **4.1**）は化合物グラフのデータセットです．各グラフにはヒトの肺癌細胞の増殖を抑制する効果があるかどうかの二値ラベルが付与されています．全部で 4110 個のグラフが含まれています．このうち 2057 件が正例，2053 件が負例のクラスバランスがとれたデータセットです．Errica らの実験 [36] では，これを 3699 個の訓練データと，411 個のテストデータに分割しています．訓練データはさらに訓練データ

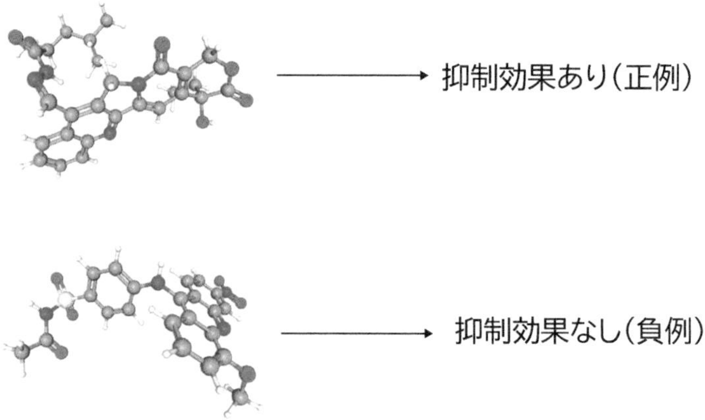

図 4.1 NCI1データセット．肺癌細胞の増殖を抑制する効果があるかを二値分類する．分子の画像はそれぞれ https://pubchem.ncbi.nlm.nih.gov/compound/54608402 と https://pubchem.ncbi.nlm.nih.gov/compound/391140 より取得．

と検証用データに 9:1 の割合で分割し，検証用データはハイパーパラメータの選択に用います．グラフ埋め込みは最大プーリング（式 (4.2)）を用いて計算します．検証の結果，グラフ同型ネットワーク (GIN)[153]（8.2.3 節）というグラフニューラルネットワークモデルが分類精度 80.0 パーセントを達成できることを確認しました．比較対象は，グラフ構造を考慮せず，頂点特徴量の総和をグラフ特徴量とし，グラフ特徴量をもとに分類を行う多層パーセプトロンです．このモデルの分類精度は 69.8 パーセントであり，グラフ構造を考慮することの有効性が確認できます．

4.1.2 不変性

グラフ埋め込み手法が**不変** (invariant) であるとは，同型なグラフに対して同じグラフ埋め込み手法を出力することです．これは 3.5 節で解説した同変性の，グラフ埋め込み版といえる性質です．正式には不変性は以下で定義されます．

定義 4.2（不変性）

グラフを受けとりグラフ埋め込み集合を返す関数

$$g\colon (V, E, \boldsymbol{X}) \mapsto \boldsymbol{z} \in \mathbb{R}^d \tag{4.5}$$

が不変であるとは，任意の同型なグラフ $G_1 = (V_1, E_1, \boldsymbol{X})$ と $G_2 = (V_2, E_2, \boldsymbol{Y})$ について，

$$g(G_1) = g(G_2) \tag{4.6}$$

が成り立つことをいう．

式 (4.1)～(4.4) で定義されるグラフプーリング手法はいずれも，頂点番号に依存せず，すべての頂点埋め込みを対称に扱っているため，頂点埋め込みが同変である限りは，不変性を持つことが保証されます．また，超頂点を用いる手法も，頂点埋め込みが同変である限り，頂点番号に依存しないため，不変性を持つことが保証されます．

不変性を持たないプーリング方法も存在します．例えば，頂点番号の順に頂点埋め込みを並べ，長短期記憶 (LSTM) に入力して 1 本のベクトルに集約する方法

$$\boldsymbol{z}_G = \mathrm{LSTM}\,(\boldsymbol{z}_1, \boldsymbol{z}_2, \ldots, \boldsymbol{z}_n) \tag{4.7}$$

は頂点番号の並び順に依存するため，不変性を持ちません．3.5 節で解説した同変性と同様に，不変性を持たない方法が絶対に間違いだというわけではありませんが，不変性を持つモデルのほうが解釈がしやすく，かつよい帰納バイアスを持つ傾向にあるため，グラフ分類手法を考えるときには不変性を意識することが重要です．

4.2 接続予測

問題 4.3（接続予測問題）

入力 グラフ $G = (V, E)$

出力 未観測の辺の集合

接続予測はグラフが与えられたときに，新たな辺の存在を予測する問題です．ソーシャルネットワーク内の友達推薦が代表的な応用例です．

グラフニューラルネットワークを用いて接続予測を行う方法は大きく分けて 2 種類あります．1 つは，頂点埋め込みの対を用いて辺の有無を予測する方法です．もう 1 つは，グラフ分類に帰着する方法です．

頂点埋め込みの対を用いる方法 グラフニューラルネットワークを用いて頂点埋め込み $\boldsymbol{z}_v, \boldsymbol{z}_u$ を求め，これらをもとに辺の有無を予測します [71]．最も単純な方法は，内積 $\boldsymbol{z}_v^\top \boldsymbol{z}_u$ が大きいほど辺がある可能性が高いと予測するものです．訓練時には $\sigma(\boldsymbol{z}_v^\top \boldsymbol{z}_u) \in (0, 1)$ を辺の存在確率として，二値交差エントロピー損失でグラフニューラルネットワークを訓練します．テスト時には E に含まれない頂点対 u, v のうち，$\boldsymbol{z}_v^\top \boldsymbol{z}_u$ がしきい値よりも大きなものを出力します．これは 2.3.2 節で紹介した行列分解のグラフニューラルネットワーク版とみなすことができます．行列分解では，頂点ごとに独立に埋め込みを保持し，$\boldsymbol{z}_v^\top \boldsymbol{z}_u$ により辺の有無（隣接行列）を予測していましたが，グラフニューラルネットワークでは埋め込みを特徴量から変換することで求めて，そこから辺の有無（隣接行列）を予測します．

グラフ分類に帰着する方法 辺が存在するかを予測したい頂点対 u, v について，u, v の周囲のグラフを切り出し，切り出したグラフを正例・負例に分類することで辺の有無を予測します [163]（図 4.2）．グラフの切り出し方は，u, v のいずれかから K 本以下の辺を用いてたどりつける頂点の集合などがよく用いられます．この方法の利点は，予測したい頂点対 u, v に応じた特徴

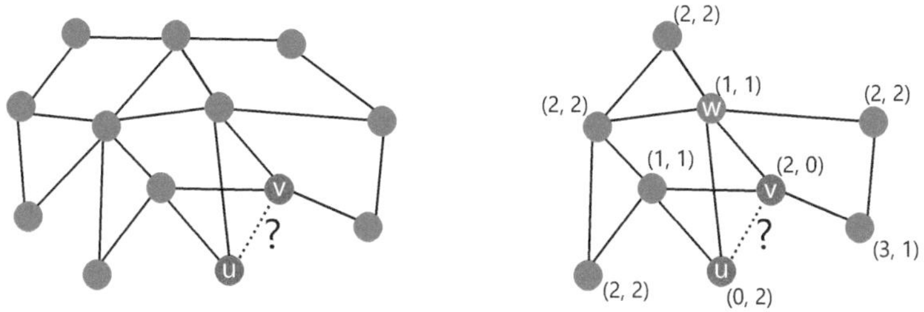

図 4.2 接続予測をグラフ分類に帰着する方法．左：入力グラフ G．頂点 u と頂点 v の間に辺が存在するかどうかを予測したいとする．右：切り出したグラフ $G(\mathcal{N}_2(\{u,v\}))$．このグラフを正例・負例に分類する．各頂点に付記しているのは構造に基づいたグラフ特徴量である．第 1 成分は u からのグラフ上の距離，第 2 成分は v からのグラフ上の距離を表す．この特徴量は予測対象の頂点対 $\{u,v\}$ に依存する．

量を予測に利用できることです．例えば，切り出したグラフ内の頂点 w には，u から w への最短経路の長さと，v から w への最短経路の長さを表す 2 次元の特徴量を付与できます（図 4.2 右）．こうすることで，グラフ構造を明示的に考慮した予測ができるようになります．ソーシャルネットワークの場合，u からも v からも最短経路の長さが 1 である頂点は共通の知人を表し，そのような頂点が多くある場合には u,v の間にも辺がある可能性が高いと予測できます．頂点埋め込みの対を用いる方法では，予測する頂点対 $\{u,v\}$ によらない汎用的な頂点埋め込みを用いるのに対して，グラフ分類に帰着する方法では，予測する頂点対 u,v をもとにカスタマイズした頂点特徴量を用いることで，より精度の高い予測ができる可能性があります．ただし，頂点埋め込みの対を用いる方法では，一度すべての頂点の埋め込みを計算しておけば，その後の予測は高速に行えるのに対して，グラフ分類に帰着する方法では，予測する頂点対 u,v ごとにグラフを切り出し，グラフ分類を行う必要があるため，予測に時間がかかることが欠点です．

訓練と評価の手順 接続予測のためのモデルを訓練・評価するには，モデルに入力するグラフ，訓練に使う辺，テストに使う辺の集合を定義する必要があります．モデルに入力するグラフと訓練のために使う辺は混同しやすく，テスト情報の漏洩（リーク）が起こって正しく評価できていないことがしばしばあります．また，1.2.3 節でも述べたように，未観測の辺の集合の定義はさまざまであり，このために接続予測問題の訓練と評価にはさらなる注意が必要です．

今手元にグラフ G があり，グラフニューラルネットワークを訓練したいとします．G をグラフニューラルネットワークに入力して G 中の辺を予測しても意味はありません．そこで，G 中の辺を，入力グラフに含める辺と，訓練に使う辺と，テストに使う辺に分割する必要があります．

未観測の辺が時刻により定義される場合を考えます．例えば，1 月 1 日の時点でのグラフが与えられるので，12 月 31 日までに追加される辺を予測するという場合です．このときには，時刻をもとに訓練と評価を行います．例えば，今手元にあるデータが 2024 年末のグラフであるとします．訓練時には，グラフニューラルネットワークには 2022 年末時点のグラフを入力し，2023 年の間に追加される辺を正例，それ以外の頂点対を負例として，グラフニューラルネットワークを訓練します．テスト時には，2023 年末時点のグラフをグラフニューラルネットワークに入力し，2024 年の間に追加される辺をうまく予測できるかで評価します．

未観測の辺が，本当はすでに存在しているが観測できなかった辺を表す場合は複雑です．単純な方法として，手元にあるグラフ G 中の辺をランダムに 70 パーセントサンプリングし，新たなグラフ $G' = (V, E')$ を構築し，残りの 20 パーセントと 10 パーセントをそれぞれ訓練用の辺 E'' と評価用の辺 E''' とすることができます．訓練時には G' をグラフニューラルネットワークに入力して，E'' を正例，それ以外の頂点対を負例として訓練します．テスト時には $G'' = (V, E'')$ をグラフニューラルネットワークに入力して，評価用の辺 E''' をうまく予測できるかで評価します．ただし，グラフ中からランダムに辺をサンプリングすると，グラフの構造が変わってしまう可能性があります．例えば，ソーシャルネットワークでは友達の友達は友達になりやすく，三角形の構造の数が多く含まれることが知られていますが，ランダムに辺をサンプリングすると，三角形の構造が大きく減ってしまう可能性があります．このとき G' はソーシャルネットワークとは異なる構造を持つことになり，訓練により得られたモデルが汎化しない場合や，テスト時に誤った性能評価を下してしまう場合があります．このため，辺の追加に時間軸がある場合には前述のように時刻をもとにした分割を行うべきです．一部の頂点対について辺の有無を調査してグラフ G を構築した場合には，調査対象の頂点対を決定した方法と同じ方法で，訓練用の辺と評価用の辺を分割するべきです．ただし，実際上は時刻の情報や調査の方策が利用できない場合もあり，ランダムに辺を分割せざるを得ない場合がよくあります．そのような場合には，評価が楽観的，あるいは悲観的になっている可能性があることを念頭においておく必要があります．Open Graph Benchmark (OGB)[60] `https://ogb.stanford.edu/` の接続予測ベンチマークデータセットには，それぞれデータの分割方法が詳述されているため，一例として参考にすることをおすすめします．

例 4.2 （推薦システム：知識グラフ注意ネットワーク）

知識グラフ注意ネットワーク (Knowledge Graph Attention Network; KGAT) はグラフニューラルネットワークを知識グラフの接続予測問題に適用して推薦を行う手法です．

問題 4.4（知識グラフを用いた推薦問題）

訓練時には，ユーザーの集合 $\mathcal{U}$，商品の集合 $\mathcal{I}$，ユーザー $u \in \mathcal{U}$ が商品 $i \in \mathcal{I}$ を高く評価したことを表すデータの集合 $\mathcal{P} \subseteq \mathcal{U} \times \mathcal{I}$，商品の集合 $\mathcal{I}$ を頂点として含む知識グラフ $G = (V, E)$ が与えられます．テスト時にユーザー $u \in \mathcal{U}$ が与えられるので，このユーザーに対する推薦結果を出力することを考えます．

例えば，知識グラフ注意ネットワークの論文で使用されている Amazon-Book データセット [54] は E コマースサイト Amazon における書籍を商品とするデータセットです．知識グラフは Freebase という公開データをもとに作成されたもので，著者や作品ジャンル，言語などが頂点であり，各書籍の頂点が対応する属性の頂点と辺で結ばれています．この知識グラフは著者関係を表す辺や作品ジャンルを表す辺などを持つ異種混合グラフです．辺 $(h, r, t) \in E$ は頂点 h から頂点 t に種類 r の辺があることを示します．

知識グラフ注意ネットワークはまず，この知識グラフ G にユーザーの

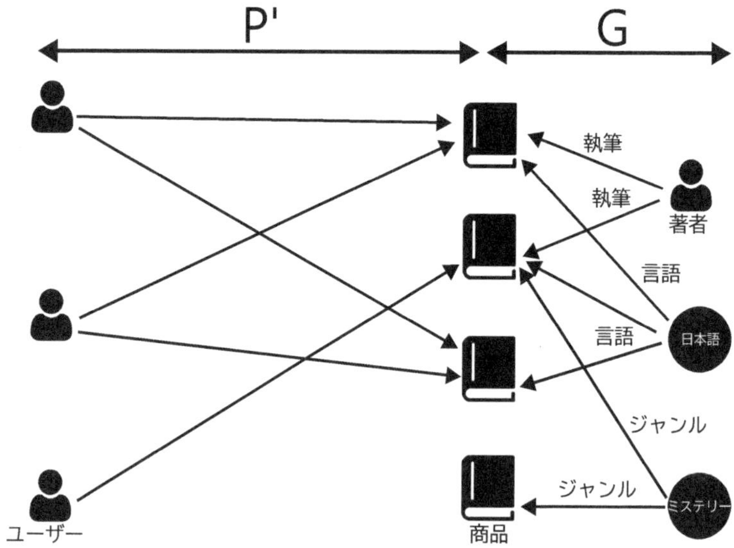

図 4.3 知識グラフ G と訓練データ P' を合わせたグラフ G'.

集合を合併し，訓練データの一部 $\mathcal{P}' \subseteq \mathcal{P}$ を辺集合に合併し，新たなグラフ $G' = (V' = V \cup \mathcal{U}, E' = E \cup \mathcal{P})$ を構築します（図 4.3）．このグラフのユーザー頂点 $u \in \mathcal{U}$ と商品頂点集合 $\mathcal{I}$ の間で接続予測を行い，高い確率で辺が存在すると予測された商品頂点をユーザー u に推薦します．

接続予測には注意機構（アテンション）を用いたグラフニューラルネットワークを用います．この問題設定においては，頂点の特徴量は存在しないことに注意してください．このため，各頂点 v の初期状態 $\boldsymbol{h}_v^{(0)} = \boldsymbol{x}_v \in \mathbb{R}^d$ も学習パラメータとします．ただし，完全に自由な学習パラメータとすると自由度が高すぎるため，

$$g(h, r, t) = \|\boldsymbol{W}_r \boldsymbol{x}_h + \boldsymbol{x}_r - \boldsymbol{W}_r \boldsymbol{x}_t\|_2^2 \tag{4.8}$$

を 3 つ組 (h, r, t) のコスト [87] とし，

$$\mathcal{L}_{\mathrm{KG}} = \sum_{\substack{(h,r,t) \in E' \\ t' :\, (h,r,t') \notin E'}} -\log \sigma(g(h, r, t') - g(h, r, t)) \tag{4.9}$$

を最小化するよう正則化項として目的関数に加えます．ここで，$\boldsymbol{x}_r$ は辺の種類 r についての埋め込みを表す学習パラメータです．この正則化により，3 つ組 (h,r,t) の関係が深いときかつそのときのみコスト $g(h,r,t)$ が小さいような初期状態が得られます．

グラフニューラルネットワークの集約は以下のように定義されます．

$$\boldsymbol{h}_v^{(l+1)} = \mathrm{LeakyReLU}(\boldsymbol{W}^{(l+1)}(\boldsymbol{h}_v^{(l)} + \boldsymbol{q}_v^{(l+1)})) + \mathrm{LeakyReLU}(\boldsymbol{W}^{(l+1)}(\boldsymbol{h}_v^{(l)} \odot \boldsymbol{q}_v^{(l+1)})) \tag{4.10}$$

$$\boldsymbol{q}_v^{(l+1)} = \sum_{(v,r,t)\in\mathcal{N}(v)} \alpha(v,r,t)\boldsymbol{h}_t^{(l)} \tag{4.11}$$

$$\alpha(h,r,t) = \frac{\exp(s(h,r,t))}{\sum_{(h',r',t')\in\mathcal{N}(v)} \exp(s(h',r',t'))} \tag{4.12}$$

$$s(h,r,t) = (\boldsymbol{W}_r\boldsymbol{x}_t)^\top \tanh(\boldsymbol{W}_r\boldsymbol{x}_h + \boldsymbol{x}_r) \tag{4.13}$$

ここで，$\odot$ は要素ごとの積を表します．式 (4.13) のように，集約のときの注意の大きさを，中心頂点 v，近傍頂点 t，辺の種類 r のすべてで条件付けて定めていることが特徴です．ここで登場する埋め込み $\boldsymbol{x}_h, \boldsymbol{x}_r, \boldsymbol{x}_t$ と変換行列 $\boldsymbol{W}_r$ は式 (4.8) と共通であることに注意してください．コストが低く 3 つ組として尤もらしい近傍では $\boldsymbol{W}_r\boldsymbol{x}_h + \boldsymbol{x}_r \approx \boldsymbol{W}_r\boldsymbol{x}_t$ となるので注意重み $\alpha(h,r,t)$ が大きくなり，そのような項から重点的に情報を集約します．

最終的な頂点埋め込みは

$$\boldsymbol{z}_v = \mathrm{Concat}(\boldsymbol{h}^{(0)}, \boldsymbol{h}^{(1)}, \ldots, \boldsymbol{h}^{(L)}) \tag{4.14}$$

というようにすべての中間表現を連結して得ます．この埋め込みを用いて，ユーザー頂点 $u \in \mathcal{U}$ と商品 $i \in \mathcal{I}$ の間で接続スコアは，

$$\tilde{y}_{ui} = \boldsymbol{z}_u^\top \boldsymbol{z}_i \tag{4.15}$$

と定義されます．接続予測の損失はベイズ個別化ランキング [116] の損失を用いて

$$\mathcal{L}_{\mathrm{CF}} = -\sum_{\substack{(u,i)\in\mathcal{P}\setminus\mathcal{P}' \\ j:\ (u,i)\notin\mathcal{P}}} \log\sigma(\tilde{y}_{ui} - \tilde{y}_{uj}) \tag{4.16}$$

と定義されます．これにより，ユーザー u が高く評価した商品 i に対する予測値 $\hat{y}_{ui}$ がそうでない商品 j に対する予測値 $\hat{y}_{uj}$ よりも大きくなります．

訓練は式 (4.9) を最適化するステップと式 (4.16) を最適化するステップを交互に繰り返すことにより行います．前者は初期状態 $\boldsymbol{x}_t, \boldsymbol{x}_r, \boldsymbol{x}_v$ と変換行列 $\boldsymbol{W}_r$ のみを最適化し，後者ではこれらとともにグラフニューラルネットワークのパラメータが最適化します．

テスト時には，ユーザー u がまだ評価していない商品 $i \in \mathcal{I}$ について，式 (4.15) により接続スコアを計算し，スコアの高い順に商品を推薦します．

実験では E コマースサイト Amazon における書籍のデータセット，インターネット音楽配信サイト Last-FM における音楽のデータセット，レストランレビューサイト Yelp におけるレストランのデータセットで評価を行いました．古典的な協調フィルタリングの手法，ニューラルネットワークを用いた推薦システム [55]，知識グラフを活用した手法 [146] と比べて，再現率（リコール，recall）と正規化減損累積利得 (normalized discounted cumulative gain; nDCG) の観点で，知識グラフ注意ネットワークは一貫して 5 パーセントから 10 パーセント程度高い性能を示しました．

4.3 グラフ生成

問題 4.5（グラフ生成問題）

入力 グラフの集合 $\{G_1, G_2, \ldots, G_n\}$

出力 グラフ上の確率分布 $p(G)$ に従ってグラフを生成するモデル

グラフ生成問題では，さまざまなグラフの例をもとに，似た特性を持つグラフを生成することを目指します．例えば $G_1, \ldots, G_n$ はある病気のための薬の成分になる化合物の候補であり，同様の性質を持つ薬の候補を自動で生成することを目指します．

生成モデルは画像や自然言語の分野で盛んに研究され，変分オートエン

コーダ (Variational AutoEncoder; VAE), 敵対的生成ネットワーク (Generative Adversarial Network; GAN), 自己回帰モデル (auto-regressive model), 拡散モデル (diffusion model) などさまざまな生成モデルの枠組みが提案されています. 基本的には, これらの枠組み中の構成要素を畳み込みニューラルネットワークなどからグラフニューラルネットワークに置き換えるだけで, グラフ生成問題を解くことができます. しかし, グラフ特有の問題点もいくつかあります. 第一に, グラフは頂点数が可変であることに対処する必要があります. 第二に, グラフは頂点の並び替えに対して不変であるため, 生成モデルの中で頂点の並び替えに対して不変な表現を学習し, 適切に評価する必要があります. 以下に 4 つのアプローチを紹介します.

4.3.1 変分オートエンコーダに基づいた手法

オートエンコーダ (autoencoder) はエンコーダ $\phi\colon \mathcal{X} \to \mathcal{Z}$ とデコーダ $\psi\colon \mathcal{Z} \to \mathcal{X}$ という 2 つのモデルを組み合わせたモデルです. エンコーダは入力データの埋め込みを計算するモデル, デコーダは埋め込みからデータを復元するモデルです. 入力 $x = G_i$ について, $\psi(\phi(x)) \approx x$ となるように 2 つのモデルを訓練します. 埋め込みの空間 $\mathcal{Z}$ を低次元ベクトルとすることで, 複雑なデータ x を簡潔な埋め込み $\boldsymbol{z} \in \mathcal{Z}$ で表現できるようになるのがオートエンコーダの利点です.

変分オートエンコーダ (variational autoencoder) はさらに, 埋め込みが特定の分布 $p(\boldsymbol{z})$ に従う制約を課します. $p(\boldsymbol{z})$ は標準正規分布など単純な分布を仮定する場合が多いです. 変分オートエンコーダでは, $\psi(\phi(x))$ と x の近さを測る再構成誤差と, $\boldsymbol{z}$ が $p(\boldsymbol{z})$ に従う度合いを最適化することで訓練を行います. 埋め込みを $\boldsymbol{z} \sim p(\boldsymbol{z})$ とサンプリングし, $x = \psi(\boldsymbol{z})$ を計算することで, 新しいデータ x を生成できます.

変分オートエンコーダをグラフデータに適用する場合, データの空間 $\mathcal{X}$ はグラフの集合です. すなわち, エンコーダ ϕ はグラフを受けとり埋め込みを出力するモデルであり, デコーダ ψ は埋め込みを受けとりグラフを出力するモデルです.

エンコーダ ϕ はグラフニューラルネットワークを用いることが一般的です [130]. 4.1 節で述べたグラフ埋め込みを求める手法を用いることができます.

デコーダはエンコーダと比べて複雑です．先に述べたように，グラフは頂点数が可変です．これは多くの画像生成モデルが固定サイズの画像のみに対応していることとは対照的です．また，テキストデータ中の単語（トークン）には順序があるので，テキストデータの生成モデルは単語を順次生成して打ち止めを表す特殊な単語を生成することで可変長のテキストを生成していますが，グラフデータ中の単語は単一の順序に並べることができないのでこの方式はグラフデータに対してはそのまま利用できません．

GraphVAE[130] という手法は最大頂点数を固定することで，この問題に対処します．モデルの定義のときに頂点数の最大値 K を定め，デコーダは $K \times K$ の行列 $\boldsymbol{A} \in [0,1] \in \mathbb{R}^{K \times K}$ の要素を並べたベクトル $\mathrm{vec}(\boldsymbol{A}) \in \mathbb{R}^{K^2}$ を出力します．対角成分 $\boldsymbol{A}_{ii} \in [0,1]$ は i 番目の頂点が存在する確率を表し，非対角成分 $\boldsymbol{A}_{ij} \in [0,1]$ は i 番目の頂点と j 番目の頂点の間に辺が存在する確率を表します．頂点数 K のグラフを生成するときには対角成分はすべて 1（あるいは 1 に近い値）を持ち，頂点数 $n < K$ のグラフでは $(K-n)$ 個の対角成分が 0（あるいは 0 に近い値）を持つことになります．この表現方法により，K 以下の範囲内であればさまざまな頂点数のグラフを表現できるようになります． GraphVAE はデコーダモデル $\psi\colon \mathcal{Z} \to \mathbb{R}^{K^2}$ として多層パーセプトロンを用います．前述の表現方式により，モデルはベクトル $\mathrm{vec}(\boldsymbol{A}) \in \mathbb{R}^{K^2}$ を出力するので，グラフニューラルネットワークではなくベクトルデータ用の多層パーセプトロンをデコーダとして用いることに注意してください．また，再構成誤差の計算にも注意が必要です．入力データの隣接行列を

$$\boldsymbol{A} = \begin{pmatrix} 1 & 1 & 0 & 0 & 1 \\ 1 & 1 & 1 & 0 & 0 \\ 0 & 1 & 1 & 1 & 0 \\ 0 & 0 & 1 & 1 & 1 \\ 1 & 0 & 0 & 1 & 1 \end{pmatrix} \tag{4.17}$$

とし，デコーダの出力が

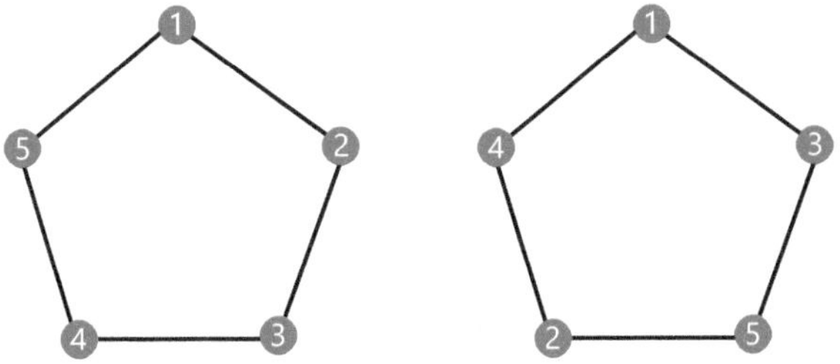

図 4.4 同型な 2 つのグラフ．左：隣接行列 $\boldsymbol{A}$ を持つグラフ．右：隣接行列 $\hat{\boldsymbol{A}}$ を持つグラフ．どちらも形状が同じなので，同一視して扱うべきである．

$$\hat{\boldsymbol{A}} = \begin{pmatrix} 1 & 0 & 1 & 1 & 0 \\ 0 & 1 & 0 & 1 & 1 \\ 1 & 0 & 1 & 0 & 1 \\ 1 & 1 & 0 & 1 & 0 \\ 0 & 1 & 1 & 0 & 1 \end{pmatrix} \tag{4.18}$$

とします．$\boldsymbol{A}$ と $\hat{\boldsymbol{A}}$ を二乗誤差や交差エントロピー損失により評価すると誤差が大きいと評価されます．しかし，**図 4.4** のようにグラフの形状を観察すると，どちらも長さ 5 のリング構造のグラフを表します．これらは頂点番号の順番が異なるだけで，等価なグラフを表します．このように，頂点番号の並び替えだけで移りあうとき，2 つのグラフは同型というのでした（定義 3.2）．頂点番号の順番は恣意的なものであったので，$\boldsymbol{A}$ と $\hat{\boldsymbol{A}}$ は同一視するべきであり，再構成誤差は 0 と評価されるべきです．この問題に対処するべく，GraphVAE ではデコーダが出力した隣接行列の頂点番号を，損失が最小になるような順番に並べ替えてから損失を評価します．ただし，頂点の並び替え方法は $n!$ 通りあり，厳密に損失を最小化する頂点番号の順序を求めることは難しいため，最大プーリングマッチング [23] という近似的な整列手法を用いることを提案しています．多くの場合，このような近似的な手法で十分です．というのも，訓練の過程では厳密な勾配ではなくともおおよその更新方向さえ分かれば十分だからです．また，データにノイズがある場合はなおさら，損失を厳密に計算する意義は低いと考えられます．GraphVAE では頂点番号を近似的に整列したうえで，対角成分と非対角成分に分けて，交差エントロピー損失で再構成誤差を評価します.

$$L(\boldsymbol{A}, \hat{\boldsymbol{A}}) = -\frac{1}{K}\sum_{i=1}^{K} \boldsymbol{A}_{ii} \log \hat{\boldsymbol{A}}_{ii} - \frac{1}{K(K-1)}\sum_{i=1}^{K}\sum_{j \neq i} \boldsymbol{A}_{ij} \log \hat{\boldsymbol{A}}_{ij} \quad (4.19)$$

また, GraphVAE では辺や頂点に特徴量があるグラフも扱うため, デコーダには辺や頂点の特徴ベクトルも同様に出力させて, これらについての再構成誤差も評価しています.

4.3.2 敵対的生成ネットワークに基づいた手法

敵対的生成ネットワークは生成器 $f\colon \mathcal{Z} \to \mathcal{X}$ と識別器 $g\colon \mathcal{X} \to \mathcal{Z}$ という 2 つのモデルを組み合わせた手法です. 生成器はノイズを受けとりデータを生成するモデル, 識別器は本物のデータか生成器が生成したデータかを分類するモデルです. 識別器はデータか本物か偽物かを見分けられるように, 生成器はその識別器を騙せるデータを生成するように同時に最適化することで, 生成の品質を高めていきます.

敵対的生成ネットワークをグラフデータに適用する場合, データの空間 $\mathcal{X}$ はグラフの集合であるので, 生成器はノイズを受けとりグラフを生成するモデル, 識別器はグラフを受けとり正負を出力するモデルになります. 識別器はグラフニューラルネットワークを用いることが一般的です [16]. 4.1 節で述べたグラフ分類の手法をここで用いることができます. 生成器は識別器よりも複雑です. 先に述べたように, グラフは頂点数が可変である問題がここでも登場します. **MolGAN**[16] という手法は, 4.3.1 節で紹介した GraphVAE と同様に, 最大頂点数を固定し, 隣接行列を出力する多層パーセプトロンを生成器として用いることでこの問題に対処します. 敵対的生成ネットワークをグラフデータに適用する利点は, 頂点の並び替えを考慮する必要がない点です. 変分オートエンコーダでは, 真のデータ $\boldsymbol{A}$ と生成結果 $\hat{\boldsymbol{A}}$ を直接比較するため, 隣接行列を適切に並べ替える必要がありました. 一方, 敵対的生成ネットワークでは, 生成したグラフは識別器に入力されます. 定理 3.4 で述べたように, グラフニューラルネットワークの動作は頂点番号の並び替えに依存しない (同変性) ので, 特別の処理をする必要がありません. MolGAN ではワッサースタイン GAN[4, 46] の損失を用いて, 生成器と識別器を訓練します.

4.3.3 自己回帰モデルに基づいた手法

自己回帰モデルはデータ x を $x = x_1 x_2 \ldots x_n$ のように要素の列に分解し，$x_1, \ldots, x_i$ から x_{i+1} を予測するモデルを構築することで，x_1 から順番に全データを生成するモデルです．この方式は言語モデルにおいて頻繁に用いられます．

しかし，先に述べたように，テキストデータには順序がありますが，グラフデータには順序がないため，1 つずつ要素を出力するにも出力する順序が定まりません．

GraphRNN[158] という手法の基本アイデアは，グラフ中の頂点の番号付けを一様ランダムに行うというものです．GraphRNN はそのうえで，頂点 $\{1, 2\}$ の間に辺があるか，$\{1, 3\}$ の間に辺があるか，$\{2, 3\}$ の間に辺があるか，$\{1, 4\}$ の間に辺があるか，... というように辺の有無を表す二値変数を再帰ニューラルネットワークを用いて順番に出力します．

出力する要素の順番さえ定まれば，訓練や生成はテキストデータと同様に行うことができます．訓練時には，訓練データ G_i の頂点を一様ランダムな順列で番号付けし，この順で生成するように再帰ニューラルネットワークを訓練します．生成時には，前述のように辺の有無を 1 つずつ決定していきます．このようにすると頂点に番号が付けられたグラフが生成されますが，必要であれば番号を無視することで純粋なグラフを得ます．自己回帰モデルの利点は，あらかじめ頂点数の上限を決める必要がないことです．また，番号付け自体を確率変数とすることで，頂点番号を整列する処理が明示的には必要ないことも利点です．

ただし，n 頂点のグラフには $n!$ 通りの頂点の番号付けの方法があり，上述の方法ではモデルはこのすべての番号付けに対応できるようにならなければなりません．これにより n が大きいときには学習するべき法則が複雑になりすぎ，学習が難しくなってしまいます．

そこで，GraphRNN では，一様ランダムな番号付けをそのまま用いるのではなく，番号付けの正規化を行います．具体的には，一様ランダムな番号を振ったうえで，訓練グラフ上で幅優先探索を行います．1 番を振られた頂点から出発して，番号の若い頂点を優先して隣接する頂点をたどっていき，訪れた順に頂点の番号を振りなおします．これにより番号付けの多様性を削減できます．一様ランダムな番号付けを行わず，最初から幅優先探索をしてグラフに対して 1 通りのみの番号付けを与えればよいと思うかもしれませんが，それでは訓練の過程が同変ではなくなってしまいます．同変でなくなってしまうと，似たグラフが訓練データ中に含まれていたとしても，頂点番号の付け方が違えばモデルはこれらを別のデータとして扱うため，データ効率が悪くなってしまいます．最初に一様ランダムな番号付けを行ったうえで幅優先探索を行うことで，同変性を保ちつつ，番号付けの多様性を削減できます．

例 4.3 （GraphVAE による化合物生成）

QM9[114, 118]（1.5.8 節）は化合物グラフのデータセットです．水素・炭素・酸素・窒素・フッ素を構成要素とする，水素以外の原子が 9 個以下の化合物からなります．図 4.5 は QM9 で訓練された GraphVAE[130] による化合物生成の結果です．GraphVAE は条件付き変分オートエンコーダ [131] と組み合わせることで条件付き分布もモデリングすることが可能です．上記の例は，炭素・酸素・窒素・フッ素の個数で条件付けて訓練されており，生成時に炭素原子 7 個，窒素原子 1 個，酸素原子 1 個という条件を付けて生成しています．生成された化合物の多くは有効な化合物であり，化合物の構造は埋め込みに従い滑らかに変化していることが分かります．

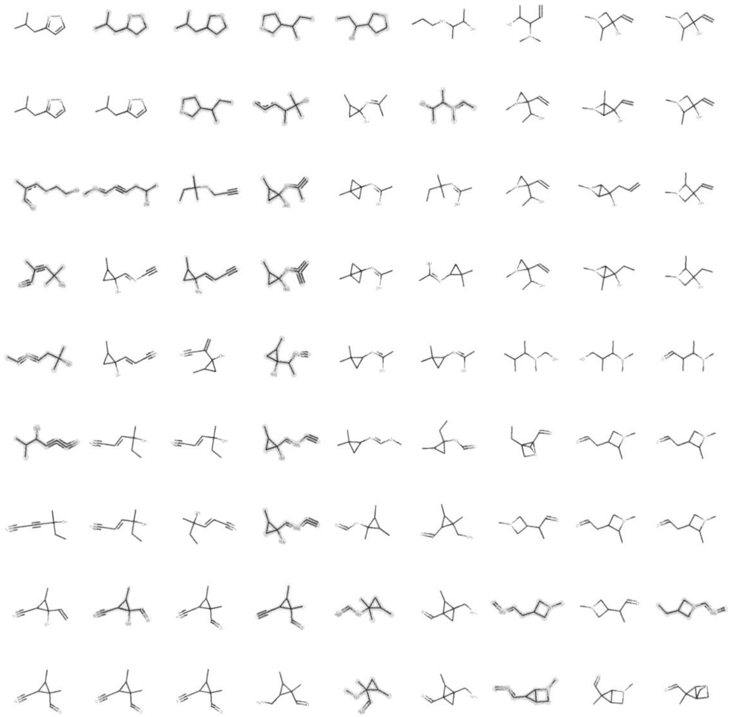

図 4.5 GraphVAE による化合物生成の結果．埋め込み空間 40 次元の中から 2 次元平面をランダムに選び図示している．化合物の描画場所は埋め込みベクトル $\boldsymbol{z}$ の値を表す．炭素原子 7 個，窒素原子 1 個，酸素原子 1 個という条件下で生成している．赤色で記された化合物は価数の整合性が合わない無効なグラフ．青色で記された化合物は炭素原子 7 個，窒素原子 1 個，酸素原子 1 個という条件に従わないグラフ．それ以外の化合物は価数の整合性と条件の両方を満たすグラフである．多くの化合物が有効であり，化合物の構造は埋め込みに従い連続的に変化している．画像は GraphVAE の提案論文 [130] より引用．

4.3.4 拡散モデルに基づいた手法

拡散モデルはデータ分布 $p(x_0)$ に徐々にノイズを注入してノイズ分布 $p(x_1)$ に変換する過程を用いた生成モデルです．データにノイズを注入する過程を順過程，この過程を逆にたどりノイズから徐々にノイズ成分を取り

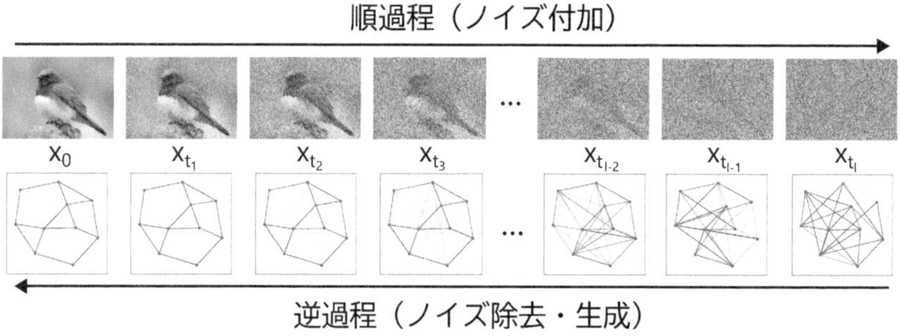

図 4.6 拡散モデルの概要図.

除いてデータを生成する過程を逆過程と呼びます（図 4.6）. データ x_0 にノイズを徐々に加えたデータを $x_0 = x_{t_0} \sim p(x_0), x_{t_1}, x_{t_2}, \ldots, x_{t_l} = x_1 \sim p(x_1)$ とします. 拡散モデルの基本的な考え方は, ノイズが入ったデータ $x_{t_{i+1}}$ と時刻 t_{i+1} を受けとり, $x_{t_{i+1}}$ 中のノイズ成分を推定するモデルを訓練することです. このモデルを用いると, ノイズ $x_1 \sim p(x_1)$ からノイズを徐々に取り除いてデータ x_0 を生成できます. 拡散モデルには原理に基づいた定式化 [57, 133] や効率的な生成方法 [132] などさまざまな変種が存在します.

Niu らの研究 [106] は拡散モデルをグラフデータに適用した初期の研究です. この研究では頂点特徴量を持たない n 頂点の無向グラフを生成する問題を考えています. 提案手法はグラフを隣接行列 $\boldsymbol{A}_0 \in \mathbb{R}^{n \times n}$ として表現します. 順過程では隣接行列に正規分布に従うノイズ $\varepsilon \in \mathbb{R}^{n \times n}$ を加えていきます. ただし, 常に無向性が成立するように, ノイズは ε は対称行列となるように制約を課します. 逆過程では, 特殊なグラフニューラルネットワークを用いて, ノイズの付加された隣接行列 $\boldsymbol{A}_t \in \mathbb{R}^{n \times n}$ からノイズ量を予測し, 予測されたノイズを取り除くことを繰り返すことで, データを生成します. ノイズを予測するモデルが同変であることで, 生成モデルの尤度 $p_\theta(\boldsymbol{A}_0)$ が同変であることが保証されることが示されています.

Joらが提案する確率微分方程式系グラフ拡散 (Graph Diffusion via the System of Stochastic differential equations; GDSS) という手法 [66] は頂点特徴量を持つグラフを生成します. こちらの手法は, データを隣接行列

$\boldsymbol{A}_0 \in \mathbb{R}^{n\times n}$ と特徴行列 $\boldsymbol{X}_0 \in \mathbb{R}^{n\times d}$ の組で表現し，ノイズの付加されたグラフ $(\boldsymbol{A}_t, \boldsymbol{X}_t)$ から隣接行列と特徴行列それぞれに付加されたノイズ量を予測することで，頂点特徴量を持つグラフを生成します．

また，原子の種類とともに 3 次元空間位置も拡散過程で同時に生成することで分子生成に特化した手法なども提案されています [58]．

4.3.5 生成モデルを用いたグラフの最適化

変分オートエンコーダや敵対的生成ネットワークに基づくグラフ生成モデルはグラフの最適化，特に分子構造の最適化や創薬などに用いることができます．関数 $f(G)$ をグラフ上の目的関数とします．例えば $f(G)$ は化合物 G の水溶性や，薬としての有効度合いを表し，数値シミュレーションなどによって値を計算するとします．

変分オートエンコーダのデコーダや敵対的生成ネットワークの生成器により，グラフ上の最適化をベクトル上の最適化に帰着できます．デコーダ $\psi\colon \mathbb{R}^d \to \mathcal{X}$ は埋め込みベクトルを受けとり，グラフを出力します．よく訓練されたデコーダは，どのような埋め込みを受けとっても妥当なグラフを出力します．また，図 4.5 のようにグラフ構造は埋め込みに対して滑らかに変化します．デコーダと目的関数の合成 $f' = f \circ \psi\colon \mathbb{R}^d \to \mathbb{R}$ を考えます．f' は埋め込み $\boldsymbol{z} \in \mathbb{R}^d$ を受けとり，対応するグラフ $G = \psi(\boldsymbol{z})$ の目的関数値 $f(G)$ を出力する関数です．$f'(\boldsymbol{z})$ はベクトルを入力とする関数であり，ベイズ最適化など古典的な手法を用いて最適化できます．直接関数 $f(G)$ を最適化することは，領域が離散的かつ不規則なので難しい問題ですが，生成モデルを用いることで，この問題を連続的で規則的な空間 $\mathbb{R}^d$ 上の最適化に帰着でき，これにより効率よく最適化を行うことができます．

また，生成モデルが目的関数値のよいグラフのみを生成するよう訓練することもできます．ORGAN[45] という手法は，目的関数値を報酬とした強化学習を敵対的生成ネットワークの生成器に適用することで，目的関数値が高いグラフを生成するように訓練します．MolGAN[16] は目的関数 f を微分可能なニューラルネットワークで近似し，この値を生成器の目的関数に加えて一気通貫 (end-to-end) で訓練を行います．これらの手法を用いると，生成器は目的関数値が高いグラフを中心に生成するようになるため，この生成モデルから複数のグラフをサンプリングし，その中から目的関数値が高いグラフを選択することで，目的関数値の高いグラフを効率よく探索できます．

木分解変分オートエンコーダ[65]は変分オートエンコーダを用いたグラフ生成モデルの一種です．こちらの論文では，ZINC[63,134]（1.5.9節）という化合物データセットで訓練された生成モデルの埋め込み空間においてガウス過程を適用することで，水溶性の高い分子を効率よく探索することに成功しています．ORGAN[45]とMolGAN[16]の論文では，目的関数値が高いグラフを生成するモデルを訓練することで，薬らしさ[9]，水溶性，合成のしやすさ[37]などの指標を最適化することに成功しています．

Chapter 5

グラフニューラルネットワークの高速化

本章では，推論と訓練の両方において，グラフニューラルネットワークを高速に利用するための手法を紹介します．実世界には非常に巨大なグラフが多く存在します．例えば，ソーシャルネットワーキングサービスの Facebook には 30 億人以上のユーザーがいます．つまり，Facebook のユーザーの関係を表すグラフには 30 億以上の頂点があります．これほどグラフが大きいと，グラフ全体を読み込むことすら多くの時間がかかり，訓練や推論の計算時間が手に負えないほど大きくなってしまいます．本章では，そのようなグラフに対しても現実的な時間でグラフニューラルネットワークを実行する方法について議論します．また，実地に応用するときには，コストを抑えてモデルを訓練・運用することが求められます．本章で紹介する技法は省コスト化にも役立ちます．本章を読めば，グラフニューラルネットワークの高速化および省コスト化の方法を学ぶことができます．

5.1 グラフニューラルネットワークの計算量

グラフニューラルネットワークはグラフの大きさについて線形時間で動作します．より正確には，グラフ畳み込みネットワークやグラフ注意ネットワークは $O(mdL+nd^2L)$ 時間で動作します．訓練の各反復も誤差逆伝播法により同じ計算量で行うことができます．ここで，n は入力グラフの頂点数，

m は入力グラフの辺数，L はグラフニューラルネットワークの層数，d はグラフニューラルネットワークの中間表現の次元数です．mdL はメッセージ伝達にかかる時間です．m 本ある辺において d 次元のベクトルのメッセージ伝達を L 回行うのに $O(mdL)$ 時間かかります．nd^2L は頂点の中間表現の変換にかかる時間です．n 個の頂点において d 次元のベクトルの密行列による変換を L 回行うので $O(nd^2L)$ 時間かかります．これらはグラフの大きさ $(n+m)$ について線形です．グラフニューラルネットワークの計算量が線形時間であることは，グラフニューラルネットワークがある程度の規模のグラフまでであれば，工夫をせずとも低コストで適用できることを表しています．

しかし，現実には非常に巨大なグラフが存在し，線形時間でも問題が生じることがあります．冒頭で述べた Facebook のグラフのように数十億頂点からなる場合，線形時間の処理でも数時間かかることがあります．しかも多くの場合は一度予測するだけでは不十分です．ユーザーからリクエストが来るたびに予測を行う必要がある場合も考えられます．また，訓練のときには多くの反復を行う必要があります．数万回繰り返す必要がある場合には現実的な時間では終わりません．このような巨大なグラフデータは，多くの大規模なウェブサービスで登場します．本章の最後の節では，Pinterest というウェブサービスにおける 30 億頂点のグラフを用いた事例を紹介します．

高速化のためには大きく分けて 3 つの方針があります．第一は，予測を行う回数を減らすこと．第二は，処理を定数倍早くすること．第三は，計算量を劣線形時間 (sublinear time) にまで落とすことです．ここで，劣線形時間とは，線形よりもオーダーの意味で小さな計算量を指します．劣線形時間を実現するためには，グラフ全体を読み込むことすら行わず，一部分だけを読み込み処理を行う必要があります．

グラフニューラルネットワークの高速化の難しさは，1 つの頂点の予測にほかの頂点の情報が必要な点にあります．3.3.3 節でも述べたように，L 層のグラフニューラルネットワークを用いて頂点 v の予測を行うには，頂点 v から L ホップ以内にある頂点 $\mathcal{N}_L(v)$ の情報が必要です．図 **5.1** に L を大きくしたときの $\mathcal{N}_L(v)$ の様子を図示します．$L=3,4,5$ の場合，たった 1 つの頂点 v を予測するために非常に多くの頂点の情報が必要になることが分かります．極端には，頂点 v から L ホップ以内にある頂点集合 $\mathcal{N}_L(v)$ が

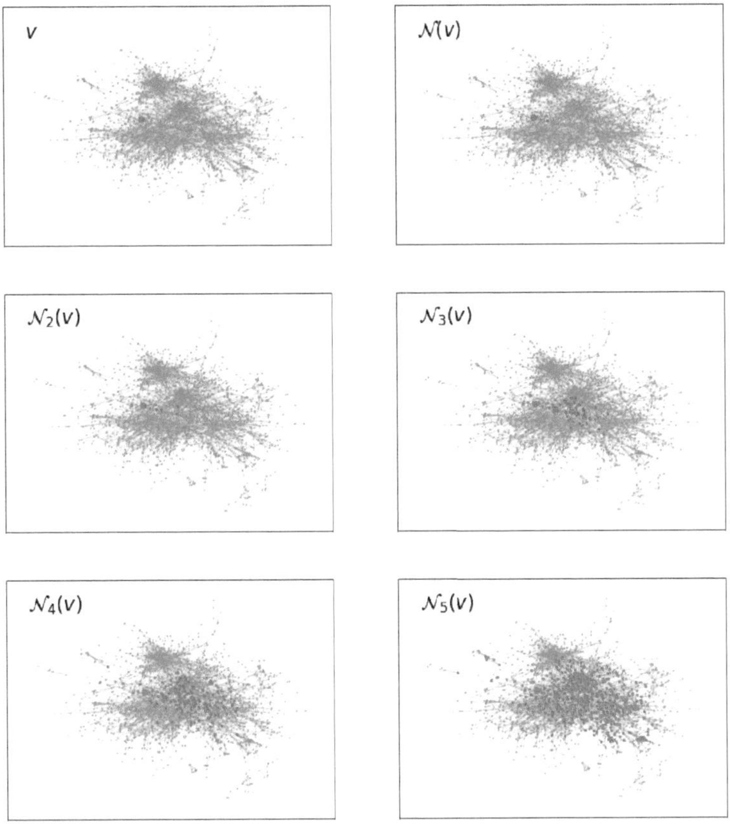

図 5.1 頂点 v から L ホップ以内にある頂点 $\mathcal{N}_L(v)$ の図示．グラフは Cora データセットを用いた．集合の要素に含まれる頂点を赤く図示している．左上：頂点 v の位置の図示．右上：直接の近傍の図示．中・下：$\mathcal{N}_2(v)$ から $\mathcal{N}_5(v)$ の図示．ホップ数が増えるにしたがって，頂点数が急激に増加することが見てとれる．

頂点全体 V と等しい場合，頂点 v の予測のためにはすべての頂点を読み込む必要があります．現実世界に多く登場する複雑ネットワークは，少ない辺の本数で驚くほど多くの頂点にたどりつけることが知られています．世界中のどのような人からどのような人へも 5 人の知人を介してたどりつける「6 次の隔たり」という現象も知られています [104, Section 4.6]．このときには $\mathcal{N}_6(v)$ が頂点全体と等しくなります．このように，L が比較的小さくて

も $\mathcal{N}_L(v)$ は非常に大きくなり得ます．

しかし，逆に考えると，グラフニューラルネットワークは１つの頂点の予測を行う時間と複数の頂点の予測を行う時間があまり変わらないということでもあります．この特性を活用し，１つの頂点の予測を行うときにほかの頂点の予測も同時に行うことで，予測を行う回数を減らすことができます．頂点 v から L ホップ以内にある頂点集合 $\mathcal{N}_L(v)$ が頂点全体 V と等しい場合には，すべての頂点の予測を同時に行ったとしても，頂点 v だけの予測を行うのとほとんど同じ計算量で済みます．よって，すべての頂点の予測を行う必要がある場合には，１つ１つの頂点を順番に処理するよりもすべての頂点を同時に処理するほうが計算量の観点から有利です．また，予測がすべて同時に必要ない場合でも，すべての頂点について計算を行っておいて，結果をキャッシュしておくと，後で必要になったときに高速に結果を得ることができます．訓練においてキャッシュを効果的に活用して高速化する手法は 5.4 節で詳しく説明します．

5.2 高速なアーキテクチャ

速さに特化したグラフニューラルネットワークのアーキテクチャを紹介します．

この方向性の最も基本的な手法は，3.2.4 節で紹介した単純グラフ畳み込み [151]

$$\boldsymbol{Z} = \hat{\boldsymbol{A}}^L \boldsymbol{X}\boldsymbol{W} \tag{5.1}$$

です．ここで，

$$\boldsymbol{X}' = \hat{\boldsymbol{A}}^L \boldsymbol{X} \tag{5.2}$$

を前計算しておくと，式 (5.1) は

$$\boldsymbol{Z} = \boldsymbol{X}'\boldsymbol{W} \tag{5.3}$$

と単なる線形モデルになります．式 (5.2) は訓練・推論を通してただ一度だけ計算すれば十分です．また，式 (5.3) は線形モデルであるので，訓練と推論は非常に高速に行うことができます．

単純グラフ畳み込みは高速であるものの，線形モデルであるために表現能力が低いという欠点があります．多くの代表的な頂点分類ベンチマークでは通常のグラフ畳み込みネットワークと遜色ない性能を示しますが，それでもわずかに精度が低下する場合はあり，また一部の例では大きく精度が低下します [107]．以下で表される**グラフフィルタニューラルネットワーク** (graph filter neural network; gfNN)[107] は単純グラフ畳み込みを非線形にしたモデルです．

$$\begin{aligned}\boldsymbol{Z}_v &= \mathrm{MLP}_\theta((\hat{\boldsymbol{A}}^L \boldsymbol{X})_v) \\ &= \mathrm{MLP}_\theta(\boldsymbol{X}'_v) \end{aligned} \tag{5.4}$$

ここで，$\mathrm{MLP}_\theta \colon \mathbb{R}^d \to \mathbb{R}^{d_{\mathrm{out}}}$ は多層パーセプトロンを表し，頂点ごとに独立に適用します．グラフフィルタニューラルネットワークでは，式 (5.2) のメッセージ伝達の計算を訓練・推論を通してただ一度だけ計算すれば十分であるという単純グラフ畳み込みの利点は保ちつつ，非線形モデルにより表現能力を向上させています．これにより，非線形性が必要な複雑な問題であっても，精度の低下を最小限に抑えながら高速に処理できます．

5.3 サンプリングの基礎

グラフニューラルネットワークをさらに高速化するためには，サンプリングの考え方が重要になります．本節では簡単にサンプリングの基礎をおさらいします．

近傍頂点の中間表現を平均するという単純な集約操作

$$\boldsymbol{h}_v^{(l+1)} = \frac{1}{|\mathcal{N}(v)|} \sum_{u \in \mathcal{N}(v)} \boldsymbol{h}_u^{(l)} \tag{5.5}$$

を考えます．この集約操作の計算量は $\Theta(|\mathcal{N}(v)|)$ であり，頂点 v の近傍頂点の数が多い場合には大きな計算コストがかかります．例えば，ソーシャルネットワーク上で数百万人のフォロワーを持つ有名人であれば，1 回の集約操作だけで数百万回の演算が必要です．

ここで，確率 $\frac{1}{|\mathcal{N}(v)|}$ で値 $\boldsymbol{h}_u^{(l)}$ を持つ確率分布 p_v を考えます．すると，式 (5.5) は

$$\boldsymbol{h}_v^{(l+1)} = \mathbb{E}_{\boldsymbol{h} \sim p_v}[\boldsymbol{h}] \tag{5.6}$$

と書き換えることができます．確率分布の期待値は，モンテカルロサンプリングなどで近似できます．例えば，K 個のサンプル $\boldsymbol{h}_1, \boldsymbol{h}_2, \ldots, \boldsymbol{h}_K \sim p_v$ を用いて

$$\boldsymbol{h}_v^{(l+1)} \approx \frac{1}{K} \sum_{k=1}^{K} \boldsymbol{h}_k \tag{5.7}$$

と近似できます．式 (5.7) の計算量は $O(K)$ です．また，誤差

$$\left| \mathbb{E}_{\boldsymbol{h} \sim p_v}[\boldsymbol{h}] - \frac{1}{K} \sum_{k=1}^{K} \boldsymbol{h}_k \right| \tag{5.8}$$

はチェビシェフの不等式やヘフディングの不等式などの集中不等式を用いて，K の関数で抑えることができます．いかに $|\mathcal{N}(v)|$ が大きくとも，極端には無限に多くの近傍を持っていようとも，p_v の分散やとりうる値の範囲さえ抑えられていれば，誤差は近傍頂点の数 $|\mathcal{N}(v)|$ によらず抑えることができます．つまり K は近傍頂点の数 $|\mathcal{N}(v)|$ によらずに決めることができます．これは直観に反するかもしれませんが，正規分布などの多くの確率分布はとりうる値の可能性が無限にあるにもかかわらず，有限個のサンプルを用いて期待値を推定できることを考えると，直観的にも理解できると思います．いかにとりうる値の数 $|\mathcal{N}(v)|$ が多くとも，p_v は 1 つの確率分布であり，その期待値は有限個のサンプルで推定できます．この方式により，集約操作の計算量を線形時間から定数時間にまで落とすことができます [122]．

少ないサンプル数で精度よく推定するためには，分散を下げることが重要です．分散を下げるために重要な手法が**重点サンプリング** (importance sampling) です．重点サンプリングは期待値

$$\mathbb{E}_{x \sim p(x)}[f(x)] \tag{5.9}$$

を推定するための手法です．重点サンプリングは提案分布 q という確率分布を用意します．そして，$x_1, x_2, \ldots, x_K \sim q$ を提案分布からサンプリングした後，

$$S_k \stackrel{\text{def}}{=} \frac{1}{K} \sum_{k=1}^{K} \frac{p(x_k)}{q(x_k)} f(x_k) \tag{5.10}$$

という式で期待値を近似します.

$$\begin{aligned}\mathbb{E}[S_k] &= \mathbb{E}_{x\sim q(x)}\left[\frac{p(x)}{q(x)}f(x)\right]\\ &= \int \frac{p(x)}{q(x)}f(x)q(x)dx\\ &= \int p(x)f(x)dx\\ &= \mathbb{E}_{x\sim p(x)}[f(x)]\end{aligned} \tag{5.11}$$

より，重点サンプリングによる推定量 S_k の期待値は，推定したい期待値と一致します．つまり，S_k は不偏推定量です．重点サンプリングの極端な例を 2 つ考えてみましょう．第一は，$q = p$ の場合です．このとき，$x_1, x_2, \ldots, x_K \sim p$ であり，式 (5.10) は

$$S_k = \frac{1}{K}\sum_{k=1}^{K} f(x_k) \tag{5.12}$$

となるので，これは通常のモンテカルロサンプリングと同じです．第二に，

$$q(x) = p(x)f(x)/Z \tag{5.13}$$

の場合を考えます．ここで，

$$Z = \int p(x)f(x)dx = \mathbb{E}_{x\sim p(x)}[f(x)] \tag{5.14}$$

は正規化定数です．このとき，式 (5.10) は

$$\begin{aligned}S_k &= \frac{1}{K}\sum_{k=1}^{K}\frac{p(x_k)}{q(x_k)}f(x_k)\\ &\overset{\text{(a)}}{=} \frac{1}{K}\sum_{k=1}^{K} Z \qquad (5.15)\\ &= Z\\ &= \mathbb{E}_{x\sim p(x)}[f(x)] \qquad (5.16)\end{aligned}$$

となり，分散が 0 で常に $\mathbb{E}_{x\sim p(x)}[f(x)]$ と一致する理想的な推定量です．(a) は q の定義式 (5.13) より従います．ただし，この提案分布 $q(x) =$

$p(x)f(x)/Z$ を得るためには，Z を知っている必要があり，現実的にはこのような提案分布を用いることができません．しかし，$q(x) = p(x)f(x)/Z$ に近い分布を用いると，式 (5.15) が近似的に成り立ち，分散を下げることができます．すなわち，$p(x)f(x)$ が大きな x ほど，言い換えると期待値に寄与する x ほど，高い確率でサンプリングされるように設計することで，分散を下げることができます．特に，$p(x)$ が一様のときには，$f(x)$ が大きな x ほどサンプリングされやすいようにします．どのようにすればそのような提案分布を設計できるかは問題に依存します．グラフニューラルネットワークの場合の効果的な提案分布の設計方法は 5.5 節と 5.6 節で詳しく説明します．

以上のサンプリングの考え方を用いて，効率よく，かつ精度よくグラフニューラルネットワークの計算を近似する方法を紹介します．方針は大きく分けて 2 つあります．第一は，頂点ごとに集約の対象とする近傍頂点をサンプリングする方針です．第二は，層ごとに使う頂点をサンプリングする方針です．以降の節においてこれらの方針をそれぞれ紹介します．

5.4 近傍サンプリング

問題 5.1（グラフニューラルネットワークの近似）

入力 グラフニューラルネットワーク
入力グラフ $G = (V, E, \boldsymbol{X})$
頂点のミニバッチ $B \subset V$

出力 グラフニューラルネットワークの出力の近似値 $\{\hat{\boldsymbol{Z}}_v\}_{v \in B}$

グラフニューラルネットワークを高速に近似計算する問題 5.1 を考えます．問題 5.1 は推論の形で書いていますが，得られた出力をもとに損失関数を計算し，誤差逆伝播法を適用することで訓練に用いることもできます．また，ミニバッチの設定を考えていますが，ミニバッチを $B = \{v\}$ と 1 頂点のみにすることで，頂点ごとの予測にも応用できます．

近傍サンプリング (neighborhood sampling)[51] は，頂点ごとに集約の対象とする近傍頂点をサンプリングする手法です．アルゴリズム 5.1 に疑似

アルゴリズム 5.1 近傍サンプリング

入力：グラフニューラルネットワーク
入力グラフ $G = (V, E, \boldsymbol{X})$
頂点のミニバッチ $B \subset V$
近傍サンプル数 K
出力：グラフニューラルネットワークの出力の近似値
$\{\hat{\boldsymbol{Z}}_v\}_{v \in B}$

$B_L \leftarrow B$
for $l = L-1, L-2, \ldots, 0$ **do**
　$B_l \leftarrow B_{l+1}$　　// l 層目にて計算するべき頂点集合
　for $v \in B_{l+1}$ **do**
　　$u_1, u_2, \ldots, u_K \sim \mathrm{Unif}(\mathcal{N}(v))$　　// 近傍サンプリング
　　$B_l \leftarrow B_l \cup \{u_1, u_2, \ldots, u_K\}$
　end
end
$\hat{\boldsymbol{h}}_v^{(0)} \leftarrow \boldsymbol{X}_v \quad \forall v \in B_0$
for $l = 0, 1, \ldots, L-1$ **do**
　for $v \in B_{l+1}$ **do**
　　$\boldsymbol{h}_v^{(l+1)} \leftarrow f_{\theta, l+1}^{集約}(\boldsymbol{h}_v^{(l)}, \{\!\{\boldsymbol{h}_u^{(l)} \mid u \in \mathcal{N}(v) \cap B_l\}\!\})$
　end
end
Return $\{\hat{\boldsymbol{h}}_v^{(L)}\}_{v \in B_L}$

コードを掲載します．

3.3.3 節で述べたミニバッチの構築方法と同様に，近傍サンプリングでは，計算するべき頂点集合 B_l を求めるために出力側の層から逆算していきます．最終的に埋め込みを求めたい集合が B であるので，その 1 層手前では，B

の近傍の中間表現が求まっている必要があります．通常のミニバッチの構築方法とは異なり，すべての近傍頂点を含めるのではなく，近傍から K 点をサンプリングして集合に追加します．これを最初の層まで繰り返します．グラフニューラルネットワークを実際に計算するときには，メッセージ伝達の相手を B_l に制限することで計算量を削減します．

GraphSAGE[51] は近傍サンプリングをもとから取り入れたグラフニューラルネットワークのアーキテクチャです．GraphSAGE は集約関数として平均関数，最大値関数，長短期記憶 (LSTM) などを用いる変種があります．例えば，平均関数を用いる変種 GraphSAGE-mean は

$$\hat{\boldsymbol{m}}_v^{(l+1)} = \frac{1}{|\mathcal{N}(v) \cap B_l|} \sum_{u \in \mathcal{N}(v) \cap B_l} \hat{\boldsymbol{h}}_u^{(l)} \tag{5.17}$$

$$\hat{\boldsymbol{h}}_v^{(l+1)\prime} = \sigma\left(\boldsymbol{W}^{(l+1)} \mathrm{Concat}(\hat{\boldsymbol{h}}_v^{(l)}, \hat{\boldsymbol{m}}_v^{(l+1)})\right) \tag{5.18}$$

$$\hat{\boldsymbol{h}}_v^{(l+1)} = \frac{\hat{\boldsymbol{h}}_v^{(l+1)\prime}}{\|\hat{\boldsymbol{h}}_v^{(l+1)\prime}\|_2} \tag{5.19}$$

という定義式を用います．ここで，ベクトル $\boldsymbol{x} \in \mathbb{R}^d, \boldsymbol{y} \in \mathbb{R}^{d'}$ に対して $\mathrm{Concat}(\boldsymbol{x}, \boldsymbol{y}) \in \mathbb{R}^{d+d'}$ はベクトルの連結を表します．GraphSAGE の論文における実験では，第 1 層では $K = 25$，第 2 層では $K = 10$ を用いた 2 層のモデルを用いており，いずれの変種も高い精度を達成しています．また，K を 10〜30 程度に設定することで，K を大きくした場合と比べて精度を落とすことなく，数倍の高速化を達成できることを確認しています．

分散削減グラフ畳み込みネットワーク (Variance Reduction GCN; VR-GCN)[18] は活性値履歴 (Historical Activation) を用いて，訓練時に近傍サンプリングをより効率的に行います．一般に，訓練時にはさまざまなミニバッチで予測を繰り返します．あるミニバッチの計算のとき，従来の近傍サンプリングでは B_l に選ばれなかった頂点 $(\mathcal{N}(v) \setminus B_l)$ は完全に無視していました．しかし，$(\mathcal{N}(v) \setminus B_l)$ の頂点も別のミニバッチの計算のときには B_l に選ばれていた可能性があります．そのときに計算した中間表現 $\boldsymbol{h}_u^{(l)}$ を記録しておき，選ばれなかった頂点については過去の記録を代替値として用いるのが活性値履歴のアイデアです．訓練中にはパラメータは徐々に変化していくので，数反復前の値であればある程度は妥当な推定値になると考えられ

ます．B_l に選ばれた頂点については近傍サンプリングと同様に再帰的に計算を行い，得られた中間表現を用います．活性値履歴を用いた近傍サンプリングの疑似コードをアルゴリズム 5.2 に掲載します．

アルゴリズム 5.2 活性値履歴を用いた近傍サンプリング

入力：グラフニューラルネットワーク
入力グラフ $G = (V, E, \boldsymbol{X})$
頂点のミニバッチ $B \subset V$
近傍サンプル数 K
活性値履歴 $\bar{\boldsymbol{h}}_v^{(l)}$ $(l = 0, 1, \ldots, L-1)$

出力：グラフニューラルネットワークの出力の近似値
$\{\hat{\boldsymbol{Z}}_v\}_{v \in B}$

$B_L \leftarrow B$
for $l = L-1, L-2, \ldots, 0$ **do**
  $B_l \leftarrow B_{l+1}$ // l 層目にて計算するべき頂点集合
  for $v \in B_{l+1}$ **do**
    $u_1, u_2, \ldots, u_K \sim \mathrm{Unif}(\mathcal{N}(v))$ // 近傍サンプリング
    $B_l \leftarrow B_l \cup \{u_1, u_2, \ldots, u_K\}$
  end
end
$\hat{\boldsymbol{h}}_v^{(0)} \leftarrow \boldsymbol{X}_v \quad \forall v \in B_0$
$\bar{\boldsymbol{h}}_v^{(0)} \leftarrow \boldsymbol{X}_v \quad \forall v \in (V \setminus B_0)$
for $l = 0, 1, \ldots, L-1$ **do**
  for $v \in B_{l+1}$ **do**
    $\boldsymbol{h}_v^{(l+1)} \leftarrow f_{\theta,l+1}^{\text{集約}}(\boldsymbol{h}_v^{(l)}, \{\!\{\boldsymbol{h}_u^{(l)} \mid u \in \mathcal{N}(v) \cap B_l\}\!\} \cup \{\!\{\bar{\boldsymbol{h}}_u^{(l)} \mid u \in \mathcal{N}(v) \setminus B_l\}\!\})$
    $\bar{\boldsymbol{h}}_v^{(l+1)} \leftarrow \hat{\boldsymbol{h}}_v^{(l+1)}$ // 活性値履歴の更新
  end
end
Return $\{\hat{\boldsymbol{h}}_v^{(L)}\}_{v \in B_L}$

分散削減グラフ畳み込みネットワークの論文[18]では，活性値履歴を用いることで，近傍サンプル数を $K = 2$ と設定しても，近似なしの計算と同等の精度を達成できることを確認しています．このように，活性値履歴を用いると従来の近傍サンプリングよりも小さな K を用いることができることになり，近傍サンプリングと比べてさらに数倍高速に訓練を行うことができます．

活性値履歴の欠点は，すべての頂点とすべての層について中間表現を記憶する必要があることです．これにより，メモリの消費量が大きくなります．特に，頂点数の多い巨大なグラフの場合はすべての活性値履歴を記憶するコストは非常に大きいです．このため，メモリに余裕があり，かつ頂点数が少ない〜中程度の場合が活性値履歴の主な適用範囲です．

近傍サンプリングに共通する欠点は，計算量が層数について指数的に増大することです．なぜなら，B_L の各頂点について K 個の頂点がサンプリングされるので，B_{L-1} にはおよそ $K|B_L|$ 個の頂点が含まれ，B_{L-1} の各頂点について K 個の頂点がサンプリングされるので，B_{L-2} にはおよそ $K^2|B_L|$ 個の頂点が含まれ，これを繰り返すことで B_0 にはおよそ $K^L|B_L|$ 個の頂点が含まれることになるからです．$K = 2$ の場合であっても，L が大きければこれは手に負えないほど大きくなってしまいます．もちろん，頂点 $v_1 \in B_{l+1}$ からサンプリングされた頂点と $v_2 \in B_{l+1}$ からサンプリングされた頂点が被ることはあり，この場合には被った分だけ B_l のサイズは小さくなります．しかし，それでも増大幅が大きいことには変わりありません．層数が大きい場合にはいずれ $B_l \approx V$ となってしまい，近傍サンプリングの効果はほとんどなくなってしまいます．このため，近傍サンプリングが有効なのは主に層数が少ない場合です．幸い，グラフニューラルネットワークは第 7 章で述べる過平滑化の問題などから，2 から 3 層程度のものが使われる場合が多いため，近傍サンプリングにより効率的に計算ができる場面は多いです．層数が多い場合など，近傍サンプリングにおける B_l が大きくなってしまう場合は，次節で述べる層別サンプリングを用いることが有効です．

5.5 層別サンプリング

層別サンプリング (layer-wise sampling) は，計算に含める頂点を層ごとに独立にサンプリングする手法です．5.4 節で述べた近傍サンプリングは，第

l 層で計算する頂点の集合に基づいて第 $l+1$ 層で計算するべき頂点集合を
サンプリングしていました．この意味で，近傍サンプリングには層間に依存
性があります．層別サンプリングは第 l 層の頂点集合は考慮せずに独立にサ
ンプリングを行うというある意味大胆な簡略化を行うことで，高速化を実現
します．アルゴリズム 5.3 に疑似コードを掲載します．

アルゴリズム 5.3　層別サンプリング

入力：グラフニューラルネットワーク
　　　　入力グラフ $G = (V, E, \boldsymbol{X})$
　　　　頂点のミニバッチ $B \subset V$
　　　　層別サンプル数 K_l
出力：グラフニューラルネットワークの出力の近似値
　　　　$\{\hat{\boldsymbol{Z}}_v\}_{v \in B}$

1　$B_L \leftarrow B$
2　**for** $l = L-1, L-2, \ldots, 0$ **do**
3　　　$B_l \leftarrow u_1, u_2, \ldots, u_{K_l} \sim \mathrm{Unif}(V)$　　// オプション：提案分
　　　　布を用いてサンプリング
　　end
4　$\hat{\boldsymbol{h}}_v^{(0)} \leftarrow \boldsymbol{X}_v \quad \forall v \in B_0$
5　**for** $l = 0, 1, \ldots, L-1$ **do**
6　　　**for** $v \in B_{l+1}$ **do**
7　　　　　

$$\boldsymbol{h}_v^{(l+1)} \leftarrow f_{\theta,l+1}^{\text{集約}}(\boldsymbol{h}_v^{(l)}, \{\{\boldsymbol{h}_u^{(l)} \mid u \in \mathcal{N}(v) \cap B_l\}\})$$

　　　　　　　// オプション：重点サンプリングを用いて集約
　　　end
　　end
8　**Return** $\{\hat{\boldsymbol{h}}_v^{(L)}\}_{v \in B_L}$

層別サンプリングでは，第 l 層において中間表現を計算する集合 B_l の大きさはちょうど K_l です．すべての層における頂点の延べ個数は $\sum_{l=0}^{L} K_l$ であり，層数について線形です．これは層数について指数的に増大した近傍サンプリングとは対照的です．

高速グラフ畳み込みネットワーク (FastGCN)[19] はグラフ畳み込みネットワークに層別サンプリングを適用する手法です．グラフ畳み込みネットワークの層は

$$
\begin{aligned}
\boldsymbol{H}_v^{(l+1)} &= \sigma\left(\sum_{u \in V} \hat{\boldsymbol{A}}_{uv} \boldsymbol{H}_u^{(l)} \boldsymbol{W}^{(l+1)\top}\right) \\
&= \sigma\left(\frac{1}{n} \sum_{u \in V} n \hat{\boldsymbol{A}}_{uv} \boldsymbol{H}_u^{(l)} \boldsymbol{W}^{(l+1)\top}\right) \\
&= \sigma\left(\mathbb{E}_{u \sim \mathrm{Unif}(V)}\left[n \hat{\boldsymbol{A}}_{uv} \boldsymbol{H}_u^{(l)} \boldsymbol{W}^{(l+1)\top}\right]\right)
\end{aligned}
\tag{5.20}
$$

と表されます．高速グラフ畳み込みネットワークは期待値をモンテカルロ近似し，

$$
\hat{\boldsymbol{h}}_v^{(l+1)} = \sigma\left(\frac{n}{|B_l|} \sum_{u \in B_l} \hat{\boldsymbol{A}}_{uv} \boldsymbol{H}_u^{(l)} \boldsymbol{W}^{(l+1)\top}\right) \tag{5.21}
$$

とします．近傍サンプリングでは

$$
\sum_{u \in \mathcal{N}(v)} f(u) \tag{5.22}
$$

というように，近傍頂点の和の形で集約関数を表して，$\mathrm{Unif}(\mathcal{N}(v))$ に対してモンテカルロサンプリングしたのに対し，層別サンプリングでは

$$
\sum_{u \in V} \hat{\boldsymbol{A}}_{uv} f(u) \tag{5.23}
$$

というように，全頂点の和の形で集約関数を表して，$\mathrm{Unif}(V)$ に対してモンテカルロサンプリングをすることが違いです．層別サンプリングではすべての集約関数においてサンプリングの対象 $\mathrm{Unif}(V)$ が同一であるため，サンプリング結果をすべての頂点で共有できます．

高速グラフ畳み込みネットワークでは重点サンプリングを用いてサンプル

効率を改善する方法も提案しています．重点サンプリングでは，期待値への寄与度が大きい要素ほど高い確率でサンプリングするのがよいことを 5.3 節で議論しました．高速グラフ畳み込みネットワークにおいては，$\hat{\boldsymbol{A}}_{uv}\boldsymbol{H}_u^{(l)}$ が大きい頂点ほど高い確率でサンプリングすることが理想ですが，$\boldsymbol{H}_u^{(l)}$ の値は事前には分かりません．そこで，妥協案として，高速グラフ畳み込みネットワークは

$$q(u) = \frac{\|\hat{\boldsymbol{A}}_{u,:}\|^2}{\sum_{v \in V} \|\hat{\boldsymbol{A}}_{v,:}\|^2} \tag{5.24}$$

を提案分布として用います．すなわち，多くの頂点と隣接している頂点ほど高い確率でサンプリングします．そのような頂点は，多くの頂点の項に登場して，全体として寄与度が大きいと考えられます．この分布は入力グラフから事前計算できます．重点サンプリングを用いた版の高速グラフ畳み込みネットワークでは，層別サンプリングの B_l を式 (5.24) の提案分布からサンプリングした後，

$$\hat{\boldsymbol{h}}_v^{(l+1)} = \sigma\left(\frac{1}{|B_l|}\sum_{u \in B_l} \frac{1}{q(u)} \hat{\boldsymbol{A}}_{uv}\boldsymbol{H}_u^{(l)}\boldsymbol{W}^{(l+1)\top}\right) \tag{5.25}$$

と計算を行います．

高速グラフ畳み込みネットワークの実験では，K_l として数百程度の値を採用し，近似なしの場合と同等の精度を達成しながら，訓練時間を数倍から 100 倍ほど高速化することに成功しています．

層別サンプリングの欠点は，次数が小さい頂点にメッセージが送られない場合があることと，無駄な計算が生じる可能性があることです．頂点 $v \in B$ の次数が小さい場合，$(\mathcal{N}(v) \cap B_l)$ が空集合となる可能性が高く，このときには頂点 v にメッセージが何も送られないためにグラフニューラルネットワークを使う利点が失われてしまいます．これは近傍サンプリングであれば常に $(\mathcal{N}(v) \cap B_l)$ が非空であることとは対照的です．また，層別サンプリングにより選ばれた点 v が計算したミニバッチ B から遠く離れている場合には，v の中間表現を計算する労力は無駄になってしまいます．これらの問題を克服するため，近傍サンプリングと層別サンプリングを組み合わせる方法が提案されています．

5.6 近傍サンプリングと層別サンプリングの組み合わせ

LADIES (LAyer-Dependent ImportancE Sampling)[166] は近傍サンプリングと層別サンプリングを組み合わせた手法です．基本的なアイデアは，層別サンプリングの候補を V 全体から B_{l+1} の近傍頂点に限定することです．これにより，無駄な計算が生じなくなります．また，重点サンプリングのための提案分布を，B_{l+1} とのつながりの強さに基づいて

$$q(u) \propto \sum_{v \in B_{l+1}} \hat{\boldsymbol{A}}_{uv}^2 \tag{5.26}$$

とします．この提案分布を用いることで，今求めたい頂点の中間表現に寄与する頂点をより重点的に選ぶことができます．これらのアイデアを合わせることで，$(\mathcal{N}(v) \cap B_l)$ が空集合となる可能性も層別サンプリングと比べて低くなります．LADIES の疑似コードをアルゴリズム 5.4 に掲載します．

5.7 訓練グラフの構成法

問題 5.2（グラフニューラルネットワークの訓練の高速化）

入力 グラフニューラルネットワークの初期パラメータ
訓練用のグラフ $G = (V, E, \boldsymbol{X})$ と教師ラベル

出力 グラフニューラルネットワークの訓練済みパラメータ

本節では，グラフニューラルネットワークの訓練を高速化する方法を考えます．前節までの議論とは異なり，埋め込みを近似することが最終目的ではありません．本節で紹介する手法はグラフ G についての頂点の埋め込みを直接求めません．グラフ G から別のグラフを構築し，得られたグラフを訓練データとしてグラフニューラルネットワークを訓練します．訓練に用いるグラフを小さくすることで，計算量とメモリ消費量を小さく抑えることができます．

クラスタグラフ畳み込みネットワーク (Cluster-GCN)[21] は入力グラフの

アルゴリズム 5.4 LADIES

入力：グラフニューラルネットワーク
入力グラフ $G = (V, E, \boldsymbol{X})$
頂点のミニバッチ $B \subset V$
層別サンプル数 K_l

出力：グラフニューラルネットワークの出力の近似値
$\{\hat{\boldsymbol{Z}}_v\}_{v \in B}$

$B_L \leftarrow B$
for $l = L-1, L-2, \ldots, 0$ **do**
　$q(u) \propto \sum_{v \in B_{l+1}} \hat{\boldsymbol{A}}_{uv}^2$ // 提案分布
　$B_l \leftarrow u_1, u_2, \ldots, u_{K_l} \sim q$ // 層別サンプリング
end
$\hat{\boldsymbol{h}}_v^{(0)} \leftarrow \boldsymbol{X}_v \quad \forall v \in B_0$
for $l = 0, 1, \ldots, L-1$ **do**
　for $v \in B_{l+1}$ **do**
　　$\boldsymbol{h}_v^{(l+1)} \leftarrow f_{\theta, l+1}^{集約}(\boldsymbol{h}_v^{(l)}, \{\!\{\boldsymbol{h}_u^{(l)} \mid u \in \mathcal{N}(v) \cap B_l\}\!\})$
　　// 重点サンプリングを用いて集約
　end
end
Return $\{\hat{\boldsymbol{h}}_v^{(L)}\}_{v \in B_L}$

頂点をクラスタリングすることで，訓練に用いるグラフを構成する手法です（図 5.2）．頂点クラスタリングは METIS[68] や Glaclus[32] など既製の頂点クラスタリングアルゴリズムを用います．そして，得られた頂点クラスタの誘導部分グラフを訓練のためのグラフとして用います．同じクラスタ内にある頂点どうしは密に接続されているため，クラスタ内に限定してもメッセー

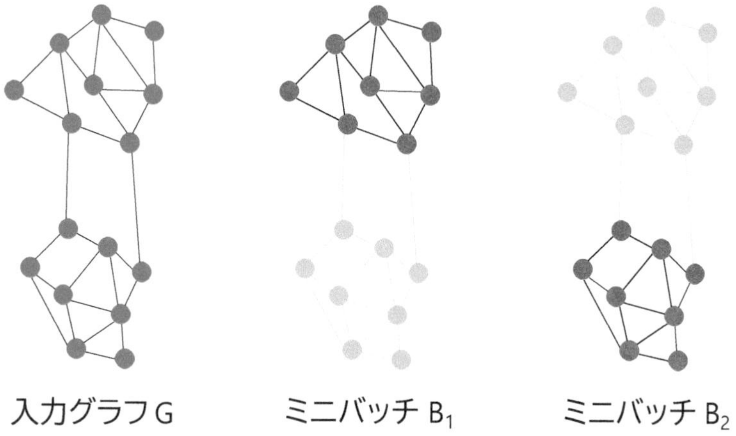

図 5.2 クラスタグラフ畳み込みネットワークにおけるミニバッチグラフの構築方法の図示．左：入力グラフ G．中央・右：クラスタグラフ畳み込みネットワークにおいて訓練で用いられるグラフ．

ジ伝達を効果的に行うことができます．また，異なるクラスタに属する頂点との接続が少ないため，そのような接続を考慮しなくとも，もとの訓練用グラフ G での予測が大きくは異ならないと考えられます．1 つのクラスタはグラフ全体よりははるかに小さいため，計算量とメモリ消費量を削減できます．クラスタグラフ畳み込みネットワークの疑似コードをアルゴリズム 5.5 に掲載します．

単純なアルゴリズム 5.5 では，V_i と V_j の間にある辺は一切使われません．この問題に対処するべく，クラスタグラフ畳み込みネットワークでは確率的多重分割という技法も提案されています．確率的多重分割は比較的大きなクラスタ数 K を用いて頂点集合 V を細かく分割します．そして，ミニバッチを構築するたびに，$i_1, i_2, \ldots, i_q \sim \mathrm{Unif}([K])$ をサンプリングし，$V_{i_1} \cup V_{i_2} \cup \ldots V_{i_q}$ により誘導される誘導部分グラフを訓練用グラフとして用います．こうすると，$\{i, j\} \subset \{i_1, i_2, \ldots, i_q\}$ となったときに V_i と V_j の間の辺が訓練時に使われることになり，どの辺も訓練に用いられる確率が生じます．

GraphSAINT (Graph SAmpling based INductive learning meThod)[162]

アルゴリズム 5.5 クラスタグラフ畳み込みネットワーク

入力：グラフニューラルネットワークの初期パラメータ
訓練用のグラフ $G = (V, E, \boldsymbol{X})$ と教師ラベル
クラスタ数 K
出力：グラフニューラルネットワークの訓練済みパラメータ

1 頂点クラスタリングアルゴリズムを用いて頂点集合 V を $V_1, V_2, \ldots, V_K$ に分割する.
2 $G_1, G_2, \ldots, G_K$ をそれぞれ $V_1, V_2, \ldots, V_K$ で誘導される誘導部分グラフとする.
3 **while** 収束するまで **do**
4 　**for** $k = 1, 2, \ldots, K$ **do**
5 　　G_k に対してグラフニューラルネットワークを訓練する.
　end
end

もクラスタグラフ畳み込みネットワークと同様に，訓練用グラフを構成する手法です．GraphSAINT では，頂点の部分集合をランダムサンプリングやランダムウォークをもとに構成し，得られた頂点部分集合で誘導される誘導部分グラフを訓練に用います．GraphSAINT のグラフ構築方法はクラスタグラフ畳み込みネットワークよりも単純ですが，同等以上の性能を達成することが報告されています．GraphSAINT のほうが多様なグラフを実現するため，正則化や汎化の効果がある可能性があります．

訓練用のグラフを構築する手法は，近傍サンプリングや層別サンプリングと比べて，汎用性が高いことと，実装が容易であるという利点があります．例えば，層別サンプリングでは当該頂点の中間表現が前の層で求められているとは限らないため，スキップ接続（7.2.3 節）を用いたグラフニューラルネットワークをそのままは適用できません．一方，訓練用のグラフを構築する手法は通常のグラフに対する予測・訓練を行うだけなので，原理的にはど

のようなグラフニューラルネットワークとも組み合わせることができます．また，前処理によりグラフを構築してしまえば，後は通常のグラフに対する予測・訓練を行うだけなので，高速化に対応していないグラフニューラルネットワークの実装をそのまま使うことができます．

5.8 応用例 (PinSAGE)

PinSAGE[157] は Pinterest というウェブサービスのために開発された，グラフニューラルネットワークを用いた推薦モデルです．5.4 節で紹介した GraphSAGE をもとにして設計されました．Pinterest は料理のレシピや衣服の写真などのさまざまなコンテンツを一覧にまとめて共有できるウェブサービスです．

Pinterest ではコンテンツをピンと呼び，一覧表をボードと呼びます．ユーザーはさまざまなピンを収集してボードにまとめることができます．1 つのピンを異なる基準でさまざまなボードにまとめることもできます．ユーザーが気になったピンについて，関連するピンを精度よく推薦することが目標です．関連するピンの基準は，原理的にはさまざまなものを考えることができます．PinSAGE の論文では，ユーザーがピン q を閲覧した後ただちにピン i を閲覧したとき，ピン i はピン q に関連するとして関連するピンの対の集合 $D = \{(q, i)\}$ を定義しています．

問題 5.3（Pinterest における推薦問題）

訓練時には，各ピン i の特徴量 $\boldsymbol{x}_i$，ピン i がボード v にまとめられたことを表すリスト $E = \{(i, v)\}$，関連するピンの対の集合 $D = \{(q, i)\}$ が与えられます．テスト時に，ユーザーが訪問したピン q が与えられるので，関連度の高いピンの集合を推薦することが目標です．

ピン i の特徴量 $\boldsymbol{x}_i$ はピン i の説明文と画像からなります．実際上は，単語埋め込みモデルと畳み込みニューラルネットワークを用いて，説明文と画像をそれぞれ数百から数千次元の埋め込みに変換し，連結したベクトルをピ

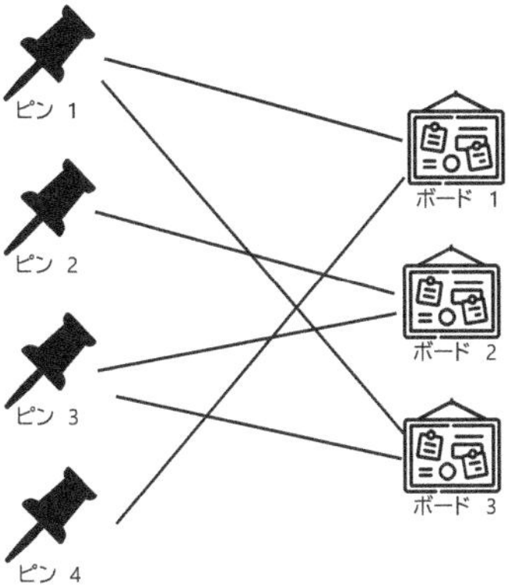

図 5.3 ピンとボードの関係を表したグラフ．PinSAGE に用いられる．

ンの特徴ベクトルとして用います．

PinSAGE は，ピンとボードを頂点とするグラフを構築し，グラフニューラルネットワークを用いてピンの埋め込みを計算します．ピン i がボード v にまとめられたとき，i と v の間に辺を張ります（図 5.3）．すなわち，同じボードにまとめられたピンどうしはこのグラフ上で 2 つの辺でたどりつけます．これにより，類似したピンどうしはグラフ上で近くに位置することになります．

実際の Pinterest のデータで構築したグラフは 30 億以上の頂点，180 億以上の辺を含みます．このため，グラフ全体を一度に読み込んで訓練することはできません．また，訓練データ D には数億から数十億の例が含まれます．このため，非常に効率よく訓練を行う必要があります．

PinSAGE の基本的な方針とアーキテクチャは GraphSAGE と同一ですが，いくつか変更点があります．PinSAGE は近傍サンプリングは行わず，$K = 50$ 個の近傍頂点を以下の方式で選択し，固定して用います．まず，頂点 u から始まるランダムウォークを何度か走らせ，訪れた頻度が高い上位 K 個の頂点を u の新しい近傍頂点 $\tilde{\mathcal{N}}(u)$ と定義します．そして，訪れた頻度を正規化して和を 1 にしたベクトルを $\boldsymbol{\alpha}_u \in \mathbb{R}^n$ とし，

$$\sum_{v \in \tilde{\mathcal{N}}(u)} \boldsymbol{\alpha}_{uv} \boldsymbol{h}_v^{(l)} \tag{5.27}$$

により集約します．この機構を重点プーリングと呼びます．重点プーリングには多くの利点があります．まず，もともと多くの近傍を持つ頂点も $O(K)$ 時間で集約できます．これは近傍サンプリングと同じ利点です．また，頂点 u に関連がある重要な頂点の情報を重点的に集めることができます．これにより精度が向上することが期待できます．さらに，すべての頂点の次数が K に均一化されるため，並列化がしやすくなるという利点もあります．近傍サンプリングと比べると，実行のたびにサンプリングを行う必要がないという利点があります．

PinSAGE は関連するピンどうしの埋め込みが近くなるように訓練します．具体的には以下で定義されるマージン損失を用います．

$$L = \frac{1}{|D|} \sum_{(q,i) \in D} \mathbb{E}_{s \sim P_n} \max\left(0, \boldsymbol{z}_q^\top \boldsymbol{z}_s - \boldsymbol{z}_q^\top \boldsymbol{z}_i + \delta\right) \tag{5.28}$$

ここで，P_n は負例分布を表します．PinSAGE では，q にある程度類似しているが i ほどは関連がない難しい負例分布を用いる方針を採用しています．$\boldsymbol{z}_v$ はグラフニューラルネットワークにより得られた頂点 v の埋め込みです．$\delta \in \mathbb{R}_+$ はマージンの大きさを表すハイパーパラメータです．

訓練データ数が非常に多いため，PinSAGE のシステムは複数の GPU を用いた並列化を導入しています．訓練の各反復では，数百から数千個の頂点からなるミニバッチを構築し，これを GPU の個数で等分してそれぞれの GPU に割り振ります．それぞれの GPU により計算された勾配を集約し，全体の勾配を計算します．GPU の計算の最中に次の反復のミニバッチの構築を CPU で行うといった高速化の工夫も行われています．

また，訓練後も，訓練済みのグラフニューラルネットワークを用いて数十億個ある頂点の埋め込みを計算することに大きな計算コストがかかります．PinSAGE のシステムでは，MapReduce[28] という分散コンピューティングの枠組みを用いて各頂点の埋め込みを並列で求めることで，この計算を高速化しています．

各頂点の埋め込みさえあらかじめ求めておけば，テスト時にはピン q に対して $\boldsymbol{z}_q$ に埋め込みが近い頂点を選ぶことで関連するピンを推薦できます．このステップは近似近傍探索のアルゴリズムを用いることで高速に行うことができます．

PinSAGE の論文では，16 台の K80 GPU を用いて並列計算することで，大きさ 2048 のミニバッチを 13 万回反復する訓練を約 2 日で実行しています．また，Amazon Web Service (AWS) 上の 378 台からなる CPU 計算機クラスタを用いることで，30 億頂点の埋め込みを 1 日未満で計算しています．Pinterest の実際のサービス上で展開された A/B テストでは，グラフ構造を考慮せず，画像やテキストの特徴量のみから推薦を行う手法と比べると，PinSAGE を用いることでユーザーの反応率が 10 から 30 パーセントほど改善したと報告されています．

Chapter 6

スペクトルグラフ理論

スペクトルグラフ理論は，グラフの隣接行列の固有値と固有ベクトルを通してグラフを解析する理論です．隣接行列の固有値と固有ベクトルはグラフ構造についての驚くほど多くの情報を含んでいます．スペクトルグラフ理論の利点は，線形代数の道具を使い簡潔にグラフ構造を解析できることです．スペクトルグラフ理論はグラフニューラルネットワークを解析するための重要な道具となっています．また，第 3 章で紹介したメッセージ伝達によるグラフニューラルネットワークとは異なる側面からグラフニューラルネットワークを定式化できます．スペクトルグラフ理論を用いたグラフニューラルネットワークの定式化を紹介した後，メッセージ伝達による定式化とのつながりについても紹介します．

6.1 スペクトルグラフ理論とは

スペクトルグラフ理論は，グラフの隣接行列やその関連する行列の固有値と固有ベクトルを通してグラフを解析する理論です．一般に，スペクトルとは信号を成分に分解したものを指します．世間一般では，光をプリズムに通すことで得られる分光スペクトルが有名でしょう．例えば，恒星から届いた光のスペクトルを見て，どの波長が存在し，どの波長が吸収されているかを分析することで，恒星中の元素を推定できます．恒星まで元素を採取に行かなくても，スペクトルだけから元素を判断できるのがこの分析方法の妙です．スペクトルグラフ理論では，隣接行列やその関連する行列の固有値の集合の

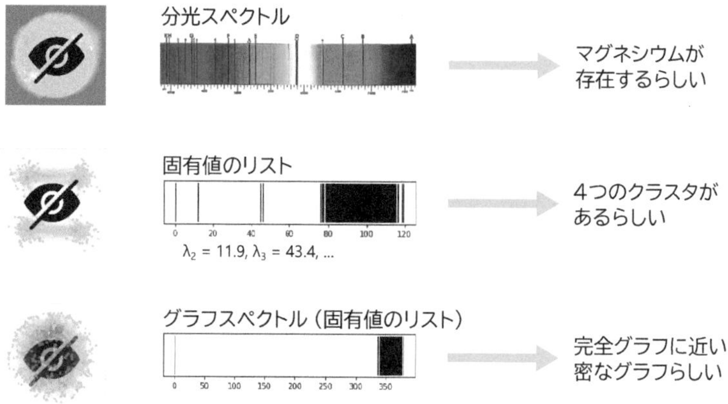

図 6.1 スペクトルの概要を表した図．上：恒星のスペクトルを観察すると恒星中の元素を推定できる．中・下：グラフのスペクトルを見るだけで，グラフ自体は観測せずとも，グラフがどういう形状をしているのかを推定できる．

ことをスペクトルといいます．スペクトルは隣接行列の性質を要約したものであり，グラフについて驚くほど多くの情報を含んでいます．グラフのスペクトルを見るだけで，グラフ自体は観測せずとも，グラフがどういう形状をしているのかを推定できます（図 6.1）．

スペクトルグラフ理論の利点は，離散的な構造であるグラフを，行列や固有値といった連続的な線形代数の道具を用いて解析できることです．機械学習では離散的な解析方法よりも連続的な解析方法のほうが発達しているため，連続的な解析方法でグラフを扱えることは大きな利点です．

以降では，まずは線形代数とフーリエ級数の復習を行い，スペクトルグラフ理論を導入するための準備をします．その後，グラフフーリエ変換をはじめとするグラフスペクトルをもとにグラフを解析する方法およびグラフスペクトルを用いたグラフニューラルネットワークを紹介します．

6.2 準備

6.2.1 直交基底

まずは線形代数の**直交基底** (orthogonal basis) についての復習から始めます．**基底** (basis) とは，空間内の任意の要素がそれらの線形和で一意に表されるようなベクトルの集合です．例えば，

$$\boldsymbol{v}_1 = (1, 1, 0)^\top \tag{6.1}$$

$$\boldsymbol{v}_2 = (-1, 1, 0)^\top \tag{6.2}$$

$$\boldsymbol{v}_3 = (0, 0, 1)^\top \tag{6.3}$$

は $\mathbb{R}^3$ の基底であり，ベクトル $\boldsymbol{u} = (1, -3, 5)^\top$ は

$$\boldsymbol{u} = -1\boldsymbol{v}_1 - 2\boldsymbol{v}_2 + 5\boldsymbol{v}_3 \tag{6.4}$$

というように基底の線形和で表されます．

直交基底とは，すべての要素が互いに直交している基底のことです．式 (6.1)〜(6.3) の基底は直交基底にもなっています．

直交していない基底と比べて，直交基底のよい点は，各成分が独立していることです．ベクトル $\boldsymbol{u}$ を $\boldsymbol{u} = \alpha_1\boldsymbol{v}_1 + \alpha_2\boldsymbol{v}_2 + \alpha_3\boldsymbol{v}_3$ と基底の線形和で表すとき，係数 $\alpha_i \in \mathbb{R}$ の値は

$$\begin{aligned}\frac{\boldsymbol{u}^\top\boldsymbol{v}_i}{\|\boldsymbol{v}_i\|^2} &= \frac{(\alpha_1\boldsymbol{v}_1 + \alpha_2\boldsymbol{v}_2 + \alpha_3\boldsymbol{v}_3)^\top\boldsymbol{v}_i}{\|\boldsymbol{v}_i\|^2} \\ &\overset{\text{(a)}}{=} \frac{\alpha_i\boldsymbol{v}_i^\top\boldsymbol{v}_i}{\|\boldsymbol{v}_i\|^2} \\ &= \alpha_i \end{aligned} \tag{6.5}$$

というように基底 $\boldsymbol{v}_i$ との内積により求まります．ここで，(a) は基底が直交しているため $\boldsymbol{v}_i$ 以外の成分が消えることを用いました．つまり，成分の値 α_i は $\boldsymbol{u}$ と $\boldsymbol{v}_i$ のみから定まります．$\boldsymbol{v}_j$ $(j \neq i)$ には依存しません．基底の中のほかのベクトルがどのようなものであろうと，直交さえしていれば，$\boldsymbol{u}$ の $\boldsymbol{v}_i$ についての係数は一定です．これは直交していない基底では成り立たない性質です．

また，直交基底を用いると，基底の一部を用いてベクトルを近似することも簡単に行えます．例えば，

$$\boldsymbol{u} = \alpha_1 \boldsymbol{v}_1 + \alpha_2 \boldsymbol{v}_2 + \alpha_3 \boldsymbol{v}_3 \tag{6.6}$$

を

$$\boldsymbol{u}' = \alpha'_1 \boldsymbol{v}_1 + \alpha'_2 \boldsymbol{v}_2 \tag{6.7}$$

というように，$\{\boldsymbol{v}_1, \boldsymbol{v}_2\}$ のみを用いて近似するとき，$\boldsymbol{u}$ と $\boldsymbol{u}'$ の差は

$$\begin{aligned} \|\boldsymbol{u} - \boldsymbol{u}'\|_2^2 &= \|(\alpha_1 - \alpha'_1)\boldsymbol{v}_1 + (\alpha_2 - \alpha'_2)\boldsymbol{v}_2 + \alpha_3 \boldsymbol{v}_3\|_2^2 \\ &\overset{\text{(a)}}{=} (\alpha_1 - \alpha'_1)^2 \|\boldsymbol{v}_1\|_2^2 + (\alpha_2 - \alpha'_2)^2 \|\boldsymbol{v}_2\|_2^2 + \alpha_3^2 \|\boldsymbol{v}_3\|_2^2 \end{aligned} \tag{6.8}$$

となります．ここで，(a) は基底が直交していることを用いました．よって，この差を最小化する α'_1, α'_2 は

$$\alpha'_1 = \alpha_1 \tag{6.9}$$

$$\alpha'_2 = \alpha_2 \tag{6.10}$$

となり，

$$\boldsymbol{u}' = \alpha_1 \boldsymbol{v}_1 + \alpha_2 \boldsymbol{v}_2 \tag{6.11}$$

と近似することが最適となります．つまり，直交基底の一部を用いて近似するときには，単に使う基底の成分を取り出すだけでよいということになります．これは直交していない基底では成り立たない性質です．

応用上，基底に求められることは，直交性のほかには，解釈がしやすいことが挙げられます．空間内の要素を $\boldsymbol{u} = 0.1\boldsymbol{v}_1 + 2.5\boldsymbol{v}_2 + 0.4\boldsymbol{v}_3$ というように基底 $\{\boldsymbol{v}_1, \boldsymbol{v}_2, \boldsymbol{v}_3\}$ を用いて書き表したとき，$\boldsymbol{v}_2$ の成分が強いということはつまりこういうことだ，ということを応用者がただちに理解できる基底がよい基底であるといえます．以下で述べるフーリエ級数展開と，本章のトピックであるグラフフーリエ基底は，そのような表現の例となっています．

6.2.2 フーリエ級数展開

本章のトピックであるグラフスペクトルを用いた表現は，グラフフーリエ変換とも呼ばれ，フーリエ級数と強いつながりがあります．事実，グラフフー

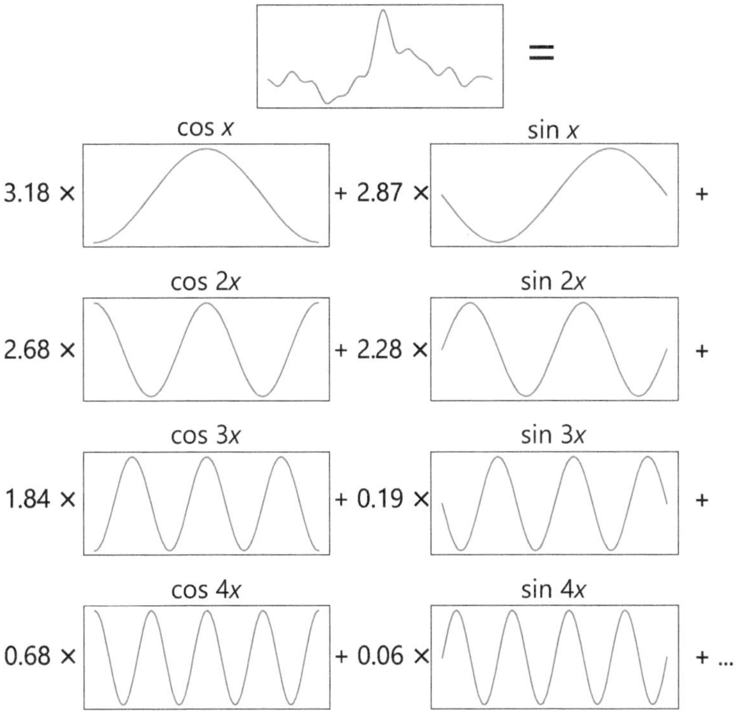

図 6.2　フーリエ級数展開の例.

リエ変換がフーリエ級数のある種の一般化になっていることを次節で示します．本節は，グラフフーリエ変換を導入するにあたってイメージを膨らませることを目的とした節です．このため，以降を読むうえで本節の内容を理論的な詳細までは理解する必要はありません．

周期 2π の連続関数 $f\colon \mathbb{R} \to \mathbb{R}$ について，

$$f(x) = a_0/2 + \sum_{k=1}^{\infty}(a_k \cos(kx) + b_k \sin(kx)) \tag{6.12}$$

を $f(x)$ の**フーリエ級数** (Fourier series) あるいは**フーリエ級数展開** (Fourier series expansion) といいます（図 6.2）．ここで，

$$a_k = \frac{1}{\pi}\int_{-\pi}^{\pi} f(x)\cos(kx)dx \tag{6.13}$$

$$b_k = \frac{1}{\pi}\int_{-\pi}^{\pi} f(x)\sin(kx)dx \tag{6.14}$$

です．式 (6.12) の表現は，$\frac{1}{2}, \cos(kx), \sin(kx)$ $(k = 1, 2, \ldots)$ を直交基底としたときの $f(x)$ の成分表示となっています．ただし，要素はベクトルではなく関数であるので，内積は

$$\langle f, g\rangle = \int_{-\pi}^{\pi} f(x)g(x)dx \tag{6.15}$$

により定義されます．この内積の定義と照らし合わせると，式 (6.13), (6.14) は式 (6.5) の特殊例となっていることが分かります．

6.2.1 節で前提となっていた有限次元ベクトル空間と異なることは，基底に無限個の関数が含まれる，すなわち，空間が無限次元であることです．このため，フーリエ級数式 (6.12) は無限級数となっています．これにより収束性などの問題が生じますが，ここでは詳細は省略します．詳しくはスタインら [167] などを参照してください．本章の主題であるグラフフーリエ変換においては，常に有限次元であるため，収束性の問題は生じません．

フーリエ級数展開は解釈がしやすいことが利点です．図 6.2 を見ても分かるように，$\cos(x)$ や $\sin(x)$ はゆっくりと変化する低周波に対応し，$\cos(3x)$ や $\sin(3x)$ などはより早く変化する成分に対応します．$\frac{1}{2}$ はまったく変化しない定数成分に対応します．例えば，

$$\begin{aligned} &3.18\cos(x) + 2.87\sin(x) \\ &+2.68\cos(2x) + 2.28\sin(2x) \end{aligned} \tag{6.16}$$

とフーリエ級数展開される関数は，高々 $\cos(2x), \sin(2x)$ までの周波数成分が含まれているため，（図を見ずともこの表現だけから）滑らかであることが分かります．実際，図示してみると，この関数は図 6.3 左のようになり，滑らかであることが見てとれます．逆に，

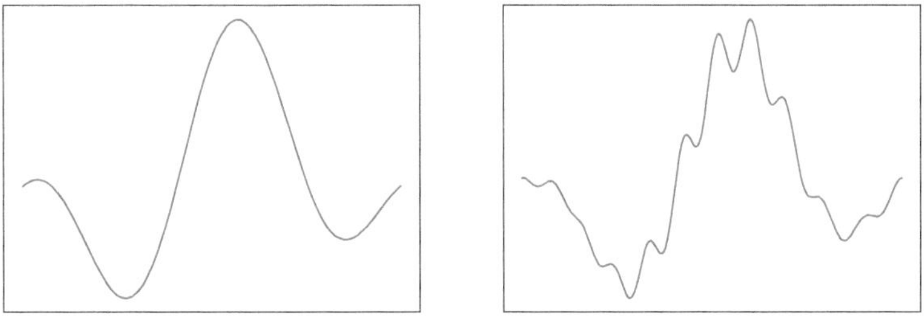

図 6.3 フーリエ級数展開の解釈．左：低周波成分のみを含む関数．滑らかである．右：高周波成分を含む関数．細かに振動する雑音が含まれる．

$$
\begin{aligned}
&3.18\cos(x) + 2.87\sin(x)\\
&+2.68\cos(2x) + 2.28\sin(2x)\\
&+0.52\cos(10x) + 0.32\sin(10x)\\
&+0.43\cos(11x) + 0.64\sin(11x)\\
&+0.34\cos(12x) + 0.19\sin(12x)
\end{aligned}
\tag{6.17}
$$

には $\cos(10x)$ や $\sin(10x)$ など，高周波成分が含まれていることから，（図を見ずともこの表現だけから）雑音のような細かな摂動が含まれることが分かります．やはり図示してみると，この関数は図 6.3 右のようになり，摂動を含む関数であることが見てとれます．フーリエ級数の係数は各波長の成分の強さを表しており，まさに本章の冒頭で述べた光のスペクトルに対応しています．

低周波の成分だけを用いて関数を近似することもできます．これは 6.2.1 節の式 (6.11) で述べた基底の一部を用いてベクトルを近似することに対応しています．例えば，図 6.2 の関数を $\cos(3x), \sin(3x)$ の成分までで打ち止めると，**図 6.4** のようになり，細かな振動を取り除いた大域的な動きを取り出すことができます．このような近似は音声や画像の圧縮でよく用いられます．この近似により，記憶する必要のある係数の個数が減るため，記憶容量を削減できます．また，高周波成分はノイズに対応しているため，ノイズを除去することもできます．

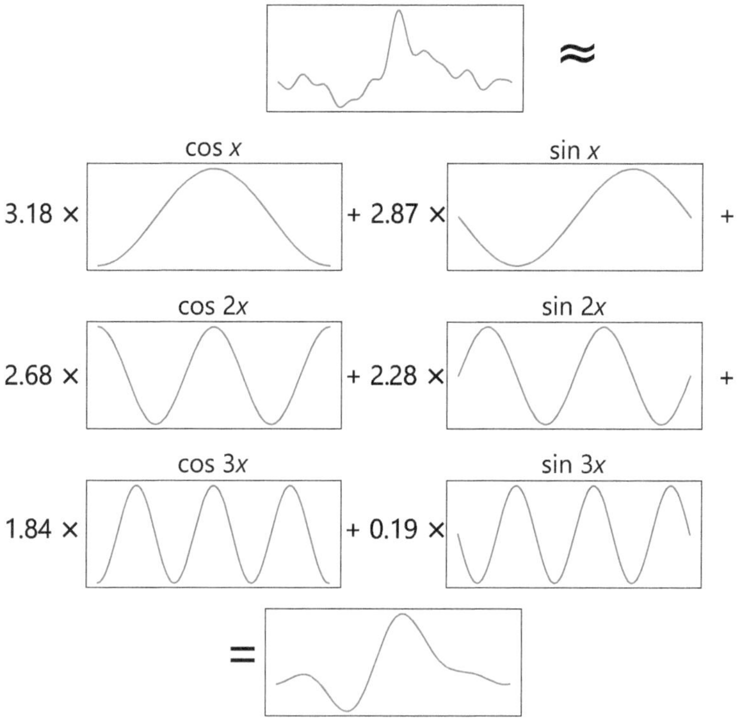

図 6.4 フーリエ級数を用いた低周波関数による近似．上：高周波成分を含む関数．中央：$\cos(3x), \sin(3x)$ の成分までで打ち止めたフーリエ級数．下：打ち止めたフーリエ級数の図示．元の関数のうち，高周波成分が取り除かれた滑らかな成分のみが取り出されている．

6.3 グラフフーリエ変換

6.3.1 グラフ上の信号

6.2 節で述べたフーリエ級数展開は $[-\pi, \pi]$ 上の信号を周波数成分に分解したのに対し，グラフフーリエ変換はグラフ上の信号を周波数成分に分解します．

グラフ上の信号を $\mathbb{R}^V$ の要素で表現します（図 6.5）．信号 $f \in \mathbb{R}^V$ にお

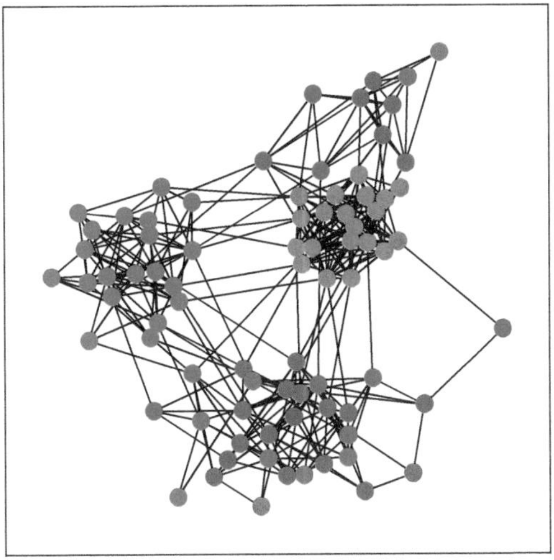

図 6.5 グラフ上の信号の例．頂点の色が頂点の上の信号の値を表す．赤い頂点ほど信号の値が大きく，青い頂点ほど信号の値が小さいとする．例えば，このグラフはソーシャルネットワークであり，信号の値は年齢であるとする．このとき，左にあるクラスタには年齢の低い人々が集まっており，右上のクラスタには年齢の高い人々が集まっていることになる．

いて，$f(v) \in \mathbb{R}$ が頂点 $v \in V$ 上の信号の値です．応用上は，この信号は頂点のある特徴量を表している場合と，頂点のラベルを表している場合があります．例えば，ソーシャルネットワークにおいて，$f(v)$ は人 v の年齢を表すことができます．あるいは，人 v が広告をクリックするときに $f(v) = 1$，クリックしないときに $f(v) = 0$ という，予測したいラベルを表すこともできます．実際上は，頂点が複数の特徴を持つことがあります．ラベルが複数カテゴリあり，ワンホットベクトルで表すならば複数次元が必要です．この場合には，複数の信号 $f_1, f_2, \ldots, f_d \in \mathbb{R}^V$ を用意することで対処します．さしあたってはこれらの信号を独立に扱うこととし，1 つの信号に絞って議論を進めます．

$\mathbb{R}^V$ は $n = |V|$ 次元のベクトル空間です．この空間の直交基底を定義します．最も自然な直交基底は標準基底 $\boldsymbol{e}_1, \boldsymbol{e}_2, \ldots, \boldsymbol{e}_n$ でしょう．ここで，

$$e_i(v) = \begin{cases} 1 & (v = i) \\ 0 & (v \neq i) \end{cases} \tag{6.18}$$

です．この基底をもとにした表現

$$f = \sum_{i=1}^{n} \alpha_i e_i \tag{6.19}$$

における係数 $\alpha_i = f(i)$ は，頂点 i 上の信号の大きさを表します．このように，頂点ごとの信号の大きさで信号を表現する方式を**空間的な表現** (spatial representation) と呼びます．

6.3.2 グラフフーリエ基底

フーリエ級数のように，グラフ上の信号をグラフ中で変化の少ない低周波の成分や，変化の激しい高周波の成分に分解することを考えます．信号 f のグラフ中の変化の度合いを，隣接する頂点の信号の差の二乗和で定義します（図 6.6）．すなわち，

$$\begin{aligned}
\mathrm{Var}(f) &\overset{\text{def}}{=} \sum_{\{u,v\} \in E} (f(u) - f(v))^2 \\
&\overset{\text{(a)}}{=} \frac{1}{2} \sum_{u \in V} \sum_{v \in V} A_{uv} (f(u) - f(v))^2 \\
&= \frac{1}{2} \sum_{u \in V} \sum_{v \in V} A_{uv} (f(u)^2 + f(v)^2 - 2f(u)f(v)) \\
&= \frac{1}{2} \sum_{u \in V} f(u)^2 \left(\sum_{v \in V} A_{uv} \right) + \frac{1}{2} \sum_{v \in V} f(v)^2 \left(\sum_{u \in V} A_{uv} \right) \\
&\quad - \sum_{u \in V} \sum_{v \in V} A_{uv} f(u) f(v) \\
&= \frac{1}{2} \sum_{u \in V} \deg(u) f(u)^2 + \frac{1}{2} \sum_{v \in V} \deg(v) f(v)^2 \\
&\quad - \sum_{u \in V} \sum_{v \in V} A_{uv} f(u) f(v)
\end{aligned}$$

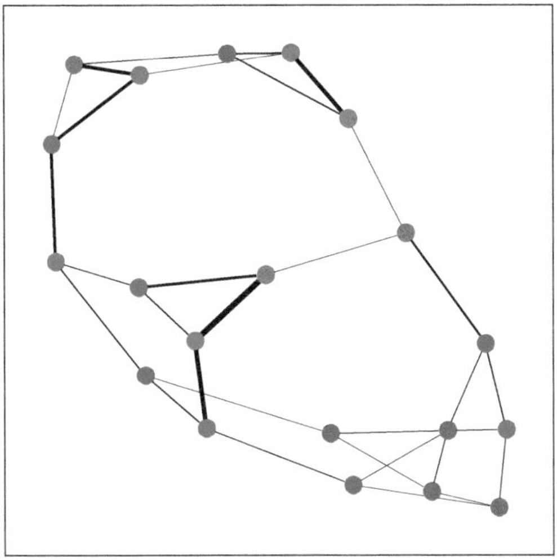

図 6.6 グラフ上の信号の変化の度合い．頂点の色が頂点の上の信号の値を表す．変化の度合い $(f(u) - f(v))^2$ が大きいほど辺 $\{u, v\}$ を太く表示している．赤と青の頂点を直接結ぶ辺が太く描画されている．変化の度合い $\mathrm{Var}(f)$ は辺の太さの総和である．なるべく太い辺が現れないような信号が滑らかであり，太い辺が多く現れる信号が変化の激しい信号である．

$$
\begin{aligned}
&= \sum_{v \in V} \deg(v) f(v)^2 - \sum_{u \in V} \sum_{v \in V} \boldsymbol{A}_{uv} f(u) f(v) \\
&\overset{\text{(b)}}{=} \boldsymbol{f}^\top \boldsymbol{D} \boldsymbol{f} - \boldsymbol{f}^\top \boldsymbol{A} \boldsymbol{f} \\
&= \boldsymbol{f}^\top (\boldsymbol{D} - \boldsymbol{A}) \boldsymbol{f} \\
&\overset{\text{(c)}}{=} \boldsymbol{f}^\top \boldsymbol{L} \boldsymbol{f} \qquad (6.20)
\end{aligned}
$$

と定義されます．この量 $\mathrm{Var}(f)$ は**ディリクレエネルギー** (Dirichlet energy) や**ディリクレ和** (Dirichlet sum)[24]，**総変動** (total variation)[128] などと呼ばれます．ここで，(a) において係数 $\frac{1}{2}$ が付くのは，変形後は各辺の値が (u, v) と (v, u) の 2 通りで加算されるためです．$\boldsymbol{f}$ は $\boldsymbol{f}_i = f(i)$ というように f をベクトル形式で表したものです．以降，関数表現 f とベクトル表現 $\boldsymbol{f}$ は同一視し，例えば $\|\boldsymbol{f}\|_2$ を信号 f の長さと表現します．(b) において

$$\boldsymbol{D} \stackrel{\text{def}}{=} \text{Diag}([\deg(1), \ldots, \deg(n)]) \tag{6.21}$$

は頂点の次数を対角成分に並べた行列です．(c) において $\boldsymbol{L} \stackrel{\text{def}}{=} \boldsymbol{D} - \boldsymbol{A}$ は**グラフラプラシアン** (graph Laplacian) あるいは単に**ラプラシアン** (Laplacian) と呼ばれる，隣接行列から定まる行列です．

この変化量の定義を用いて直交基底を定義します．最も変化量の少ない信号は，

$$\underset{f \in \mathbb{R}^V}{\text{minimize}} \, \text{Var}(f) \quad \text{s.t.} \quad \|\boldsymbol{f}\|_2 = 1 \tag{6.22}$$

により求まります．これは定数関数 $h_1 = \frac{1}{\sqrt{n}}$ であることが以下のように分かります．

$$\begin{aligned} \text{Var}(h_1) &= \sum_{\{u,v\} \in E} (h_1(u) - h_1(v))^2 \\ &= \sum_{\{u,v\} \in E} \left(\frac{1}{\sqrt{n}} - \frac{1}{\sqrt{n}} \right)^2 \\ &= 0 \end{aligned} \tag{6.23}$$

定義より $\text{Var}(f) \geq 0$ であるので，これが最小です．定数関数が，最も変化量が少ないというのは直観に即しています．

h_1 の次に変化量の少ない信号を求めます．直交基底を構成しようとしているので，h_1 に直交する信号のうち，最も変化量の少ない信号 h_2 を求めます．これは，

$$\underset{f \in \mathbb{R}^V}{\text{minimize}} \, \text{Var}(f) \quad \text{s.t.} \quad \|\boldsymbol{f}\|_2 = 1, \quad \boldsymbol{f}^\top \boldsymbol{h}_1 = 0 \tag{6.24}$$

を解くことで求まります．以下，同様に，h_1 と h_2 の次に変化量の少ない信号 h_3 を求め，その次に変化量の少ない信号を求め，と繰り返すことで，基底 $h_1, h_2, \ldots, h_n$ を構成します．一般に，h_k を求めるためには，以下の最適化問題を解くことになります．

$$\underset{f \in \mathbb{R}^V}{\text{minimize}} \, \text{Var}(f) \quad \text{s.t.} \quad \|\boldsymbol{f}\|_2 = 1, \quad \boldsymbol{f}^\top \boldsymbol{h}_i = 0, \quad i = 1, \ldots, k-1 \tag{6.25}$$

以下の定理より，ラプラシアン $\boldsymbol{L}$ の固有ベクトルが問題 (6.25) の最適解となります．

定理 6.1（固有ベクトルによる基底の構成）

ラプラシアン $\boldsymbol{L}$ の正規直交固有ベクトルを対応する固有値の小さい順に $\boldsymbol{h}_1, \boldsymbol{h}_2, \ldots, \boldsymbol{h}_n$ とすると，$\boldsymbol{h}_1, \boldsymbol{h}_2, \ldots, \boldsymbol{h}_n$ は，問題 (6.25) の解となる．それぞれの問題の最適値は対応する固有値 $\lambda_1, \lambda_2, \ldots, \lambda_k$ となる．

証明

ラプラシアン $\boldsymbol{L}$ は実対称行列なので，実固有値

$$\lambda_1 \leq \lambda_2 \leq \ldots \leq \lambda_n \tag{6.26}$$

が存在し，互いに直交する長さ 1 の固有ベクトル $\boldsymbol{h}_1, \boldsymbol{h}_2, \ldots, \boldsymbol{h}_n$ がとれる．これらの固有ベクトルを基底として用いる．帰納法よりこれらが問題 (6.25) の解となることを示す．信号

$$\boldsymbol{f} = \sum_{i=1}^{n} \alpha_i \boldsymbol{h}_i \tag{6.27}$$

の変化量は，

$$\begin{aligned}
\mathrm{Var}(f) &= \boldsymbol{f}^\top \boldsymbol{L} \boldsymbol{f} \\
&= \boldsymbol{f}^\top \boldsymbol{L} \left(\sum_{i=1}^{n} \alpha_i \boldsymbol{h}_i \right) \\
&= \boldsymbol{f}^\top \left(\sum_{i=1}^{n} \lambda_i \alpha_i \boldsymbol{h}_i \right) \\
&= \sum_{i=1}^{n} \lambda_i \alpha_i^2
\end{aligned} \tag{6.28}$$

となる．長さが 1 である制約は，

$$\|\boldsymbol{f}\|_2^2 = \sum_{i=1}^{n} \alpha_i^2 = 1 \tag{6.29}$$

と表される．また，$\boldsymbol{f}^\top \boldsymbol{h}_i = 0$ という制約は，

$$\boldsymbol{f}^\top \boldsymbol{h}_i = \sum_{j=1}^{n} \alpha_j \boldsymbol{h}_j^\top \boldsymbol{h}_i = \alpha_i = 0 \tag{6.30}$$

と表される．式 (6.28), (6.29), (6.30) より，式 (6.25) は

$$\underset{\alpha_1,\ldots,\alpha_n}{\text{minimize}} \sum_{i=1}^{n} \lambda_i \alpha_i^2 \quad \text{s.t.} \quad \sum_{i=1}^{n} \alpha_i^2 = 1, \quad \alpha_j = 0 \ (j = 1, \ldots, k-1) \tag{6.31}$$

と等価である．この解は $\alpha_1 = 0, \ldots, \alpha_{k-1} = 0, \alpha_k = 1, \alpha_{k+1} = 0, \ldots, \alpha_n = 0$ であり，$\boldsymbol{f} = \boldsymbol{h}_k$ に対応する．このときの式 (6.28) の値は λ_k である． □

すなわち，求めたかった，滑らかさをもとにした基底は，ラプラシアンの固有ベクトルを計算することにより求まります．また，固有値 λ_i は信号 h_i の滑らかさ $\mathrm{Var}(h_i)$ を表しており，周波数に対応します．固有値が小さいほど，信号 h_i は滑らかであり，固有値が大きいほど，信号 h_i は変化が激しいことを意味します．ラプラシアンの固有値の列 $\lambda_1, \lambda_2, \ldots, \lambda_n$ を**グラフスペクトル** (graph spectrum) あるいは単に**スペクトル** (spectrum) といい，正規直交基底 $\boldsymbol{h}_1, \ldots, \boldsymbol{h}_n$ を**グラフフーリエ基底** (graph Fourier basis) といいます．

6.3.3 ソフトなカットとしての解釈

グラフフーリエ基底を求める問題

$$\underset{f \in \mathbb{R}^V}{\text{minimize}} \, \mathrm{Var}(f) \quad \text{s.t.} \quad \|\boldsymbol{f}\|_2 = 1, \quad \boldsymbol{f}^\top \boldsymbol{h}_1 = 0 \tag{6.32}$$

は最小カット問題のソフト版であると解釈できることを紹介します．最小カット問題とは，グラフ $G = (V, E)$ が与えられたとき，頂点の分割 $S \cup T = V$

であって，S と T の間の辺の本数

$$\mathrm{Cut}(S,T) = |\{\{u,v\} \in E \mid u \in S, v \in T\}| \tag{6.33}$$

が最小となるものを求める問題です．

問題 (6.32) において，定数成分 $\boldsymbol{h}_1$ との内積が 0 であるという制約から，実行可能解 $\boldsymbol{f}$ には正の成分と負の成分があります．実際には各成分は任意の実数値をとるのですが，正であるか負であるかという非常に粗い見方をしてみます．信号が -1 か 1 の値しかとれないとすると，ディリクレエネルギーは

$$\begin{aligned}\mathrm{Var}(f) &= \sum_{\{u,v\}\in E} (f(u)-f(v))^2 \\ &\overset{\text{(a)}}{=} \sum_{\{u,v\}\in E} 1[u\in S]1[v\in T](f(u)-f(v))^2 \\ &\overset{\text{(b)}}{=} 4\sum_{\{u,v\}\in E} 1[u\in S]1[v\in T] \\ &= 4\mathrm{Cut}(S,T)\end{aligned} \tag{6.34}$$

となります．ここで，(a) において

$$S \overset{\text{def}}{=} \{u \in V \mid f(u) = 1\} \tag{6.35}$$

$$T \overset{\text{def}}{=} \{v \in V \mid f(v) = -1\} \tag{6.36}$$

と定義しました．(a) は u と v の両方が S と T の同じ側に属すると $f(u)-f(v) = 0$ となることから従います．(b) は $u \in S, v \in T$ のとき $f(u)-f(v) = 2$ となることから従います．以上より，信号が -1 か 1 の値しかとれないならばディリクレエネルギーの最小化はカットの最小化と等価です．実際には信号は任意の実数値をとるのですが，

$$S \overset{\text{def}}{=} \{u \in V \mid f(u) \geq 0\} \tag{6.37}$$

$$T \overset{\text{def}}{=} \{v \in V \mid f(v) < 0\} \tag{6.38}$$

と定義すると，S 内の辺や T 内の辺は符号が同じなので $(f(u)-f(v))^2$ の値は小さく，S と T の間の辺は符号が異なるので $(f(u)-f(v))^2$ は大きく

なります．このため，ディリクレエネルギー Var(f) の値により S と T の間の辺の数 Cut(S,T) を粗く近似できます．

このことから，最小カットおよびラプラシアンの固有ベクトルはクラスタ構造を反映していることが分かります．グラフにクラスタ構造があるときには，クラスタをまとめて S あるいは T に入れると S と T の間の辺の数 Cut(S,T) およびディリクレエネルギー Var(f) が小さくなります．逆に，クラスタが S と T に分かれると，S と T の間の辺の数 Cut(S,T) およびディリクレエネルギー Var(f) が大きくなります．このため，ラプラシアンの小さな固有値に対応する固有ベクトルでは，同じクラスタ内で符号が一定になる傾向があります．よって，固有ベクトルを離散化することにより，グラフの頂点をクラスタリングすることができます．この議論は 6.5.2 節と 6.5.3 節にてさらに詳しく取り上げます．

例 6.1 (2 つの連結成分を持つグラフ)

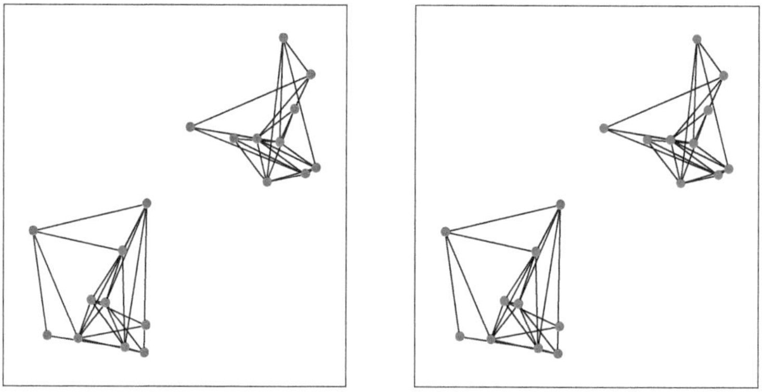

図 6.7 2 つの連結成分を持つグラフの例．頂点の色が赤いほど信号の値が大きく（正），青いほど信号の値が小さい（負）ことを表す．左：h_1 の図示．右：h_2 の図示．h_1 は定数関数であり，Var$(h_1) = 0$ である．h_2 は連結成分ごとに定数である．この場合も両端の値の異なる辺が存在しないので，Var$(h_2) = 0$ である．

図 6.7 のように頂点数 10 の連結成分が 2 つあるグラフを考えます．基底の第 1 要素としては，式 (6.22) に示したように定数関数 $h_1 = \frac{1}{\sqrt{20}}$ を

とることができ，このとき $\mathrm{Var}(h_1) = 0$ です．基底の第 2 要素は，連結成分ごとの定数関数

$$h_2(i) = \begin{cases} 1/\sqrt{20} & \text{if } i \text{ は第 1 連結成分に属する} \\ -1/\sqrt{20} & \text{if } i \text{ は第 2 連結成分に属する} \end{cases} \tag{6.39}$$

です．h_2 は確かに h_1 と直交しています．また，h_2 においても，両端の値の異なる辺が存在しないので，$\mathrm{Var}(h_2) = 0$ です．定理 6.1 より，これはこのグラフの第 1 固有値 λ_1 と第 2 固有値 λ_2 が 0 であることを表します．

一般に，連結成分が k 個あるグラフでは，$\lambda_1 = \lambda_2 = \ldots = \lambda_k = 0$ となることが示せます．

命題 6.2（複数の連結成分を持つグラフの固有値）

連結成分が K 個あるグラフのラプラシアンは重複度 K の固有値 0 を持つ．

証明

問題 (6.25) の解を構成することで示す．グラフ G が連結成分 $G_1, G_2, \ldots, G_K$ を持つとする．連結成分の指示関数を表す信号

$$h_i(v) = \begin{cases} 1/\sqrt{|G_i|} & \text{if } v \in G_i \\ 0 & \text{otherwise} \end{cases} \tag{6.40}$$

を考える．これらの信号は非ゼロ成分が互いに素であるので，直交している．また，これらの信号において，両端の値の異なる辺が存在しないので，$\mathrm{Var}(h_i) = 0$ である．よって，問題 (6.25) の最適値は $i = 1, 2, \ldots, K$ に対して 0 である．定理 6.1 より，ラプラシアンは固有値 0 を K 個持つ． □

例 6.2 （ほとんど2つの連結成分を持つグラフ）

例 6.1 から連結成分の間に 1 本の辺を追加して，図 6.8 のように頂点数 10 のクラスタが 2 つあるグラフを考えます．基底の第 1 要素は，先に述べたように定数関数 $h_1 = \frac{1}{\sqrt{20}}$ であり，$\mathrm{Var}(h_1) = 0$ です．基底の第 2 要素は，クラスタごとの定数関数としてしまうと，クラスタを結ぶ辺において大きな変化量が発生してしまいます．最適な基底の第 2 ベクトルは，クラスタの境界の頂点がもう一方のクラスタの値にわずかに近づくように，つまり左下のクラスタの境界ではわずかに値が小さくなり，右上のクラスタの境界ではわずかに値が大きくなります．クラスタ中のその他の頂点についても，この境界の頂点との間で変化量が小さくなるよう，境界に近いほどわずかに値が変化します．ただし，これらの変化量はわずかであって，値を丸めると，例 6.1 と同様に，クラスタごとの定数関数となります．また，変化量 $\lambda_2 = \mathrm{Var}(h_2)$ についても，変化量が発生するのはほとんど 1 辺のみであるので，0 に近い値をとります．具体的に固有値と固有ベクトルを計算すると，$\lambda_2 = \mathrm{Var}(h_2) = 0.153$ であり，

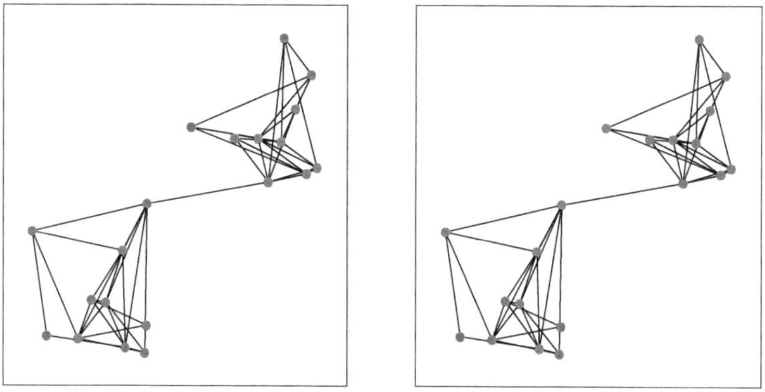

図 6.8 ほとんど 2 つの連結成分を持つグラフの例．頂点の色が赤いほど信号の値が大きく（正），青いほど信号の値が小さい（負）ことを表す．左：h_1 の図示．右：h_2 の図示．h_1 は定数関数であり，$\mathrm{Var}(h_1) = 0$ である．h_2 はクラスタごとにほとんど定数であるが，クラスタの境界の頂点を中心にわずかに変化がある．

$$
\boldsymbol{h}_2 = \begin{pmatrix} 0.221 \\ 0.223 \\ 0.242 \\ 0.218 \\ 0.225 \\ 0.169 \\ 0.224 \\ 0.249 \\ 0.221 \\ 0.235 \\ -0.227 \\ -0.223 \\ -0.234 \\ -0.172 \\ -0.221 \\ -0.225 \\ -0.240 \\ -0.238 \\ -0.223 \\ -0.226 \end{pmatrix} \tag{6.41}
$$

となります．境界の頂点でのみ 0.169 や -0.172 と 0 にやや近づき，それ以外の箇所ではほとんど定数であることが分かります．

例 6.3 (4 つのクラスタを持つグラフ)

図 6.9 のような 4 つのクラスタを持つグラフを考えます．左右のクラスタの結合が強く，大きく分けると上下の 2 つのクラスタからなります．基底の第 1 要素はやはり定数関数です．例 6.2 と同様の考え方で，次に滑らかな信号は，クラスタ内はほぼ定数となるようなものだと考えられます．左右にクラスタを分けると，より多くの辺を跨ぐことになり，上下にクラスタを分けたほうが跨ぐ辺が少なくなります．実際，基底の第 2 要素はおおよそ上下にクラスタを分けるようなものです (図 6.9 右上)．基底の第 3

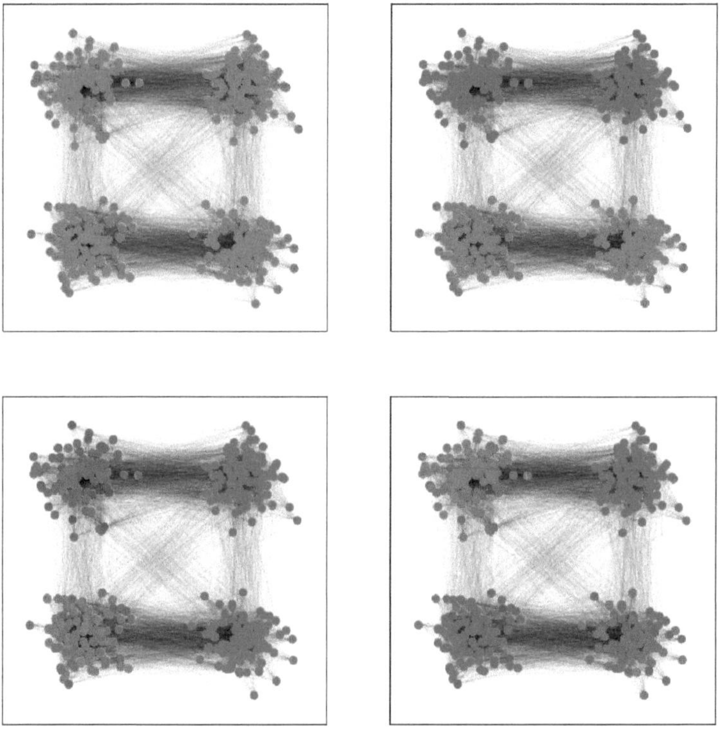

図 6.9　4 つのクラスタを持つグラフ．頂点の色が赤いほど信号の値が大きく（正），青いほど信号の値が小さい（負）ことを表す．左上：h_1 の図示．右上：h_2 の図示．左下：h_3 の図示．右下：h_4 の図示．h_1 は定数関数であり，$\mathrm{Var}(h_1) = 0$ である．h_2, h_3, h_4 はクラスタごとにほとんど定数であるが，クラスタの境界の頂点を中心にわずかに変化がある．

要素と第 4 要素は，第 1 要素と第 2 要素と直交しつつ，クラスタ内で定数となるような信号です（図 6.9 下）．

なお，基底の第 50 要素 h_{50} は図 6.10 に示すように雑然とした信号です．

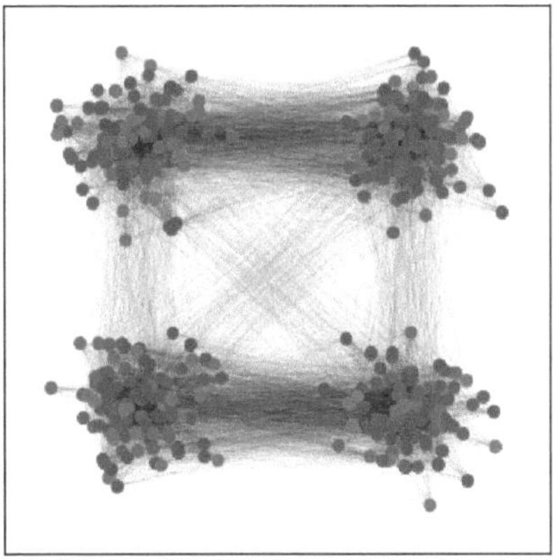

図 6.10 4 つのクラスタを持つグラフにおける基底の第 50 要素 h_{50} の図示．頂点の色が赤いほど信号の値が大きく（正），青いほど信号の値が小さい（負）ことを表す．

以上の例からも分かるように，ラプラシアンの上位の固有ベクトルは滑らかであり，頂点のクラスタ内ではほとんど定数をとります．この事実をクラスタリングに応用したものが 6.5.2 節で紹介するスペクトルクラスタリングです．

例 6.4 （スペクトルからグラフ構造を推定する）

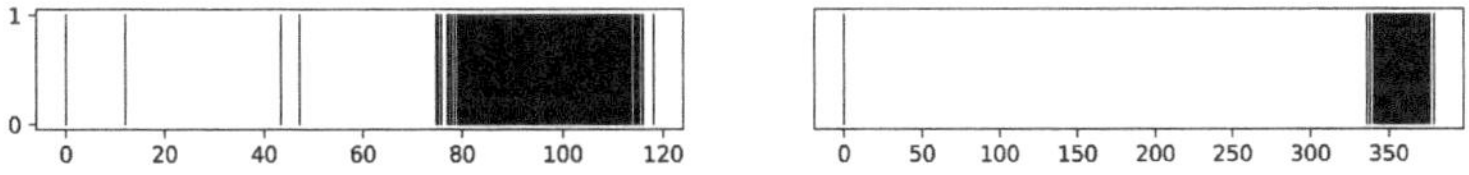

図 6.11 2 つのグラフスペクトルの例．各黒線は固有値を表す．例えば，左の図が表すグラフのラプラシアンは，$\lambda_1 = 0.000, \lambda_2 = 11.905, \lambda_3 = 43.424, \lambda_4 = 47.077, \lambda_5 = 74.751, \lambda_6 = 75.137, \ldots$ という固有値を持つことを表す．

本章の冒頭で述べたように，グラフスペクトルの情報だけから，グラフ自体を観測せずとも，グラフの大まかな構造を推定できます．図 6.11 の 2 つのグラフスペクトルの例を考えましょう．左の図は，ラプラシアンの固有値が小さい順に $\lambda_1 = 0.000, \lambda_2 = 11.905, \lambda_3 = 43.424, \lambda_4 = 47.077, \lambda_5 = 74.751, \lambda_6 = 75.137, \ldots$ であることを表します．$\lambda_2 \neq 0$ なので，連結成分は 1 つのみです．しかし，$\lambda_2, \lambda_3, \lambda_4$ はほかの固有値と比べると随分と小さいです．これは，あまり辺を跨がずに 4 通りに頂点を分けることができることを表しており，グラフは 4 つのクラスタを持つと推定できます．特に λ_2 が小さいので，強固な二大クラスタがあると推定できます．

一方，図 6.11 右は，ラプラシアンの固有値が小さい順に $\lambda_1 = 0.000, \lambda_2 = 335.945, \lambda_3 = 337.876, \lambda_4 = 340.360, \lambda_5 = 340.944, \lambda_6 = 341.607, \ldots$ であることを表しています．第 2 固有値以降はすべて値が非常に大きいです．これは，どのように頂点を分けても，非常に多くの辺を跨ぐ必要があることを表しており，グラフは非常に密で，すべての頂点がお互いに強く結びついていると推定できます．

実際，これらのグラフスペクトルを持つグラフを図 6.12 に示します．推定どおり，左は 4 つのクラスタを持ち，右は非常に密であることが見てとれます．

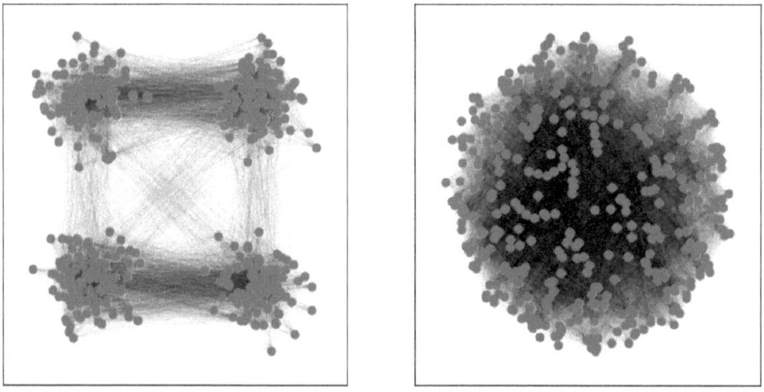

図 6.12 図 6.11 のグラフスペクトルを持つグラフの図示．左が図 6.11 の左のスペクトルに対応し，右が図 6.11 の右のスペクトルに対応している．左のグラフは 4 つのクラスタに分かれており，特に，上半分と下半分の二大クラスタに分かれている．右のグラフは非常に密である．

6.3.4 グラフフーリエ変換

グラフ上の信号 $f \in \mathbb{R}^V$ を，グラフフーリエ基底を用いて

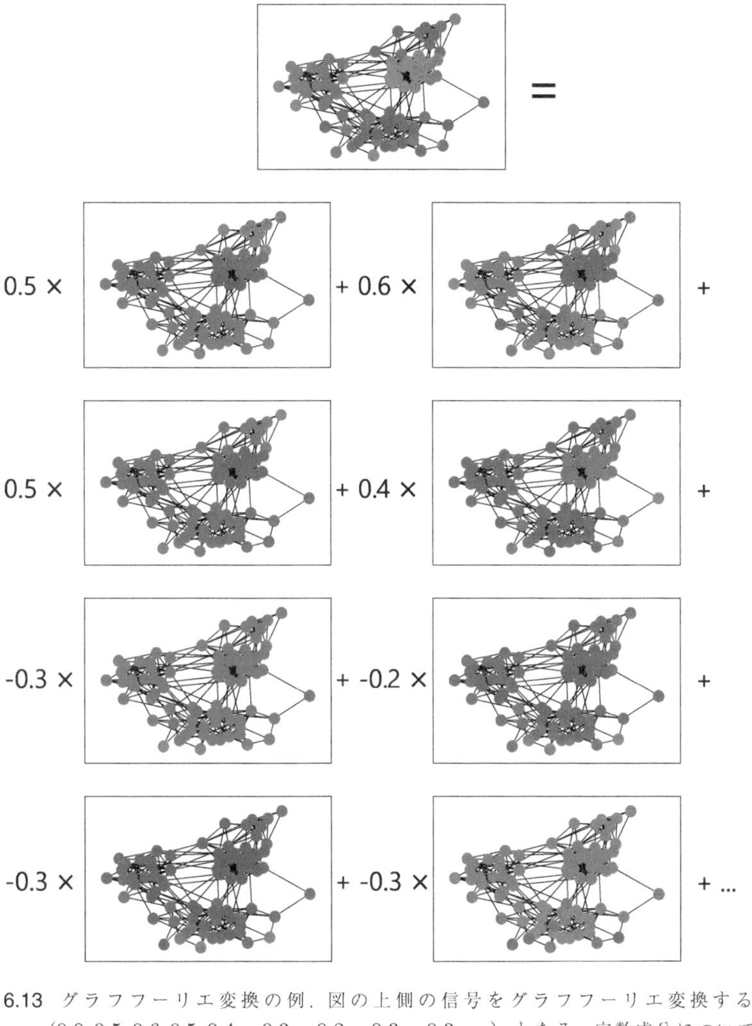

図 6.13 グラフフーリエ変換の例．図の上側の信号をグラフフーリエ変換すると $(0.0, 0.5, 0.6, 0.5, 0.4, -0.3, -0.2, -0.3, -0.3, \ldots)$ となる．定数成分については $\alpha_1 = 0.0$ なので図示していない．なお，定数成分 α_1 が増減しても，すべての頂点での信号の値が一様に増減するだけで，頂点間の相対的な値の差は変化しないことに注意．

$$f = \sum_{i=1}^{n} \alpha_i h_i \tag{6.42}$$

と表す変換

$$f \mapsto (\alpha_1, \alpha_2, \ldots, \alpha_n) \in \mathbb{R}^n \tag{6.43}$$

を**グラフフーリエ変換** (graph Fourier transform) と呼びます．α_1 は f に含まれる定数成分，α_2 は f に含まれる低周波成分の度合い，α_3 は f に含まれる次の低周波成分の度合い，... α_n は f に含まれる最高周波成分の度合いを表しています（図 6.13）．$h_1, h_2, \ldots, h_n$ は正規直交基底なので，グラフフーリエ変換は内積により簡単に求めることができます（アルゴリズム 6.1）．

アルゴリズム 6.1 グラフフーリエ変換

入力：グラフ G, 信号 $f \in \mathbb{R}^V$
出力：係数 $(\alpha_1, \alpha_2, \ldots, \alpha_n) \in \mathbb{R}^n$

$\boldsymbol{L} \leftarrow \boldsymbol{D} - \boldsymbol{A}$ // グラフラプラシアン
$\boldsymbol{h}_1, \ldots, \boldsymbol{h}_n \leftarrow \boldsymbol{L}$ の正規直交固有ベクトル // 固有値の小さい順
for $i = 1, 2, \ldots, n$ **do**
　$\alpha_i \leftarrow \boldsymbol{h}_i^\top \boldsymbol{f}$
end
return $\alpha_1, \ldots, \alpha_n$

グラフフーリエ基底をまとめた行列を

$$\boldsymbol{H} \stackrel{\text{def}}{=} [\boldsymbol{h}_1, \boldsymbol{h}_2, \ldots, \boldsymbol{h}_n] \in \mathbb{R}^{n \times n} \tag{6.44}$$

とすると，グラフフーリエ変換は

$$\boldsymbol{\alpha} = \boldsymbol{H}^\top \boldsymbol{f} \tag{6.45}$$

と書けます．

逆に，各周波数の成分 $(\alpha_1, \alpha_2, \dots, \alpha_n)$ が与えられたとき，

$$f = \sum_{i=1}^{n} \alpha_i h_i \tag{6.46}$$

によってグラフ上の信号 f を復元する変換

$$(\alpha_1, \alpha_2, \dots, \alpha_n) \mapsto \sum_{i=1}^{n} \alpha_i h_i \in \mathbb{R}^V \tag{6.47}$$

を**逆グラフフーリエ変換** (inverse graph Fourier transform) と呼びます．逆グラフフーリエ変換は，線形和を計算するだけなので，アルゴリズム 6.2 のように簡単に求めることができます．

アルゴリズム 6.2 逆グラフフーリエ変換

入力：グラフ G, 係数 $(\alpha_1, \alpha_2, \dots, \alpha_n) \in \mathbb{R}^n$
出力：信号 $f \in \mathbb{R}^V$

$\boldsymbol{L} \leftarrow \boldsymbol{D} - \boldsymbol{A}$ // グラフラプラシアン
$\boldsymbol{h}_1, \dots, \boldsymbol{h}_n \leftarrow \boldsymbol{L}$ の正規直交固有ベクトル // 固有値の小さい順
$\boldsymbol{f} = \sum_{i=1}^{n} \alpha_i \boldsymbol{h}_i$
return f

グラフフーリエ基底をまとめた行列 $\boldsymbol{H}$ を用いると，逆グラフフーリエ変換は

$$\boldsymbol{f} = \boldsymbol{H}\boldsymbol{\alpha} \tag{6.48}$$

と書けます．式 (6.45) と式 (6.48) から，

$$\boldsymbol{H}^\top \boldsymbol{H} \boldsymbol{f} \overset{\text{(a)}}{=} \boldsymbol{I}_n \boldsymbol{f} = \boldsymbol{f} \tag{6.49}$$

となり，グラフフーリエ変換と逆グラフフーリエ変換を続けて適用すると元に戻ることが分かります．ここで，$\boldsymbol{I}_n \in \mathbb{R}^{n \times n}$ は単位行列であり，(a) は

$\boldsymbol{H}$ が正規直交行列であることから従います.

例 6.5 (グラフフーリエ変換はフーリエ級数展開の一般化である)

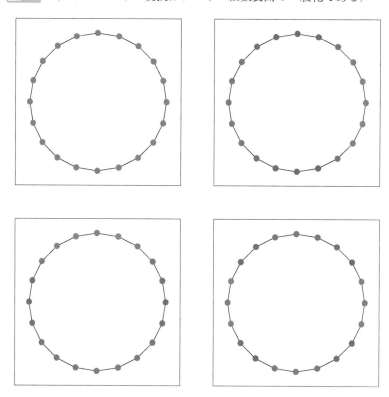

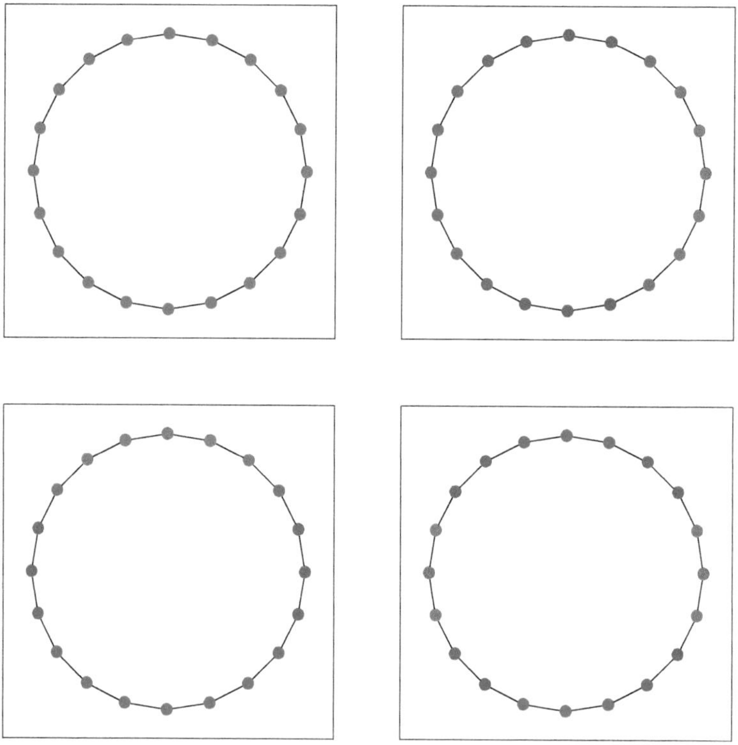

図 6.14 円環グラフとそのグラフフーリエ基底. 左上:円環グラフ. 右上:基底の第 2 成分 h_2. 左下:基底の第 3 成分 h_3. 右下:基底の第 4 成分 h_4.

図 6.14 左上で表される円環グラフを考えます. 頂点番号は適当な頂点から始めて右回りに付けられているとします. このグラフ上の信号は, 周期 2π の関数の離散化であるとみなすことができます. このグラフのグラフフーリエ基底は,

$$
\begin{aligned}
h_1(i) &= 1, \\
h_2(i) &= \cos(2\pi i/n), \\
h_3(i) &= \sin(2\pi i/n), \\
h_4(i) &= \cos(4\pi i/n), \\
h_5(i) &= \sin(4\pi i/n), \\
&\vdots
\end{aligned}
\tag{6.50}
$$

となります（図 6.14 および**図 6.15**）．ただし，上式では簡単のため定数倍を省略して書きましたが，実際には正規化されたベクトルを用います．$\cos, \sin$ は滑らかであり，これがディリクレエネルギー Var を小さくすることは直観的です．図 6.15 では正弦波であることを強調するため，色ではなく線の長さを用いて基底を図示しました．

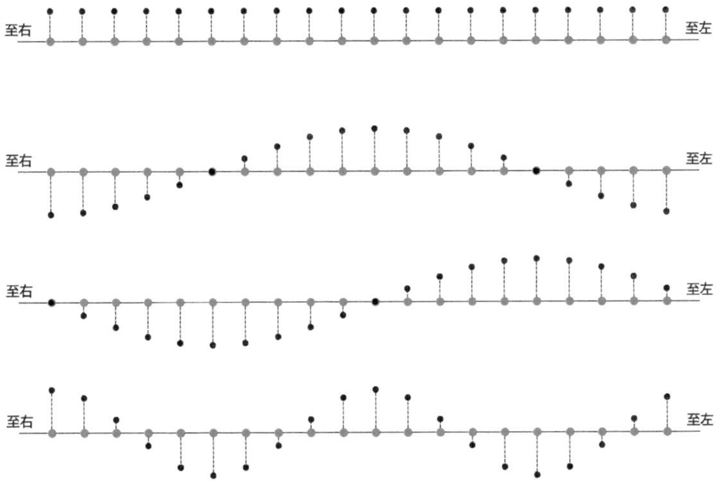

図 6.15 円環グラフのグラフフーリエ基底の最初の 4 成分．分かりやすさのため，円環グラフを「開いて」直線上に図示している．実際は右端の頂点と左端の頂点は隣接している．また，信号の値を表すために，ここでは色ではなく線の長さを用いている．上から順番に，1（定数），$\cos(2\pi i/n)$, $\sin(2\pi i/n)$, $\cos(4\pi i/n)$ である．いずれもグラフ上で滑らかであり，ディリクレエネルギー Var が小さいことが見てとれる．

この基底をもとにしてグラフフーリエ変換すると，図 6.16 のようになります．6.2.2 節で見たフーリエ級数展開と同様の表現であることが見てとれます．

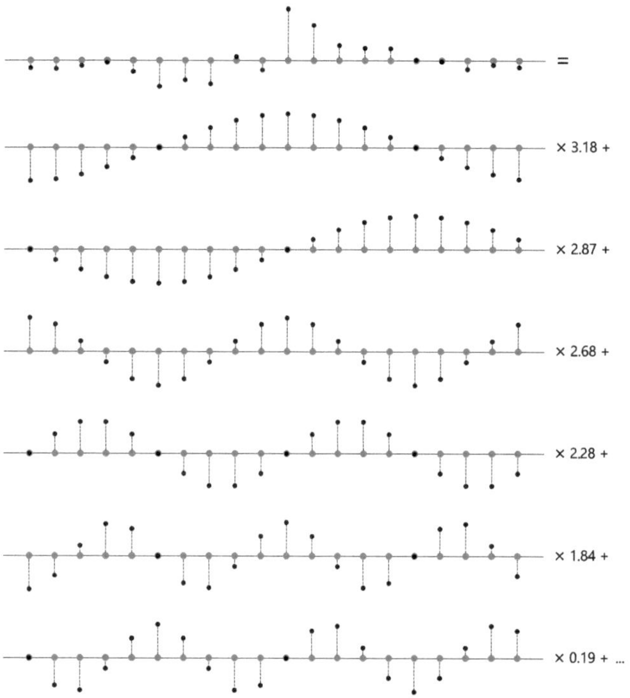

図 6.16 円環グラフのグラフフーリエ変換の例．分かりやすさのため，円環グラフを「開いて」直線上に図示している．実際は右端の頂点と左端の頂点は隣接している．また，信号の値を表すために，ここでは色ではなく線の長さを用いている．基底はフーリエ級数展開と同様の正弦波であり，フーリエ級数展開と同様の表現であることが見てとれる．

円環グラフのグラフフーリエ基底が正弦波であることを証明します．

命題 6.3（円環グラフのグラフフーリエ基底）

n 頂点の円環グラフのグラフフーリエ基底は，定数倍を除くと，n が偶数のとき，

$$\begin{aligned}
&1, \\
&\cos(2\pi i/n), \\
&\sin(2\pi i/n), \\
&\cos(4\pi i/n), \\
&\sin(4\pi i/n), \\
&\quad\vdots \\
&\cos((n-2)\pi i/n), \\
&\sin((n-2)\pi i/n), \\
&\cos(\pi i)
\end{aligned} \tag{6.51}$$

であり，n が奇数のとき，

$$\begin{aligned}
&1, \\
&\cos(2\pi i/n), \\
&\sin(2\pi i/n), \\
&\cos(4\pi i/n), \\
&\sin(4\pi i/n), \\
&\quad\vdots \\
&\cos((n-1)\pi i/n), \\
&\sin((n-1)\pi i/n)
\end{aligned} \tag{6.52}$$

である．

証明

$\boldsymbol{L} \in \mathbb{R}^{n \times n}$ を n 頂点の円環グラフのグラフラプラシアンとする．信号 $\boldsymbol{g} \in \mathbb{R}^n$ を $\boldsymbol{g}_i = \cos(2k\pi i/n)$ と定義する．このとき，

$$
\begin{aligned}
(\boldsymbol{L}\boldsymbol{g})_i &= 2\boldsymbol{g}_i - \boldsymbol{g}_{i-1} - \boldsymbol{g}_{i+1} \\
&= 2\cos(2k\pi i/n) \\
&\qquad - \cos(2k\pi(i-1)/n) - \cos(2k\pi(i+1)/n) \\
&= 2\cos(2k\pi i/n) \\
&\qquad - \cos(2k\pi i/n - 2k\pi/n) - \cos(2k\pi i/n + 2k\pi/n) \\
&\overset{\text{(a)}}{=} 2\cos(2k\pi i/n) \\
&\qquad - \cos(2k\pi i/n)\cos(2k\pi/n) - \sin(2k\pi i/n)\sin(2k\pi/n) \\
&\qquad - \cos(2k\pi i/n)\cos(2k\pi/n) + \sin(2k\pi i/n)\sin(2k\pi/n) \\
&= 2\cos(2k\pi i/n) - 2\cos(2k\pi i/n)\cos(2k\pi/n) \\
&= (2 - 2\cos(2k\pi/n))\cos(2k\pi i/n) \\
&= (2 - 2\cos(2k\pi/n))\boldsymbol{g}_i
\end{aligned}
\tag{6.53}
$$

となる．ただし，(a) では三角関数の加法定理を用いた．よって，$\boldsymbol{g}$ は固有値 $(2 - 2\cos(2k\pi/n))$ に属する固有ベクトルである．また，信号 $\boldsymbol{h} \in \mathbb{R}^n$ を $\boldsymbol{h}_i = \sin(2k\pi i/n)$ と定義する．このとき，

$$
\begin{aligned}
(\boldsymbol{L}\boldsymbol{h})_i &= 2\boldsymbol{h}_i - \boldsymbol{h}_{i-1} - \boldsymbol{h}_{i+1} \\
&= 2\sin(2k\pi i/n) \\
&\qquad - \sin(2k\pi(i-1)/n) - \sin(2k\pi(i+1)/n) \\
&= 2\sin(2k\pi i/n) \\
&\qquad - \sin(2k\pi i/n - 2k\pi/n) - \sin(2k\pi i/n + 2k\pi/n) \\
&= 2\sin(2k\pi i/n) \\
&\qquad - \sin(2k\pi i/n)\cos(2k\pi/n) + \cos(2k\pi i/n)\sin(2k\pi/n) \\
&\qquad - \sin(2k\pi i/n)\cos(2k\pi/n) - \cos(2k\pi i/n)\sin(2k\pi/n)
\end{aligned}
$$

$$
\begin{aligned}
&= 2\sin(2k\pi i/n) - 2\sin(2k\pi i/n)\cos(2k\pi/n) \\
&= (2 - 2\cos(2k\pi/n))\sin(2k\pi i/n) \\
&= (2 - 2\cos(2k\pi/n))\boldsymbol{h}_i \qquad (6.54)
\end{aligned}
$$

となる．よって，$\boldsymbol{h}$ は固有値 $(2 - 2\cos(2k\pi/n))$ に属する固有ベクトルである．また，

$$
\begin{aligned}
\boldsymbol{g}^\top \boldsymbol{h} &= \sum_{i=1}^{n} \cos(2k\pi i/n)\sin(2k\pi i/n) \\
&\overset{\text{(a)}}{=} \frac{1}{2}\sum_{i=1}^{n} \sin(4k\pi i/n) \\
&\overset{\text{(b)}}{=} \frac{1}{4}\sum_{i=1}^{n} (\sin(4k\pi i/n) + \sin(4k\pi(n+1-i)/n)) \\
&\overset{\text{(c)}}{=} 0 \qquad (6.55)
\end{aligned}
$$

となる．ただし，(a) では三角関数の倍角の公式を用いた．(b) では i を昇順と降順の両方で足し合わせるよう分解した．(c) は sin が周期 2π の奇関数であるので，各項が打ち消されて 0 になることから従う．よって，$\boldsymbol{g}$ と $\boldsymbol{h}$ は互いに直交する固有ベクトルである．n が奇数のときには，$k = 1, 2, \ldots, \frac{n-1}{2}$ の場合にそれぞれ固有値が異なるので，合計 $n-1$ 個の固有ベクトルとなり，定数成分と合わせて基底をなす．n が偶数のときには，$k = 1, 2, \ldots, \frac{n}{2}$ のときに固有値が異なるが，$k = \frac{n}{2}$ のときには $\boldsymbol{h} = 0$ となりこれは固有ベクトルとはならず，結局合計 $n-1$ 個の固有ベクトルとなり，定数成分と合わせて基底をなす． □

鎖状のグラフ $([n], \{\{i, i+1\} \mid i \in [n-1]\})$ をパスグラフといいます．命題 6.3 と同様の議論から，パスグラフのグラフフーリエ基底も正弦波となることが示せます [112]．

補足 6.1 位置符号化の一般化

テキストデータに対してトランスフォーマーを適用するとき，単語の位置を示すため，i 番目の単語に

$$\boldsymbol{p}_{i,2k} = \sin\left(\frac{i}{10000^{2k/d_{\text{model}}}}\right) \tag{6.56}$$

$$\boldsymbol{p}_{i,2k+1} = \cos\left(\frac{i}{10000^{2k/d_{\text{model}}}}\right) \tag{6.57}$$

という位置符号化を単語特徴量に加えることがあります [142, Section 3.5]．ここまでの議論に基づくと，位置符号化はパスグラフのグラフフーリエ基底を用いていると解釈できます．1.1 節で述べたように，テキストデータはパスグラフとして表現できることを思い起こしてください．位置符号化をグラフに一般化し，グラフフーリエ基底 $\boldsymbol{h}_1, \ldots, \boldsymbol{h}_n$ を用いて

$$\boldsymbol{p}_v = [\boldsymbol{h}_{2,v}, \boldsymbol{h}_{3,v}, \ldots, \boldsymbol{h}_{(d+1),v}]^\top \in \mathbb{R}^d \tag{6.58}$$

を頂点 v の位置符号ベクトルとし，頂点特徴量として用いることが提案されています [35, 75, 112, 115]．

グラフフーリエ基底の低周波成分だけを残すことで，グラフ上の信号からノイズを取り除くこともできます (図 6.17)．これは 6.2.2 節で議論したフーリエ級数によるノイズ除去と同様です．

6.4 グラフフーリエ変換をもとにしたグラフニューラルネットワーク

グラフフーリエ変換はグラフニューラルネットワークの定式化にも用いられます．本節では，グラフフーリエ変換を用いたグラフニューラルネットワークの定式化について紹介します．

6.4.1 スペクトルを変調するモデル

ここでは以下の問題を考えます．

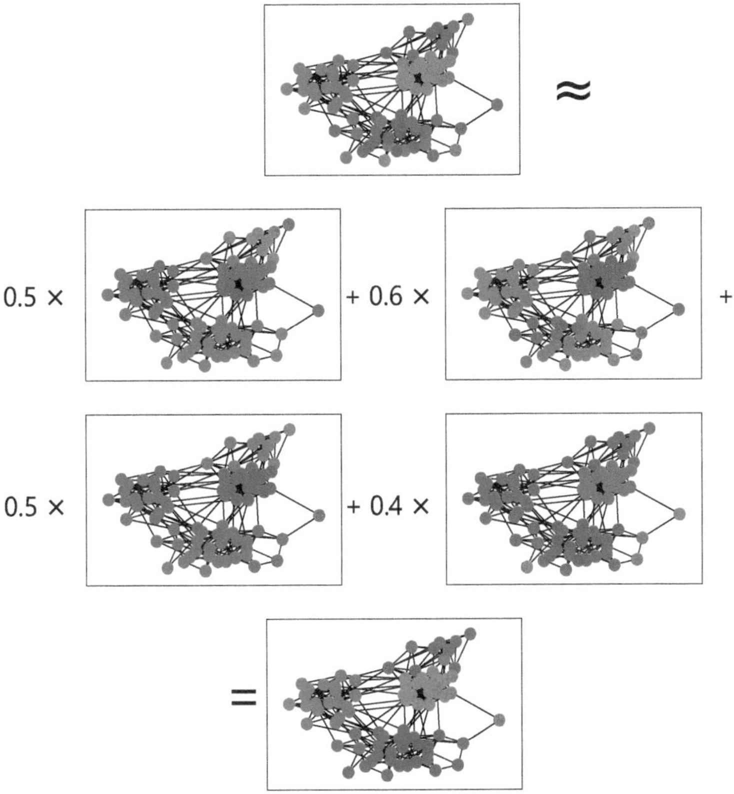

図 6.17 グラフフーリエ変換によるノイズ除去の例．信号は図 6.13 と同一．図の上側の信号をグラフフーリエ変換すると $(0.0, 0.5, 0.6, 0.5, 0.4, -0.3, -0.2, -0.3, -0.3, \ldots)$ となる．この信号を第 5 成分で打ち止め，$f = \sum_{i=1}^{5} \alpha_i h_i$ としたのが下図．低周波成分だけを取り出すことで，ノイズ成分が取り除かれていることが見てとれる．特に，下側のクラスタの変化が顕著である．

問題 6.4（固定グラフ上の信号の変換の訓練）

グラフ G を固定する．訓練時には，G 上の入力信号 $\boldsymbol{x}_i \in \mathbb{R}^n$ と教師信号 $\boldsymbol{y}_i \in \mathbb{R}^n$ の対 $\{(\boldsymbol{x}_i, \boldsymbol{y}_i)\}_i$ が与えられます．テスト時に，新しい入力信号 $\boldsymbol{x}$ が与えられたときに，$\boldsymbol{x} \in \mathbb{R}^n$ に対する出力信号 $\boldsymbol{y} \in \mathbb{R}^n$ を予測することが目標です．

ここでは，グラフ G は訓練，テストを通して同一であることに注意してください．例えば，G は交通ネットワークを，$\boldsymbol{x}_i$ は i 日目の朝の交通量を，$\boldsymbol{y}_i$ は i 日目の夜の交通量を表していると考えることができます．

本節では，この問題の解法として，各周波数成分を変調するモデル [14] を紹介します．これは，信号をグラフフーリエ基底で表現した後に，各成分に対して線形な変調を行うモデルであり，以下で定義されます．

$$\boldsymbol{\alpha} = \boldsymbol{H}^\top \boldsymbol{x} \tag{6.59}$$

$$\boldsymbol{\beta} = \boldsymbol{\theta} \odot \boldsymbol{\alpha} \tag{6.60}$$

$$\hat{\boldsymbol{y}} = \boldsymbol{H}\boldsymbol{\beta} \tag{6.61}$$

ここで，$\boldsymbol{H} \overset{\text{def}}{=} [\boldsymbol{h}_1, \boldsymbol{h}_2, \ldots, \boldsymbol{h}_n] \in \mathbb{R}^{n \times n}$ はグラフフーリエ基底をまとめた行列です．$\boldsymbol{\theta} \in \mathbb{R}^n$ は変調を表す学習パラメータであり，$\odot$ は要素ごとの積を表します．式 (6.59) はグラフフーリエ変換を表し，式 (6.60) により，特定の周波数成分を増強・減衰させます．式 (6.61) は逆グラフフーリエ変換を表しており，変調された信号を頂点領域で表現しなおします．どのような周波数成分を増強・減衰させるかは，訓練データを用いてパラメータ $\boldsymbol{\theta}$ を訓練することで決定します．また，$\boldsymbol{y}$ はグラフ上で滑らかであることがあらかじめ想定できる場合には，$\boldsymbol{\theta}$ のうち高周波成分を 0 に固定することで y が低周波成分のみで構成されるという帰納バイアスを導入することも可能です．

式 (6.60) はユークリッド空間上の信号の畳み込みの一般化として解釈できます．関数 $f\colon \mathbb{R} \to \mathbb{R}$ と関数 $g\colon \mathbb{R} \to \mathbb{R}$ の畳み込みは，周波数領域では $\hat{f} \odot \hat{g}$ というように，要素ごとの掛け算となることが知られています [167]．式 (6.60) は，これのグラフフーリエ変換版であり，信号 f と $\boldsymbol{H}\boldsymbol{\theta}$ の畳み込みを求めていると解釈できます．実際，グラフが例 6.5 のような円環グラフのときには，式 (6.60) は 1 次元の畳み込みとなっています．しかし，グラフが一般の場合には，畳み込みというものが頂点領域で定義できません．そのため，むしろ，式 (6.60) のように周波数領域で要素ごとの掛け算をすることを，グラフ上の畳み込みの定義とします．

以上は簡単のため，1 特徴のみ，1 層のモデルを紹介しましたが，さまざまな拡張が可能です．入力特徴が d_{in} 種類，出力特徴が d_{out} 種類あり，$\boldsymbol{X} \in \mathbb{R}^{n \times d_{\mathrm{in}}}$ と $\boldsymbol{Y} \in \mathbb{R}^{n \times d_{\mathrm{out}}}$ と表されるときには，

$$\boldsymbol{\alpha} = \boldsymbol{H}^\top \boldsymbol{X} \in \mathbb{R}^{n \times d_{\mathrm{in}}} \tag{6.62}$$

$$\boldsymbol{\beta}_j = \sum_i \boldsymbol{\theta}_{ij} \odot \boldsymbol{\alpha}_{:,i} \tag{6.63}$$

$$\hat{\boldsymbol{Y}} = \boldsymbol{H}\boldsymbol{\beta} \in \mathbb{R}^{n \times d_{\mathrm{out}}} \tag{6.64}$$

というようにほかの信号の線形和で出力を決定することもできます．ここで，$\boldsymbol{\alpha}_{:,i} \in \mathbb{R}^n$ は i 番目の入力信号のグラフスペクトル表現，$\boldsymbol{\theta}_{ij} \in \mathbb{R}^n$ は j 番目の出力特徴に対する i 番目の入力特徴の変調を表すパラメータです．

また，式 (6.59)〜(6.61) を構成要素として，非線形活性化関数やほかの種類の層と組み合わせ，より深いモデルを構築することも可能です．

スペクトルを変調するモデルの提案論文 [14] では，頂点をあらかじめ階層クラスタリングし，同じクラスタ内の埋め込みをまとめるプーリング層を定義することで，層を経るごとにグラフを小さくしていき，最終的にグラフ全体の埋め込みを得る手法を提案しています．これは，画像分類用の畳み込みニューラルネットワークにおいて，畳み込み層とプーリング層を交互に繰り返すことで，画像全体の特徴を抽出する手法と同様の考え方です．

現実世界のグラフデータは同類選好的なものが多い傾向があるため，周りの頂点が皆カテゴリ A ならば，その頂点はカテゴリ A だろう，という推論は多くの場合妥当です．これが，グラフフーリエ変換を行い，低周波成分を強調してカテゴリを予測することが有効である根拠となっています．一方，異類選好的なグラフも少なくはありません．本節では，低周波成分のみでグラフ信号を近似する場合があることを述べましたが，異類選好的グラフではそのような近似を行うと大きく精度が下がります．異類選好的グラフでは，中程度の周波数成分を強調することがあります [10]．式 (6.60) のような形のモデルはこのような帰納バイアスを入れやすいという利点があります．グラ

フスペクトルを用いた手法を適用するとき，同類選好的グラフと異類選好的グラフでは，有効な変調方法が異なるので，適用するタスクがどちらの場合であるかを正しく認識することが重要です．

6.4.2 変調を固有値の関数で表現する

6.4.1 節のモデルは，変調の度合いを成分ごとに独立に決定していました．すなわち，第 1 成分はどれだけ，第 2 成分はどれだけ，第 3 成分はどれだけ変調する，というように，整数の添え字を用いて変調の度合いをパラメータ化していました．

これには不都合な点があります．ラプラシアンの特定の固有空間が 2 次元である，すなわち固有値 λ を重複度 2 で持っている場合を考えましょう．このとき，固有ベクトルのとり方には恣意性が生じます．この固有空間内の直交する 2 つのベクトルであれば，どのようなものをとっても基底を構成できます．また，2 つのベクトルのどちらを第 i 成分，どちらを第 $i+1$ 成分とするかにも恣意性があります．これらの選択によって，最適な変調パラメータ θ や最終的に得られるモデルが変わってしまいます．このような恣意性を排除するためには，成分ごとに変調するのではなく，固有空間ごとに変調するほうが自然です．

また，グラフがデータによって変わる場合には明確な問題が生じます．6.4.1 節では，グラフは訓練とテストを通して一定であると仮定していました．6.4.1 節のモデルではこの仮定が必要です．しかし，応用上はグラフに多少の変化が加わっても引き続き利用できるモデルが望ましいでしょう．グラフに少量の辺が追加・削除された場合を考えます．クラスタ構造など，大域的なグラフ構造が変化していないのであれば，以前のグラフで訓練されたモデルが引き続き利用できると期待したいところです．確かに，グラフ構造の変化が微小であれば，すなわちグラフラプラシアンの変化が微小であれば，固有ベクトルや固有値の変化も微小であることが摂動解析の理論からいえます．しかし，もし i 番目の固有値 λ と $i+1$ 番目の固有値 λ' が近い場合，摂動によりこれらの大小が入れ替わる可能性があります．このときには，以前のグラフで訓練されたパラメータでは，i 番目と $i+1$ 番目の変調の度合いを逆にかけてしまうことになります．固有値が近い固有ベクトルどうしは，微小なグラフの変化により入れ替わることがあります．このため，固有値が近ければ，変調の度合いも近くなるように，固有値について連続な変調の度合いを採用するほうが自然です．こうすれば，微小なグラフの変化により固有値が入れ替わっても，変調の度合いは連続的に変化することになります．

以上の議論をもとに，変調の度合いを固有値について連続な関数で表現することを考えます．すなわち，固有値 λ に属する成分の変調の度合いを $f_\theta(\lambda)\colon \mathbb{R} \to \mathbb{R}$ とします．f_θ は学習パラメータ θ により表現される関数です．このとき，グラフ畳み込みは以下で定義されます．

$$\boldsymbol{\alpha} = \boldsymbol{H}^\top \boldsymbol{x} \tag{6.65}$$

$$\boldsymbol{\beta} = \sum_{i=1}^{n} f_\theta(\lambda_i)\boldsymbol{\alpha}_i \tag{6.66}$$

$$\hat{\boldsymbol{y}} = \boldsymbol{H}\boldsymbol{\beta} \tag{6.67}$$

$f_\theta(\lambda)$ としては任意のモデルを用いることができます．次節で述べる理由から，関数形としては多項式を用いて，多項式の係数を学習パラメータとすることが一般的です [30,72]．

6.4.3 局所的なフィルタ

6.4.1 節と 6.4.2 節で紹介したモデルの欠点は計算量が大きいことです．$\boldsymbol{H}$ は $n \times n$ の密行列であるので，グラフフーリエ変換および逆グラフフーリエ変換には $\Omega(n^2)$ 時間がかかります．実世界の大きなグラフでは，頂点数 n は数百万から数億の値をとることがしばしばあります．このような場合，グラフフーリエ変換を用いた方法は計算量の観点から現実的ではありません．

f_θ として多項式を用いると，計算量の問題を回避できます．変調の度合いを表すモデルを

$$f_\theta(\lambda) = \theta_0 + \theta_1\lambda + \theta_2\lambda^2 + \ldots + \theta_k\lambda^k \tag{6.68}$$

とします．このとき，式 (6.65)∼(6.67) をまとめると，

$$\hat{\boldsymbol{y}} = \boldsymbol{H} \begin{pmatrix} f_\theta(\lambda_1) & & & \text{\huge 0} \\ & f_\theta(\lambda_2) & & \\ & & \ddots & \\ \text{\huge 0} & & & f_\theta(\lambda_n) \end{pmatrix} \boldsymbol{H}^\top \boldsymbol{x}$$

$$
\begin{aligned}
&= \boldsymbol{H} \begin{pmatrix} \sum_{i=0}^{k} \theta_i \lambda_1^i & & & \text{\huge 0} \\ & \sum_{i=0}^{k} \theta_i \lambda_2^i & & \\ & & \ddots & \\ \text{\huge 0} & & & \sum_{i=0}^{k} \theta_i \lambda_n^i \end{pmatrix} \boldsymbol{H}^\top \boldsymbol{x} \\
&\overset{\text{(a)}}{=} \boldsymbol{H} \left(\sum_{i=0}^{k} \theta_i \boldsymbol{\Lambda}^i \right) \boldsymbol{H}^\top \boldsymbol{x} \\
&= \sum_{i=0}^{k} \theta_i \boldsymbol{H} \boldsymbol{\Lambda}^i \boldsymbol{H}^\top \boldsymbol{x} \\
&\overset{\text{(b)}}{=} \sum_{i=0}^{k} \theta_i (\boldsymbol{H} \boldsymbol{\Lambda} \boldsymbol{H}^\top)^i \boldsymbol{x} \\
&\overset{\text{(c)}}{=} \sum_{i=0}^{k} \theta_i \boldsymbol{L}^i \boldsymbol{x} \\
&= \theta_0 \boldsymbol{x} + \sum_{i=1}^{k} \theta_i \boldsymbol{L}^i \boldsymbol{x}
\end{aligned}
\tag{6.69}
$$

となります．ここで，(a) において $\boldsymbol{\Lambda} \overset{\text{def}}{=} \mathrm{Diag}([\lambda_1, \lambda_2, \ldots, \lambda_n]) \in \mathbb{R}^{n \times n}$ は固有値を対角成分に並べた対角行列です．(b) は $\boldsymbol{H}\boldsymbol{H}^\top = \boldsymbol{I}_n$ より従います．(c) は $\boldsymbol{H}\boldsymbol{\Lambda}\boldsymbol{H}^\top$ が $\boldsymbol{L}$ のスペクトル分解であることから従います．このように，f_θ として多項式を用いると固有値 $\boldsymbol{\Lambda}$ や 固有ベクトル $\boldsymbol{H}$ を明示的に計算する必要がなく，グラフフーリエ変換も明示的に計算する必要がなく，空間領域での信号の表現 $\boldsymbol{x}$ に対してラプラシアンをかけることで，グラフ畳み込みを計算できます．また，$\boldsymbol{L}$ は $n+2m = |V|+2|E|$ 個のみの非ゼロ成分を持つ疎行列であり，ベクトルとの掛け算は $O(n+m)$ 時間で行うことができます．ラプラシアンを複数回かけることについては，$\boldsymbol{x}^{(l+1)} \overset{\text{def}}{=} \boldsymbol{L}^{l+1}\boldsymbol{x} = \boldsymbol{L}\boldsymbol{x}^{(l)}$ と再帰的に計算すれば，式 (6.69) は全体で $O(k(n+m))$ 時間で計算できます．

このモデルは頂点 v における出力信号が v から k ホップ以内の頂点における入力信号によってのみ定まるという意味で局所的であることが示せます．

命題 6.5（多項式フィルタの局所性）

$\left(\sum_{i=0}^{k} \theta_i \boldsymbol{L}^i \boldsymbol{x}\right)_v$ は $(\boldsymbol{x}_u)_{u \in \mathcal{N}_k(v)}$ によってのみ定まる．ここで，$\mathcal{N}_k$ は

$$\mathcal{N}_0(v) \stackrel{\text{def}}{=} \{v\} \tag{6.70}$$

$$\mathcal{N}_{i+1}(v) \stackrel{\text{def}}{=} \bigcup_{u \in \{v\} \cup \mathcal{N}(v)} \mathcal{N}_i(u) \tag{6.71}$$

により再帰的に定まる．すなわち，$\mathcal{N}_k(v)$ は頂点 v から k ホップ以内にたどりつける頂点集合である．

証明

$\boldsymbol{x}_v^{(k)} = (\boldsymbol{L}^k \boldsymbol{x})_v$ が $(\boldsymbol{x}_u)_{u \in \mathcal{N}_k(v)}$ によってのみ定まることを帰納法によって示す．$k = 0$ のとき，$(\boldsymbol{L}^k \boldsymbol{x})_v = \boldsymbol{x}_v$ より成立する．$k = l$ のとき成立したとして $k = l + 1$ のとき，

$$\begin{aligned}
\boldsymbol{x}_v^{(k)} &= (\boldsymbol{L}^k \boldsymbol{x})_v \\
&= (\boldsymbol{L}\boldsymbol{L}^l \boldsymbol{x})_v \\
&= \boldsymbol{L}_v^\top (\boldsymbol{L}^l \boldsymbol{x}) \\
&= \boldsymbol{L}_v^\top \boldsymbol{x}^{(l)}
\end{aligned} \tag{6.72}$$

である．$\boldsymbol{D}_v \in \mathbb{R}^n$ の非ゼロ添え字は v のみ，$\boldsymbol{A}_v \in \mathbb{R}^n$ の非ゼロ添え字は $\mathcal{N}(v)$ のみであるので，$\boldsymbol{L}_v = \boldsymbol{D}_v - \boldsymbol{A}_v \in \mathbb{R}^n$ の非ゼロ添え字は $\{v\} \cup \mathcal{N}(v)$ のみである．帰納法の仮定より，$\boldsymbol{x}_v^{(l)}$ は $(\boldsymbol{x}_u)_{u \in \mathcal{N}_l(v)}$ によってのみ定まるので，$\boldsymbol{x}_v^{(k)}$ が依存する添え字は

$$\bigcup_{u \in \{v\} \cup \mathcal{N}(v)} \mathcal{N}_l(u) = \mathcal{N}_k(v) \tag{6.73}$$

のみである． □

この事実は，解釈性のうえでも役に立ちます．ある頂点の予測を近くの頂点の情報を用いて行うということは直観的です．例えば，ソーシャルネット

ワークにおいて，ある人の意見を予測するときには，交友関係のある人々の意見をもとに予測するということは自然でしょう．まったく交友関係のない，地球の裏側の人物の意見に左右されるようなモデルよりは，納得がしやすいかと思います．さらに，k として $1, 2, 3$ などの小さな値を用いると $\mathcal{N}_k(v)$ は頂点全体 V と比べてはるかに小さくなります．このため，ある頂点の予測結果がどの頂点の影響を受けたかということが，調査しやすくなります．また，画像や音声や動画などで用いられる畳み込みフィルタも，多くの場合局所性を持っています．例えば，画像用の畳み込みニューラルネットワークでは 3×3 や 5×5 画素の範囲の受容野を持つフィルタがよく用いられます．グラフにおける局所フィルタはこれらの畳み込みフィルタからの類推でも，有効性や解釈性が期待できます．

6.4.4 ChebNet

式 (6.68) では単項式 $1, \lambda, \lambda^2, \ldots, \lambda^k$ を基底として係数をパラメータ化しましたが，これを別の基底で表現することもできます．例えば，

$$T_0(x) = 1 \tag{6.74}$$

$$T_1(x) = x \tag{6.75}$$

$$T_{i+1}(x) = 2xT_i(x) - T_{i-1}(x) \tag{6.76}$$

で定義される**チェビシェフ多項式** (Chebyshev polynomial) $T_k(x)$ を用いて変調の度合いを表す **ChebNet**[30] が提案されています．ChebNet は

$$\hat{\boldsymbol{y}} = \theta_0 \boldsymbol{x} + \sum_{i=1}^{k} \theta_i T_i(\tilde{\boldsymbol{L}}) \boldsymbol{x} \tag{6.77}$$

と畳み込みを定義します．ここで，$\tilde{\boldsymbol{L}} \in \mathbb{R}^{n \times n}$ は

$$\tilde{\boldsymbol{L}} = \frac{2}{\lambda_n} \boldsymbol{L} - \boldsymbol{I} \tag{6.78}$$

というように，固有値が $[-1, 1]$ の範囲に収まるように正規化されたラプラシアンです．このとき，

$$\begin{aligned} \boldsymbol{x}^{(l+1)} &\stackrel{\text{def}}{=} T_{l+1}(\tilde{\boldsymbol{L}}) \boldsymbol{x} \\ &= 2\tilde{\boldsymbol{L}} T_l(\tilde{\boldsymbol{L}}) \boldsymbol{x} - T_{l-1}(\tilde{\boldsymbol{L}}) \boldsymbol{x} \end{aligned}$$

$$= 2\tilde{\boldsymbol{L}}\boldsymbol{x}^{(l)} - \boldsymbol{x}^{(l-1)} \tag{6.79}$$

と再帰的に計算すれば，全体で $O(k(n+m))$ 時間で計算できることも，前述の多項式フィルタと同じです．また，式 (6.77) は k 次の多項式であるので，命題 6.5 より k ホップ以内の頂点によってのみ値が定まることも，前述の多項式フィルタと同じです．

チェビシェフ多項式の利点は $[-1,1]$ 上の関数の直交基底であることです．ここで，$[-1,1]$ 上の関数の内積は

$$\langle f, g\rangle \stackrel{\text{def}}{=} \int_{-1}^{1} \frac{f(x)g(x)}{\sqrt{1-x^2}}dx \tag{6.80}$$

により定めるものとします．すなわち，（適当な連続性の仮定のもと）任意の関数 $g\colon [-1,1] \to \mathbb{R}$ は

$$g(x) = \sum_{i=0}^{\infty} \theta_i T_i(x) \tag{6.81}$$

というように一意に表され，係数 θ_i は

$$\theta_0 = \frac{\langle T_0, g\rangle}{\pi} \tag{6.82}$$

$$\theta_i = \frac{\langle T_i, g\rangle}{\pi/2} \tag{6.83}$$

と求められます．また，k 次以下のチェビシェフ多項式で g を近似するには

$$\hat{g}(x) = \sum_{i=0}^{k} \theta_i T_i(x) \tag{6.84}$$

とするのが最適となります．これらは式 (6.11) で示した直交基底の例や 6.2.2 節で述べたフーリエ級数展開と同じです．このように，直交基底表現に基づき係数 θ_i の解釈がしやすいということがチェビシェフ多項式の係数の利点です．これは，式 (6.68) で用いられている単項式基底 $1, x, x^2, \ldots, x^k$ が直交しないこととは対照的です．また，基底が直交から大きく外れ，平行に近い場合には，係数が非常に大きく不安定になることがあります（図 6.18）．平行に近い基底での表現を求める問題を悪条件 (ill-conditioned) と呼ぶことがあります．直交基底であるチェビシェフ多項式を用いると，悪条件の問

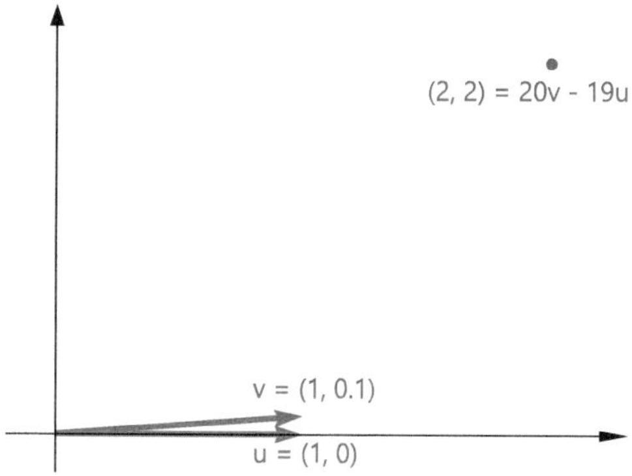

図 6.18 平行に近い基底を用いた場合の表現．ベクトル $(2,2)$ は標準基底では $2e_1+2e_2$ という小さな係数で表現できるが，基底 $v=(1,0.1), u=(1,0)$ を用いると $20v-19u$ という大きな係数をとることになる．また，このベクトルの第 2 成分をわずかに変化させるだけで係数が大きく変化してしまう．

題が避けられ係数が安定するという利点もあります．大きな係数を避けられるため，明示的な正則化や暗黙的な正則化との相性がよいという利点もあります．ただし，多項式基底との違いは微妙なものであり，明確にチェビシェフ多項式のほうがよいと言い切れるものでもありません．頂点分類問題において，同一条件下では，単項式基底を用いたグラフニューラルネットワークよりもチェビシェフ多項式を用いたグラフニューラルネットワークのほうが精度が悪いという報告もあります [53]．タスクに応じて有効なフィルタを見定め，それに合った基底を用いるのが重要です．なお，実用上は 6.4.6 節で述べるように 1 次の項で打ち切る大胆な近似を用いることも多く，この場合には単項式基底とチェビシェフ多項式は等価となります．

6.4.5 正規化ラプラシアン

6.4.3 節と 6.4.4 節で述べた，ラプラシアンの多項式を用いた定式化の問題点は，数値的に不安定であることです．具体例を用いて確かめましょう．完全グラフとは，すべての頂点間に辺のあるグラフ $K_n=([n],\{\{u,v\}\mid u,v\in[n]\})$ のことです．完全グラフのスペクトルは以下の通りです．

命題 6.6（完全グラフのスペクトル）

完全グラフ K_n のスペクトルは $0, n, n, \ldots, n$ である.

証明

完全グラフ K_n のラプラシアンは

$$\boldsymbol{L} = \begin{pmatrix} n-1 & -1 & \cdots & -1 \\ -1 & n-1 & \cdots & -1 \\ \vdots & \vdots & \ddots & \vdots \\ -1 & -1 & \cdots & n-1 \end{pmatrix} = n\boldsymbol{I}_n - \boldsymbol{J} = n\boldsymbol{I} - \boldsymbol{1}_n\boldsymbol{1}_n^\top \tag{6.85}$$

である．ここで，$\boldsymbol{J} \in \mathbb{R}^{n\times n}$ はすべての成分が 1 である行列，$\boldsymbol{1}_n \in \mathbb{R}^n$ はすべての成分が 1 であるベクトルである．式 (6.23) より，最小固有値は 0，固有ベクトルは $\boldsymbol{h}_1 = \frac{1}{\sqrt{n}}\boldsymbol{1}_n$ である．$\boldsymbol{h}_1$ に直交する単位ベクトル $\boldsymbol{f}$ を任意にとる．このとき，

$$\begin{aligned} \mathrm{Var}(f) &= \boldsymbol{f}^\top \boldsymbol{L}\boldsymbol{f} \\ &= \boldsymbol{f}^\top(n\boldsymbol{I} - \boldsymbol{1}_n\boldsymbol{1}_n^\top)\boldsymbol{f} \\ &= n\boldsymbol{f}^\top\boldsymbol{f} - \boldsymbol{f}^\top\boldsymbol{1}_n\boldsymbol{1}_n^\top\boldsymbol{f} \\ &\overset{\text{(a)}}{=} n\boldsymbol{f}^\top\boldsymbol{f} \\ &\overset{\text{(b)}}{=} n \end{aligned} \tag{6.86}$$

となる．(a) は $\boldsymbol{f}$ が $\boldsymbol{h}_1$ と直交することから従う．(b) は $\boldsymbol{f}$ が単位ベクトルであることから従う．よって，定理 6.1 より，スペクトルは $0, n, n, \ldots, n$ である． □

これにより，頂点数 n を大きくすると，完全グラフのスペクトルは線形に大きくなります．完全グラフは 1 つの極端な例であって，一般に次数を大きくするとグラフのスペクトルは大きくなる傾向にあります．スペクトルが大きいとき，式 (6.69) 中の $\boldsymbol{L}^i$ の値は i が大きくなるにつれて飛躍的に大き

くなり，数値的に不安定になってしまいます．

そこで，ラプラシアンを正規化して安定化することがよく行われます．最も単純な解決策は，式 (6.78) のようにラプラシアンを最大固有値で割っておくことでしょう．こうすると，最大固有値は 1 となり安定します．また，初めから固有値が抑えられているラプラシアンの変種が存在し，それらを用いることもできます．代表的なラプラシアンの変種は 2 種類です．第一は**対称正規化ラプラシアン** (symmetric normalized Laplacian) です．これは次のように定義されます．

$$\boldsymbol{L}^{\mathrm{sym}} \stackrel{\mathrm{def}}{=} \boldsymbol{D}^{-\frac{1}{2}}\boldsymbol{L}\boldsymbol{D}^{-\frac{1}{2}} = \boldsymbol{I} - \boldsymbol{D}^{-\frac{1}{2}}\boldsymbol{A}\boldsymbol{D}^{-\frac{1}{2}} \tag{6.87}$$

次数が 0 の頂点が含まれる場合には，対称正規化ラプラシアンは定義できないことに注意してください．以降の議論では次数が 0 の頂点が存在しないものと仮定します．3.2.1 節で述べたグラフ畳み込みネットワークのように，自己ループを加える前処理をすると常にこの仮定は満たされます．定義より，対称正規化ラプラシアンは対称行列です．固有値は $[0, 2]$ の範囲に収まることが示せます．

命題 6.7（対称正規化ラプラシアンの固有値）

任意のグラフについて，対称正規化ラプラシアンの固有値は $[0, 2]$ に含まれる．

証明

対称正規化ラプラシアンの固有値を λ，単位固有ベクトルを $\boldsymbol{h}$ とすると，

$$\begin{aligned}
\lambda &= \lambda \boldsymbol{h}^\top \boldsymbol{h} \\
&= \boldsymbol{h}^\top \boldsymbol{L}^{\mathrm{sym}} \boldsymbol{h} \\
&= \boldsymbol{h}^\top \boldsymbol{D}^{-\frac{1}{2}}\boldsymbol{L}\boldsymbol{D}^{-\frac{1}{2}} \boldsymbol{h} \\
&= \mathrm{Var}(\boldsymbol{D}^{-\frac{1}{2}} \boldsymbol{h})
\end{aligned}$$

$$
\begin{aligned}
&= \sum_{\{u,v\} \in E} \left(\frac{\boldsymbol{h}_u}{\sqrt{\deg(u)}} - \frac{\boldsymbol{h}_v}{\sqrt{\deg(v)}} \right)^2 \\
&\geq 0
\end{aligned} \tag{6.88}
$$

である．一方，

$$
\begin{aligned}
\lambda &= \sum_{\{u,v\} \in E} \left(\frac{\boldsymbol{h}_u}{\sqrt{\deg(u)}} - \frac{\boldsymbol{h}_v}{\sqrt{\deg(v)}} \right)^2 \\
&\overset{(a)}{\leq} 2 \sum_{\{u,v\} \in E} \left(\frac{\boldsymbol{h}_u}{\sqrt{\deg(u)}} \right)^2 + \left(\frac{\boldsymbol{h}_v}{\sqrt{\deg(v)}} \right)^2 \\
&= 2 \sum_{\{u,v\} \in E} \frac{\boldsymbol{h}_u^2}{\deg(u)} + \frac{\boldsymbol{h}_v^2}{\deg(v)} \\
&= 2 \sum_{u \in V} \sum_{v \in \mathcal{N}(u)} \frac{\boldsymbol{h}_u^2}{\deg(u)} \\
&= 2 \sum_{u \in V} \deg(u) \cdot \frac{\boldsymbol{h}_u^2}{\deg(u)} \\
&= 2 \sum_{u \in V} \boldsymbol{h}_u^2 \\
&\overset{(b)}{=} 2
\end{aligned} \tag{6.89}
$$

となる．ここで，(a) は一般に，任意の x, y に対して

$$
(x+y)^2 \leq (x+y)^2 + (x-y)^2 = 2x^2 + 2y^2 \tag{6.90}
$$

となることから従う．(b) は $\boldsymbol{h}$ が単位ベクトルであることから従う．以上より，$\lambda \in [0, 2]$ となる． □

第二は**推移ラプラシアン** (random walk Laplacian) です．これは次のように定義されます．

$$
\boldsymbol{L}^{\mathrm{rw}} \overset{\mathrm{def}}{=} \boldsymbol{D}^{-1} \boldsymbol{L} = \boldsymbol{I} - \boldsymbol{D}^{-1} \boldsymbol{A} \tag{6.91}
$$

$\boldsymbol{D}^{-1}\boldsymbol{A}$ は $\boldsymbol{A}$ の各行の要素の和が 1 になるように正規化された行列であり，$(\boldsymbol{D}^{-1}\boldsymbol{A})_{ij}$ はランダムウォークにおいて頂点 i の次に頂点 j に推移する確率であることから，推移ラプラシアンと呼びます．推移ラプラシアンと対称正規化ラプラシアンの固有値と固有ベクトルには以下の関係があります．

命題 6.8（推移ラプラシアンの固有値と固有ベクトル）

任意のグラフについて，対称正規化ラプラシアンが固有値 λ と固有ベクトル $\boldsymbol{h}$ を持つと，推移ラプラシアンは固有値 λ と固有ベクトル $\boldsymbol{D}^{-\frac{1}{2}}\boldsymbol{h}$ を持つ．特に，対称正規化ラプラシアンと推移ラプラシアンは固有値の集合が一致する．

証明

対称正規化ラプラシアンの固有値を λ，単位固有ベクトルを $\boldsymbol{h}$ とすると，

$$\begin{aligned}\boldsymbol{L}^{\mathrm{rw}}\left(\boldsymbol{D}^{-\frac{1}{2}}\boldsymbol{h}\right) &= \boldsymbol{D}^{-1}\boldsymbol{L}\boldsymbol{D}^{-\frac{1}{2}}\boldsymbol{h}\\ &= \boldsymbol{D}^{-\frac{1}{2}}\boldsymbol{D}^{-\frac{1}{2}}\boldsymbol{L}\boldsymbol{D}^{-\frac{1}{2}}\boldsymbol{h}\\ &= \boldsymbol{D}^{-\frac{1}{2}}\boldsymbol{L}^{\mathrm{sym}}\boldsymbol{h}\\ &= \lambda\boldsymbol{D}^{-\frac{1}{2}}\boldsymbol{h} \qquad (6.92)\end{aligned}$$

となる．よって，$\boldsymbol{D}^{-\frac{1}{2}}\boldsymbol{h}$ は推移ラプラシアンの固有値 λ に対応する固有ベクトルである． □

以下では，正規化ラプラシアンと区別するために，通常のラプラシアン $\boldsymbol{L}=\boldsymbol{D}-\boldsymbol{A}$ のことを**非正規化ラプラシアン** (unnormalized Laplacian) と呼びます．対称正規化ラプラシアンの固有ベクトルと推移ラプラシアンの固有ベクトルはどちらも基底として用いることができます．推移ラプラシアンの利点は，最小固有値の固有ベクトルが定数であり，非正規化ラプラシアンに似た解釈ができることです．これは，命題 6.2 のように，クラスタ化されたグラフにおいてクラスタ内の頂点が同一の値をとるということになるので，埋め込みやクラスタリングに用いるときには有用な性質です．しかし，

推移ラプラシアンの固有ベクトルは直交しているとは限りません．対称正規化ラプラシアンの利点は対称性のため理論的に扱いやすくなることです．固有ベクトルが直交していることも対称性からただちに導けます．以降は対称正規化ラプラシアンを主に扱います．

本章で述べてきたラプラシアンのさまざまな使用法において，非正規化ラプラシアンを対称正規化ラプラシアンに置き換えることができます．例えば，

$$\begin{aligned}\mathrm{Var}^{\mathrm{sym}}(f) &\stackrel{\mathrm{def}}{=} \boldsymbol{f}^\top \boldsymbol{L}^{\mathrm{sym}} \boldsymbol{f} \\ &= \sum_{\{u,v\}\in E} \left(\frac{f(u)}{\sqrt{\deg(u)}} - \frac{f(v)}{\sqrt{\deg(v)}} \right)^2 \end{aligned} \tag{6.93}$$

を用いてグラフ上の信号 f の変動を測ることができます．信号が次数で正規化されてから変動を測ることが非正規化ラプラシアンとの違いです．定理 6.1 と同じ議論より，対称正規化ラプラシアンの固有ベクトル $\boldsymbol{h}_1^{\mathrm{sym}}, \boldsymbol{h}_2^{\mathrm{sym}}, \ldots, \boldsymbol{h}_n^{\mathrm{sym}}$ は以下の最適化問題の解となります．

$$\underset{f\in\mathbb{R}^V}{\mathrm{minimize}}\, \mathrm{Var}^{\mathrm{sym}}(f) \quad \text{s.t.} \quad \|\boldsymbol{f}\|_2 = 1, \quad \boldsymbol{f}^\top \boldsymbol{h}_i^{\mathrm{sym}} = 0, \quad i = 1, \ldots, k-1 \tag{6.94}$$

やはり，対称正規化ラプラシアンの小さい固有値に対応する固有ベクトルは，$\mathrm{Var}^{\mathrm{sym}}$ の意味で変動が小さいものとなります．$\boldsymbol{h}_1^{\mathrm{sym}}, \boldsymbol{h}_2^{\mathrm{sym}}, \ldots, \boldsymbol{h}_n^{\mathrm{sym}}$ を用いて，グラフフーリエ変換と逆グラフフーリエ変換が定義できることも同様です．式 (6.59)〜(6.61) で定義した成分ごとに変調するモデルや式 (6.69) の局所フィルタで定義したグラフニューラルネットワークの正規化ラプラシアン版も考えることができます．一般に，どのラプラシアンを用いることが効果的かは問題に依存します．

6.4.6 グラフ畳み込みネットワーク

グラフ畳み込みネットワーク [72] は，式 (6.69) で定義した局所フィルタにいくつかの簡単化を施したモデルです．ラプラシアンは対称正規化ラプラシアンを用います．第一の簡単化は，多項式の次数を 1 にすることです．これにより，モデルは

$$\begin{aligned}\hat{\boldsymbol{y}} &= \theta_0 \boldsymbol{x} + \theta_1 \boldsymbol{L}^{\text{sym}} \boldsymbol{x} \\ &= \theta_0 \boldsymbol{x} + \theta_1 (\boldsymbol{I}_n - \boldsymbol{D}^{-\frac{1}{2}} \boldsymbol{A} \boldsymbol{D}^{-\frac{1}{2}}) \boldsymbol{x} \\ &= (\theta_0 + \theta_1) \boldsymbol{x} - \theta_1 \boldsymbol{D}^{-\frac{1}{2}} \boldsymbol{A} \boldsymbol{D}^{-\frac{1}{2}} \boldsymbol{x} \end{aligned} \tag{6.95}$$

となります．第二の簡単化は (θ_0, θ_1) という2つあるパラメータを，$\theta_0+\theta_1 = -\theta_1$ という制約を付けて $\theta = \theta_0 + \theta_1 = -\theta_1 \in \mathbb{R}$ という1つのパラメータに統合することです．これにより，モデルは

$$\begin{aligned}\hat{\boldsymbol{y}} &= \theta \boldsymbol{x} + \theta \boldsymbol{D}^{-\frac{1}{2}} \boldsymbol{A} \boldsymbol{D}^{-\frac{1}{2}} \boldsymbol{x} \\ &= \theta (\boldsymbol{I}_n + \boldsymbol{D}^{-\frac{1}{2}} \boldsymbol{A} \boldsymbol{D}^{-\frac{1}{2}}) \boldsymbol{x} \end{aligned} \tag{6.96}$$

となります．このモデルでは，頂点 v における出力信号 $\hat{\boldsymbol{y}}_v$ は，

$$\hat{\boldsymbol{y}}_v = \theta \left(\boldsymbol{x}_v + \sum_{u \in \mathcal{N}(v)} \frac{1}{\sqrt{\deg(u)\deg(v)}} \boldsymbol{x}_u \right) \tag{6.97}$$

というように，$\{v\} \cup \mathcal{N}(v)$ 上の入力信号により定まります．このモデルでは，v の信号と $\mathcal{N}(v)$ の信号を区別して足し合わせていますが，第三の簡単化は，これらを区別することをやめることです．前処理において，各頂点に自己ループを追加します．すると，$\mathcal{N}(v)$ にも v が含まれるようになり，式 (6.97) の第2項だけで，$\{v\} \cup \mathcal{N}(v)$ 上の入力信号に依存するようになります．自己ループを追加した後の隣接行列と次数行列を $\tilde{\boldsymbol{A}} \in \mathbb{R}^{n \times n}, \tilde{\boldsymbol{D}} \in \mathbb{R}^{n \times n}$ とおくと，最終的なモデルは

$$\hat{\boldsymbol{y}} = \theta \tilde{\boldsymbol{D}}^{-\frac{1}{2}} \tilde{\boldsymbol{A}} \tilde{\boldsymbol{D}}^{-\frac{1}{2}} \boldsymbol{x} \tag{6.98}$$

となります．式 (6.98) のモデルは，入力信号および出力信号が1種類の場合ですが，一般に入力信号が d_{in} 種類，出力信号が d_{out} 種類ある場合には，変調の度合いを表すパラメータ θ を各入力信号と出力信号のペアごとに用意し，$\boldsymbol{W} \in \mathbb{R}^{d_{\text{in}} \times d_{\text{out}}}$ とします．このとき，モデルは

$$\hat{\boldsymbol{Y}} = \tilde{\boldsymbol{D}}^{-\frac{1}{2}} \tilde{\boldsymbol{A}} \tilde{\boldsymbol{D}}^{-\frac{1}{2}} \boldsymbol{X} \boldsymbol{W}^{\top} \tag{6.99}$$

となります．この式 (6.99) は，3.2.1 節で紹介したグラフ畳み込みネットワークの層の定義式 (3.8) と（活性化関数を除いて）同一です．グラフ畳み

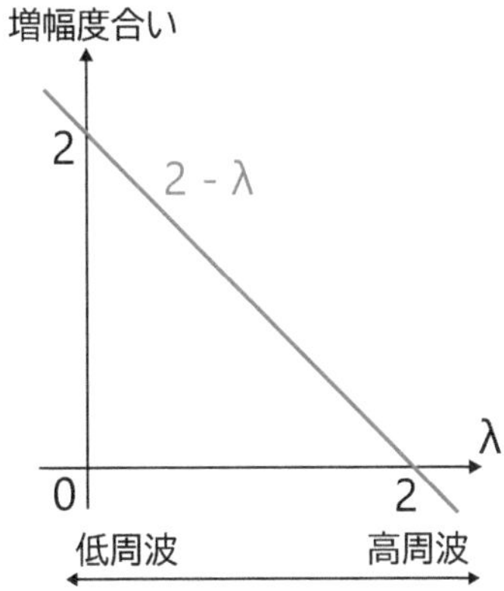

図 6.19 式 (6.102) の変調の図示．このフィルタに通すと，$\lambda < 1$ の低周波成分が増幅し，$\lambda > 1$ の高周波成分が減衰し，最も高周波である $\lambda = 2$ の成分は完全に消える．

込みネットワークは第 3 章で紹介したメッセージ伝達を用いた定式化だけでなく，グラフフーリエ変換を用いた定式化でも表現できるのです．

以上の議論を逆にたどると，メッセージ伝達型グラフニューラルネットワークをグラフスペクトルを用いて解釈することも可能です．例えば，

$$\boldsymbol{H}^{(l+1)} = (\boldsymbol{I}_n + \boldsymbol{D}^{-\frac{1}{2}}\boldsymbol{A}\boldsymbol{D}^{-\frac{1}{2}})\boldsymbol{H}^{(l)} \tag{6.100}$$

という形式の集約は，自分自身からの集約 $\boldsymbol{I}_n$ と，次数で重み付けされた周囲からの集約 $\boldsymbol{D}^{-\frac{1}{2}}\boldsymbol{A}\boldsymbol{D}^{-\frac{1}{2}}$ を合わせた形であり，これと類似した集約方法はグラフ畳み込みネットワークや単純グラフ畳み込みなどで用いられます．式 (6.100) を変形すると，

$$\boldsymbol{H}^{(l+1)} = (2\boldsymbol{I}_n - \boldsymbol{L}^{\mathrm{sym}})\boldsymbol{H}^{(l)} \tag{6.101}$$

となります．つまり，これは周波数成分 λ を

$$f(\lambda) = 2 - \lambda \tag{6.102}$$

というフィルタで変調することに対応します．このフィルタの変調度合いを図 6.19 に示します．命題 6.7 より，対称正規化ラプラシアンの固有値は $[0, 2]$ に含まれます．最も低周波の定数成分の固有値は 0 であり，このフィルタは定数成分を 2 倍に強調します．このフィルタにより $\lambda < 1$ までの低

周波成分は増幅し，$\lambda > 1$ の高周波成分は減衰し，そして最も高周波である $\lambda = 2$ の成分は完全に消えることになります．このことからも，式 (6.100) の集約方法を用いると，グラフの構造を考慮した滑らかな埋め込みを得られることが分かります．

6.5 補足：スペクトルをもとにした古典的な手法*

スペクトルグラフ理論はグラフニューラルネットワークだけでなく，グラフデータに対するさまざまなアルゴリズムの基礎となっています．本節では，本筋からは外れますが，スペクトルグラフ理論に基づいた古典的な手法について紹介します．これらを学ぶことで，よりスペクトルグラフ理論への理解が深まることでしょう．以降の章を読むうえで，各手法の詳細まで理解する必要はありません．

6.5.1 行列分解

2.3.2 節で紹介した行列分解はスペクトルグラフ理論の観点からも解釈できます．このことを以下で見ます．教師なし頂点表現学習問題を考えます．

問題 6.9（教師なし頂点表現学習問題）

入力 グラフ $G = (V, E)$

出力 グラフ構造を考慮した頂点の埋め込み $\boldsymbol{Z} \in \mathbb{R}^{n \times d}$

アルゴリズム 2.2 は次数行列と隣接行列の和 $(\boldsymbol{D} + \boldsymbol{A}) \in \mathbb{R}^{n \times n}$ の固有ベクトルを固有値の大きい順に d 個とり，それらを並べた行列 $\boldsymbol{Z} \in \mathbb{R}^{n \times d}$ を出力します．

まずは簡単のため，k-正則グラフ (k-regular graph) を考えます．k-正則グラフとは，すべての次数が k であるグラフのことです．例えば円環グラフは 2-正則グラフです．k-正則グラフの非正規化ラプラシアンは $\boldsymbol{L} = \boldsymbol{D} - \boldsymbol{A} = k\boldsymbol{I}_n - \boldsymbol{A}$ です．よって，$\boldsymbol{L}$ が固有値 λ に属する固有ベクトル $\boldsymbol{h}$ を持つとき，$\boldsymbol{h}$ は $(\boldsymbol{D} + \boldsymbol{A}) = (k\boldsymbol{I}_n + \boldsymbol{A})$ の固有値 $2k - \lambda$ に属する固有ベクトルです．すなわち，k-正則グラフの場合，行列分解は非正規化ラプラシアンの固

有ベクトルを固有値の小さい順に d 個出力することに相当します．

正則グラフでない場合は $(\boldsymbol{D}+\boldsymbol{A})$ の上位固有ベクトルと $(\boldsymbol{D}-\boldsymbol{A})$ の下位固有ベクトルは厳密に一致するわけではありませんが，似た傾向を持つことがよくあります．アルゴリズム 2.2 の行列分解の第 i 座標 $\boldsymbol{Z}_{vi}$ を頂点 v に割り当てた信号 $\boldsymbol{z} \in \mathbb{R}^n$ は $(\boldsymbol{D}+\boldsymbol{A}) \in \mathbb{R}^{n \times d}$ の大きな固有値に属する固有ベクトルです．これは $\boldsymbol{z}^\top \boldsymbol{A}\boldsymbol{z}$ が大きいということであり，$\mathrm{Var}(z) = \boldsymbol{z}^\top(\boldsymbol{D}-\boldsymbol{A})\boldsymbol{z}$ の小さな，滑らかな信号であるということです．信号 $\boldsymbol{z} \in \mathbb{R}^n$ がグラフ上で滑らかということは，グラフ上で近くにある頂点どうしは似た埋め込みを持つということであり，このことからも得られた埋め込みはグラフ構造を反映していることが分かります．ただし，頂点の次数に偏りがある場合には，$(\boldsymbol{D}+\boldsymbol{A})$ の上位固有ベクトルでは，次数の大きな頂点に対応する要素は絶対値が大きくなり，$(\boldsymbol{D}-\boldsymbol{A})$ の下位固有ベクトルでは，次数の大きな頂点に対応する要素は絶対値が小さくなる傾向があるという違いがあります．迷惑アカウント（スパムアカウント）分類のように，次数の大きな頂点に着目することが有用な場合には，$(\boldsymbol{D}+\boldsymbol{A})$ を用いることで精度が向上する可能性があります．コミュニティー検出のように，次数は関係がなく，グラフのクラスタ構造のみに着目することが有用な場合には，ラプラシアンを用いることで精度が向上する可能性があります．

以上は問題 (2.32) の解釈を与えたものですが，逆にグラフ上で滑らかな埋め込みほどよいという定式化を考え，ラプラシアンの固有ベクトルを用いて埋め込みを定義することも可能です．

グラフが d 個のクラスタに分かれている場合には特に行列分解は有効です．命題 6.2 や例 6.1〜6.3 で紹介したように，グラフが d 個のクラスタに分かれているとき，ラプラシアンの固有値のうち小さいほうから d 個は 0 に近い値を持ちます．また，固有ベクトルはクラスタ内でほとんど一定となります．ゆえに，行列分解の出力した信号 $\boldsymbol{z} \in \mathbb{R}^n$ は，d 個のクラスタ番号をソフトに表現する信号となります．

このことは，隣接行列の行列分解の定式化からも分かります．例えば，頂点数 3 の連結成分が 3 つあり，連結成分内はすべての頂点が自分自身をも含め隣接しているという極端な例を考えます．このグラフの隣接行列は

$$
\begin{aligned}
\boldsymbol{A} &= \begin{pmatrix}
1 & 1 & 1 & 0 & 0 & 0 & 0 & 0 & 0 \\
1 & 1 & 1 & 0 & 0 & 0 & 0 & 0 & 0 \\
1 & 1 & 1 & 0 & 0 & 0 & 0 & 0 & 0 \\
0 & 0 & 0 & 1 & 1 & 1 & 0 & 0 & 0 \\
0 & 0 & 0 & 1 & 1 & 1 & 0 & 0 & 0 \\
0 & 0 & 0 & 1 & 1 & 1 & 0 & 0 & 0 \\
0 & 0 & 0 & 0 & 0 & 0 & 1 & 1 & 1 \\
0 & 0 & 0 & 0 & 0 & 0 & 1 & 1 & 1 \\
0 & 0 & 0 & 0 & 0 & 0 & 1 & 1 & 1
\end{pmatrix} \\
&= \begin{pmatrix}
1 & 0 & 0 \\
1 & 0 & 0 \\
1 & 0 & 0 \\
0 & 1 & 0 \\
0 & 1 & 0 \\
0 & 1 & 0 \\
0 & 0 & 1 \\
0 & 0 & 1 \\
0 & 0 & 1
\end{pmatrix}
\begin{pmatrix}
1 & 1 & 1 & 0 & 0 & 0 & 0 & 0 & 0 \\
0 & 0 & 0 & 1 & 1 & 1 & 0 & 0 & 0 \\
0 & 0 & 0 & 0 & 0 & 0 & 1 & 1 & 1
\end{pmatrix}
\end{aligned}
\tag{6.103}
$$

というように，頂点 v のクラスタ番号 $c(v)$ をワンホットベクトルで表す 3 次元の埋め込み $\boldsymbol{z}_v = \boldsymbol{e}_{c(v)}$ により完全に分解できます．このことからも，行列分解により求まる埋め込みがクラスタ構造を表すことが分かります．

例 6.6 （クラスタ構造のあるグラフの行列分解）

図 6.20 は隣接行列の行列分解により得られた信号を示しています．グラフは 3 つのクラスタを持ち，クラスタ内の頂点どうしは確率 0.7 で辺を結び，クラスタが異なる頂点どうしは確率 0.01 で辺を結ぶことで作成しました．はっきりとしたクラスタ構造のあるグラフです．隣接行列の大きな固有値に属する固有ベクトルはクラスタ内で値がほぼ一定であることが見てとれます．行列分解により $d = 3$ の埋め込みを計算すると，図中左上のクラスタに属する頂点は $\boldsymbol{z}_v \approx [1, 1, 1]$ となり，図中右のクラスタに属す

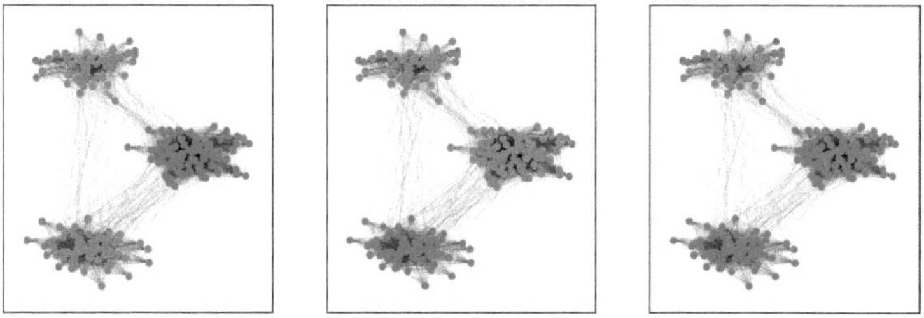

図 6.20 3 つのクラスタを持つグラフ．左：隣接行列の最大固有値に属する固有ベクトルの図示．中央：隣接行列の第 2 最大固有値に属する固有ベクトルの図示．右：隣接行列の第 3 最大固有値に属する固有ベクトルの図示．赤い頂点ほど値が大きく，青い頂点ほど値が小さいことを表す．行列分解により $d = 3$ 次元の埋め込みを計算すると，図中左上のクラスタに属する頂点は $\boldsymbol{z}_v \approx [1, 1, 1]$ となり，図中右のクラスタに属する頂点は $\boldsymbol{z}_v \approx [-1, 1, -1]$ となり，図中下に属する頂点は $\boldsymbol{z} \approx [1, -1, -1]$ となり，おおよそクラスタごとに埋め込み値が割り当てられることになる．

る頂点は $\boldsymbol{z}_v \approx [-1, 1, -1]$ となり，図中下に属する頂点は $\boldsymbol{z} \approx [1, -1, -1]$ となり，おおよそクラスタごとに埋め込み値が割り当てられることが分かります．

例 6.7 （行列分解手法の比較）

例 2.2 で用いた，図 6.21 上のデータを用いた数値例を再び考えます．グラフは頂点数 50, 50，確率 0.1, 0.02 の確率的ブロックモデルを用いて生成しました．すなわち，合計 100 個の頂点を 50, 50 のグループに分割し，同じグループ内の各頂点対について確率 0.1 で独立に辺を張り，異なるグループの各頂点対について確率 0.02 で辺を張りグラフを生成しました．左中がアルゴリズム 2.2 により得られた 2 次元埋め込み，右中が非正規化ラプラシアン $\boldsymbol{L}$ の固有ベクトルを小さい順に並べて得られた 2 次元埋め込み，左下が対称正規化ラプラシアン $\boldsymbol{L}^{\mathrm{sym}}$ の固有ベクトルを小さい順に並べて得られた 2 次元埋め込み，右下が推移ラプラシアン $\boldsymbol{L}^{\mathrm{rw}}$ の固有ベクトルを小さい順に並べて得られた 2 次元埋め込みです．これらの埋め込みの計算にはグループの情報は明示的に使用していないことに注意してください．非正規化ラプラシアン $\boldsymbol{L}$ の埋め込みは，左上と右下に外れ値

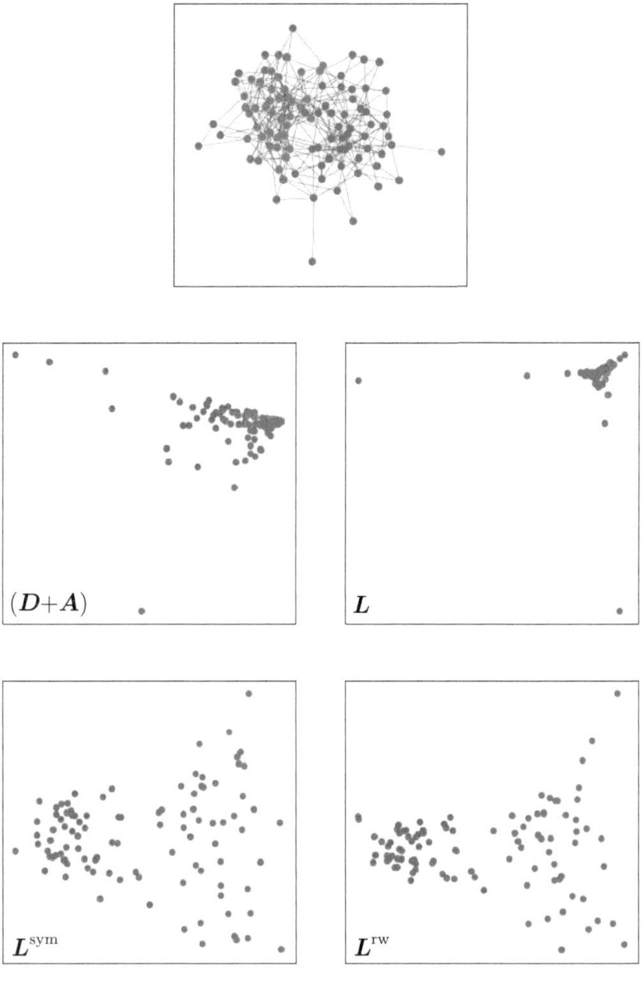

図 6.21 行列分解手法の比較．上：入力グラフ．色はグループ番号を表す．左中：アルゴリズム 2.2 により得られた埋め込み．右中：非正規化ラプラシアン $\boldsymbol{L}$ の固有ベクトルを固有値の小さい順に並べて得られた埋め込み．左下：対称正規化ラプラシアン $\boldsymbol{L}^{\mathrm{sym}}$ の固有ベクトルを固有値の小さい順に並べて得られた埋め込み．右下：推移ラプラシアン $\boldsymbol{L}^{\mathrm{rw}}$ の固有ベクトルを固有値の小さい順に並べて得られた埋め込み．

が存在します．これは次数が 1 の頂点に対応します．正規化をしていないグラフラプラシアンは，次数が小さい頂点はディリクレエネルギーへの寄与が小さいため，このように極端な値をとることがあります．正規化ラプラシアン $\boldsymbol{L}^{\mathrm{sym}}$ と $\boldsymbol{L}^{\mathrm{rw}}$ は，外れ値がなく，2 つのグループは線形分離に近い形になっています．所属するグループを表すラベルが一部の頂点について得られる半教師あり学習の設定において，これらの埋め込みを用いればグループのラベルを予測する問題を精度よく解くことができます．特に，推移ラプラシアン $\boldsymbol{L}^{\mathrm{rw}}$ のほうがわずかにクラスタの分離がよい埋め込みが得られています．これは，2 つの連結成分に分かれている理想的なクラスタの場合，推移ラプラシアンの第 1 固有ベクトルと第 2 固有ベクトルは同じクラスタ内の頂点で同じ値をとるのに対して，対称正規化ラプラシアンは $\sqrt{\deg(v)}$ に比例する値をとりクラスタ内でも値が異なることによります．どの埋め込み手法が優れているかはデータやタスクの性質に依存しますが，一般的には推移ラプラシアンの分解がよいとされています [144, Section 8.5].

6.5.2 スペクトルクラスタリング

スペクトルクラスタリング (spectral clustering) は，ラプラシアンによる埋め込みを用いて，グラフデータの頂点やベクトルデータをクラスタリングする手法です．以下の 2 通りの問題設定を考えます．

問題 6.10（ベクトルクラスタリング問題）

入力 ベクトルの集合 $\boldsymbol{x}_1, \boldsymbol{x}_2, \ldots, \boldsymbol{x}_n$，クラスタ数 K

出力 各ベクトルに対するクラスタの割当 $\pi\colon [n] \to [K]$

問題 6.11（頂点クラスタリング問題）

入力 重み付きグラフ $G = (V, E, w)$，クラスタ数 K

出力 各頂点に対するクラスタの割当 $\pi\colon [n] \to [K]$

ベクトルクラスタリング問題は，ベクトルを頂点とし，近くにあるベクトルどうしを結ぶことで頂点クラスタリング問題に帰着できます．辺の重みはガウスカーネル

$$\boldsymbol{W}_{ij} = \exp\left(-\frac{\|\boldsymbol{x}_i - \boldsymbol{x}_j\|^2}{2\sigma^2}\right) \tag{6.104}$$

がよく用いられます．辺の作成方法は，最も近い k 個のベクトルとの間に辺を結ぶ方法や，すべての頂点の間に辺を結ぶ方法が用いられます．前者の方法で構築されるグラフを k-近傍グラフといいます．後者の方法により構築されたグラフでは辺の有無自体には情報はありませんが，頂点の距離が遠ければ，重み $\boldsymbol{W}_{ij}$ が非常に小さくなるので問題ありません．帰着ができたので以降は頂点クラスタリング問題について考えます．

スペクトルクラスタリングの手順をアルゴリズム 6.3 に示します．スペクトルクラスタリングはまず，6.5.1 節で述べたラプラシアンを用いた頂点埋め込みを求めます．アルゴリズム 6.3 では非正規化ラプラシアンを用いていますが，他のラプラシアンを用いることも可能です．次に，得られた埋め込みを K-平均法などのクラスタリング手法に入力し，クラスタリングを行い

アルゴリズム 6.3 スペクトルクラスタリング

入力：重み付き隣接行列 $\boldsymbol{W} \in \mathbb{R}^{n\times n}$
　　　埋め込みの次元 d
　　　クラスタ数 K
出力：各頂点に対するクラスタの割当

```
D = Diag(W1)                                  // 次数行列の計算
L = D − W                                     // ラプラシアン行列の計算
h_1, ..., h_n ← L の正規直交固有ベクトル       // 固有値の小さい順
Z ← [h_2, ..., h_{d+1}] ∈ R^{n×d}             // 埋め込み行列の計算
π ← Z に対して K-平均法を適用し，各頂点に対するクラスタの割当を計算
Return π
```

ます．

本章では簡単のため重みなしグラフを考えてきましたが，本章で述べてきたスペクトルグラフ理論についての議論はすべて重み付きグラフにも適用可能です．

クラスタ数 K が事前に分からない場合にはグラフスペクトルを用いてクラスタ数を決定できます．命題 6.2 や例 6.1〜6.3 で紹介したように，グラフが d 個のクラスタに分かれているとき，ラプラシアンの固有値のうち小さいほうから d 個は 0 に近い値を持ちます．また，6.3.3 節で紹介したカットの解釈を用いると，固有値はクラスタをどれだけきれいに分けることができたかの指標となります．このため，ラプラシアンの固有値を計算し，0 に近い固有値の数だけクラスタを用意するという方法を用いることができます．

例 6.8 （スペクトルクラスタリングの例）

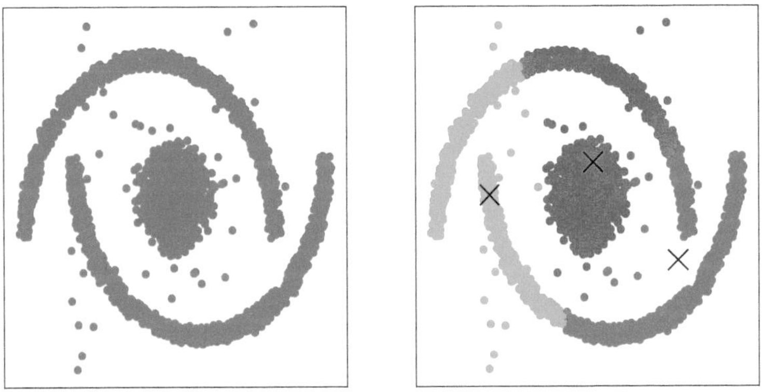

図 6.22 スペクトルクラスタリングを適用する問題例．左：ベクトルデータの図示．右：ベクトルデータに対して K-平均法を適用した結果．クラスタ構造が曲がっているため，K-平均法はうまくクラスタリングできない．

図 6.22 に示されるベクトルデータにスペクトルクラスタリングを適用します．まず，ベクトルデータに対してそのまま K-平均法を適用すると，うまくクラスタリングされません．これは，K-平均法は球形のクラスタを仮定しており，今回の問題例のような折れ曲がったクラスタには対応して

いないためです.

ベクトルデータの 50-近傍グラフを構築し，グラフフーリエ基底を求めます．図 6.23 の左が構築したグラフです．辺の重みは式 (6.104) のガウスカーネルを用います．中央と右の図がこのグラフの非正規化ラプラシアンの固有ベクトルを表します．これらを連結した $d = 2$ 次元の埋め込みを用います.

図 6.24 の左は埋め込みを表します．各点が頂点 v を表し，点の x 軸が

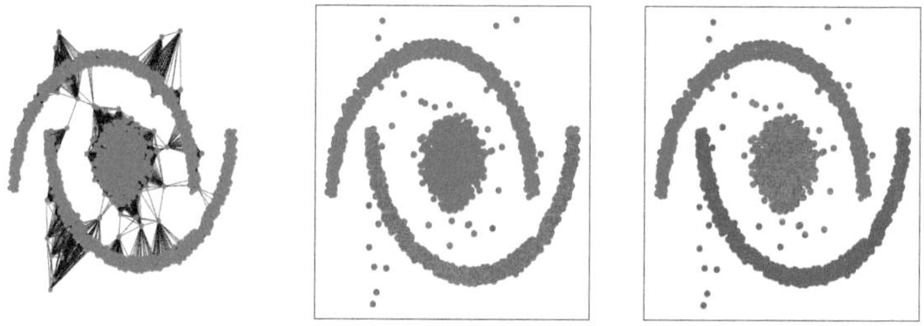

図 6.23　グラフフーリエ基底の図示．左：ベクトルデータの 50-近傍グラフ．中央：非正規化ラプラシアンの第 2 最小固有ベクトル h_2．右：非正規化ラプラシアンの第 3 固有ベクトル h_3．赤い頂点ほど値が大きく，青い頂点ほど値が小さいことを表す.

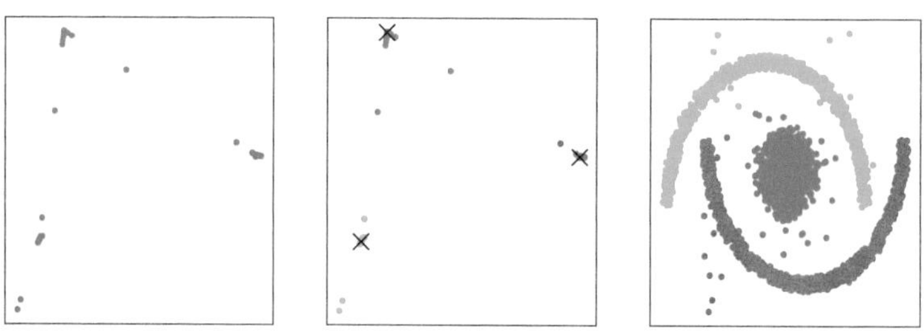

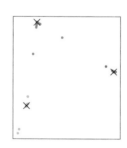

図 6.24　埋め込みとクラスタリングの結果．左：非正規化ラプラシアンの固有ベクトルにより得られた 2 次元埋め込み．各点が頂点を表し，点の座標は埋め込みの値を表す．同じクラスタの頂点がほとんど同じ位置に重なって表示されている．中央：埋め込みに対して K-平均法を適用した結果．各クラスタが凝縮しているので K-平均法できれいにクラスタリングできる．右：クラスタリング結果の元のベクトル空間における図示．曲がったクラスタ構造もきれいに取り出されている.

第2固有ベクトル $\boldsymbol{h}_{2,v}$，y 軸が第3固有ベクトル $\boldsymbol{h}_{3,v}$ を表します．一見，点の数が少ないですが，これは多くの点がほとんど同じ位置に埋め込まれているためです．中央の図がこの埋め込みに対して K-平均法を適用した結果を表します．各クラスタが凝縮しているので K-平均法できれいにクラスタリングできることが見てとれます．右図がこのクラスタ割当を元のベクトル空間で図示したものです．曲がったクラスタ構造もきれいに取り出されています．

6.5.3 カットとスペクトルクラスタリングの関係

本節では 6.3.3 節で紹介したカットの解釈を詳しく説明します．まず，単純なカットを用いてクラスタリングすることには問題があることを確認します．次に，この問題点を修正したカットの定義を紹介し，スペクトルクラスタリングがこのカットに基づいていることを示します．

本節ではまず，グラフの頂点を2つのクラスタに分割する問題を考えます．

問題 6.12（頂点の二分割クラスタリング問題）

入力 グラフ $G = (V, E)$

出力 頂点の分割 $(S, V \setminus S)$

ここでは簡単のため重みなしのグラフを考えますが，重みありグラフの場合も同じ議論が成立します．

6.5.3.1 単純なカットの問題点

二分割クラスタリング問題を解くには，単純には式 (6.33) で定義した，頂点集合 S と $V \setminus S$ の間の辺の本数

$$\mathrm{Cut}(S) = \mathrm{Cut}(S, V \setminus S) = |\{\{u, v\} \in E \mid u \in S, v \notin S\}| \tag{6.105}$$

を最小化する

$$\operatorname*{argmin}_{S \subseteq V} \mathrm{Cut}(S, V \setminus S) \tag{6.106}$$

を求めればよいように思います．しかし，この方法では，多くの場合 1 点や

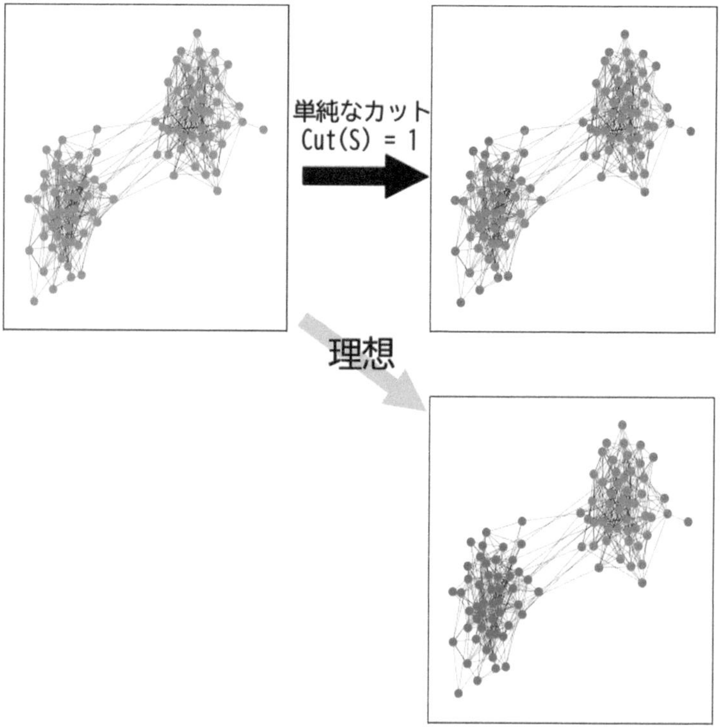

図 6.25 単純なカットによる頂点の二分割．青い頂点が S に属する頂点，赤い頂点が $V \setminus S$ に属する頂点を表す．単純なカットを用いると，このように 1 点だけの頂点を S とするのが最適となることがしばしばある．

2 点など小さい S が選択されてうまくクラスタリングできません (図 6.25)．

6.5.3.2 集合の大きさを考慮したカットの定義

単純なカットの問題点は，頂点集合 S の大きさを考慮していないことにあります．頂点集合の間の辺の本数が $\mathrm{Cut}(S) = 1$ 本であるというのは絶対量としては小さいですが，S の大きさが $|S| = 1$ であることを考慮すると割合としては大きな値です．図 6.25 下のような，S および $V \setminus S$ がある程度の大きさを持ちながら，$\mathrm{Cut}(S)$ が小さいような分割が理想的でしょう．こ

の議論をもとにしたカットのコストの定義を 3 種類紹介します．

第一は**比カット** (Ratio Cut)[49, 150] と呼ばれるもので，以下のように定義されます．

$$\mathrm{RatioCut}(S) \stackrel{\mathrm{def}}{=} \frac{\mathrm{Cut}(S)}{|S|} + \frac{\mathrm{Cut}(V \setminus S)}{|V \setminus S|} \tag{6.107}$$

グラフ中の最小の比カットをグラフの比カットと定義します．

$$\mathrm{RatioCut}(G) \stackrel{\mathrm{def}}{=} \min_{S \subseteq V} \mathrm{RatioCut}(S) \tag{6.108}$$

比カットは集合に含まれる頂点の数で正規化しているため，S が小さいときには $\mathrm{RatioCut}(S)$ が大きくなります．このため，比カットを最小化するときには，S としてある程度大きなものが選択されることになります．

第二は**正規化カット** (Normalized Cut)[127] と呼ばれるもので，以下のように定義されます．

$$\mathrm{NCut}(S) \stackrel{\mathrm{def}}{=} \frac{\mathrm{Cut}(S)}{\mathrm{vol}(S)} + \frac{\mathrm{Cut}(V \setminus S)}{\mathrm{vol}(V \setminus S)} \tag{6.109}$$

$$\mathrm{NCut}(G) \stackrel{\mathrm{def}}{=} \min_{S \subseteq V} \mathrm{NCut}(S) \tag{6.110}$$

ここで，集合 S の容量

$$\mathrm{vol}(S) \stackrel{\mathrm{def}}{=} \sum_{u \in S} \deg(u) \tag{6.111}$$

は集合中の頂点の次数の和を表します．正規化カットは頂点の数ではなく辺の数で正規化します．これにより，辺が多く含まれるような集合，すなわち，内部で強く結びついているような集合が選択されることになります．カット $\mathrm{Cut}(S)$ の最大値が容量 $\mathrm{vol}(S)$ であることを考えると，容量で正規化することは自然な選択です．

第三は**コンダクタンス** (conductance) と呼ばれるもので，以下のように定義されます．

$$\phi(S) \stackrel{\mathrm{def}}{=} \frac{\mathrm{Cut}(S)}{\min\{\mathrm{vol}(S), \mathrm{vol}(V \setminus S)\}} \tag{6.112}$$

$$\phi(G) \stackrel{\mathrm{def}}{=} \min_{S \subseteq V} \phi(S) \tag{6.113}$$

コンダクタンスは，正規化カットと同様に辺の数で正規化します．以下で示すように正規化カットとコンダクタンスは密接に結びついています．

命題 6.13（正規化カットとコンダクタンス）

任意の頂点集合 $S \subset V$ について，

$$\phi(S) \le \mathrm{NCut}(S) \le 2\phi(S) \tag{6.114}$$

が成立する．

証明

$\mathrm{Cut}(S) = \mathrm{Cut}(V \setminus S)$ に注意すると

$$\begin{aligned}
\phi(S) &= \frac{\mathrm{Cut}(S)}{\min\{\mathrm{vol}(S), \mathrm{vol}(V \setminus S)\}} \\
&\le \frac{\mathrm{Cut}(S)}{\min\{\mathrm{vol}(S), \mathrm{vol}(V \setminus S)\}} + \frac{\mathrm{Cut}(S)}{\max\{\mathrm{vol}(S), \mathrm{vol}(V \setminus S)\}} \\
&= \frac{\mathrm{Cut}(S)}{\mathrm{vol}(S)} + \frac{\mathrm{Cut}(S)}{\mathrm{vol}(V \setminus S)} \\
&= \mathrm{NCut}(S) \\
&\le \frac{\mathrm{Cut}(S)}{\min\{\mathrm{vol}(S), \mathrm{vol}(V \setminus S)\}} + \frac{\mathrm{Cut}(S)}{\min\{\mathrm{vol}(S), \mathrm{vol}(V \setminus S)\}} \\
&= 2\phi(S)
\end{aligned} \tag{6.115}$$

□

よって，正規化カットとコンダクタンスはどちらを用いても理論的・実験的に大きくは変わりません．式変形の都合などで扱いやすいほうを適宜用います．

6.5.3.3 比カットと非正規化ラプラシアンの関係

非正規化ラプラシアン $\boldsymbol{L} \in \mathbb{R}^{n \times n}$ の固有値と固有ベクトルは比カットと強く結びついています．任意の頂点の部分集合 $S \subset V$ について，

$$\boldsymbol{f}_v^S = \begin{cases} \sqrt{\frac{|V \setminus S|}{|V||S|}} & v \in S \\ -\sqrt{\frac{|S|}{|V||V \setminus S|}} & v \in V \setminus S \end{cases} \tag{6.116}$$

という信号 $\boldsymbol{f}^S \in \mathbb{R}^n$ を考えます．この信号は

$$\begin{aligned} \|\boldsymbol{f}_v^S\|_2^2 &= \sum_{v \in V} \boldsymbol{f}_v^{S2} \\ &= |S|\frac{|V \setminus S|}{|V||S|} + |V \setminus S|\frac{|S|}{|V||V \setminus S|} \\ &= \frac{|V \setminus S|}{|V|} + \frac{|S|}{|V|} \\ &= \frac{|V|}{|V|} \\ &= 1 \end{aligned} \tag{6.117}$$

かつ

$$\begin{aligned} \sum_{v \in V} \boldsymbol{f}_v^S &= |S|\sqrt{\frac{|V \setminus S|}{|V||S|}} - |V \setminus S|\sqrt{\frac{|S|}{|V||V \setminus S|}} \\ &= \sqrt{\frac{|S||V \setminus S|}{|V|}} - \sqrt{\frac{|S||V \setminus S|}{|V|}} \\ &= 0 \end{aligned} \tag{6.118}$$

を満たします．この信号のディリクレエネルギーは

$$\mathrm{Var}(\boldsymbol{f}^S) = \sum_{\{u,v\} \in E} (\boldsymbol{f}_u^S - \boldsymbol{f}_v^S)^2 \tag{6.119}$$

$$\begin{aligned} &\overset{\text{(a)}}{=} \mathrm{Cut}(S)\left(\sqrt{\frac{|V \setminus S|}{|V||S|}} + \sqrt{\frac{|S|}{|V||V \setminus S|}}\right)^2 \\ &= \mathrm{Cut}(S)\left(\frac{|V \setminus S|}{|V||S|} + \frac{2}{|V|} + \frac{|S|}{|V||V \setminus S|}\right) \\ &= \mathrm{Cut}(S)\left(\frac{|V \setminus S| + |S|}{|V||S|} + \frac{|V \setminus S| + |S|}{|V||V \setminus S|}\right) \end{aligned}$$

$$
\begin{aligned}
&= \mathrm{Cut}(S)\left(\frac{|V|}{|V||S|} + \frac{|V|}{|V||V \setminus S|}\right) \\
&= \mathrm{Cut}(S)\left(\frac{1}{|S|} + \frac{1}{|V \setminus S|}\right) \\
&= \mathrm{RatioCut}(S) \qquad (6.120)
\end{aligned}
$$

と表されます．ここで，(a) は S と $V \setminus S$ の間にある辺についてのみ式 (6.119) が非ゼロであることより成立します．よって，比カットの最小化は

$$
\begin{aligned}
&\underset{S \subseteq V}{\mathrm{minimize}}\, \mathrm{RatioCut}(S) \\
&= \underset{S \subseteq V}{\mathrm{minimize}}\, \mathrm{Var}(\boldsymbol{f}^S) \quad \text{s.t.} \quad \|\boldsymbol{f}^S\|_2 = 1, \quad \sum_{v \in V} \boldsymbol{f}_v^S = 0 \qquad (6.121)
\end{aligned}
$$

と等価です．式 (6.24) で述べたように，非正規化ラプラシアンの第 2 固有値 $\lambda_2 \in \mathbb{R}$ と第 2 固有ベクトル $\boldsymbol{h}_2 \in \mathbb{R}^n$ は，

$$
\underset{\boldsymbol{f} \in \mathbb{R}^n}{\mathrm{minimize}}\, \mathrm{Var}(\boldsymbol{f}) \quad \text{s.t.} \quad \|\boldsymbol{f}\|_2 = 1, \quad \sum_{v \in V} \boldsymbol{f}_v = 0 \qquad (6.122)
$$

の最適値および最適解であることを思い起こしてください．式 (6.121) と (6.122) は非常に似ていることが見てとれます．比カットの最小化は，非正規化ラプラシアンの第 2 固有値を求める問題のうち，信号の形式を式 (6.116) のように限った場合に相当します．ここから，以下の命題がただちに導かれます．

命題 6.14（比カットと非正規化ラプラシアンの第 2 固有値）

非正規化ラプラシアン $\boldsymbol{L}$ の第 2 固有値を λ_2 とすると，$\mathrm{RatioCut}(G) \geq \lambda_2$ が成立する．

証明

比カットを最小化する頂点集合を $S \subset V$ とすると，$\boldsymbol{f}^S \in \mathbb{R}^n$ は式 (6.122) の制約条件を満たすので，目的関数値は最適値 λ_2 より大きく，

$$
\begin{aligned}
\mathrm{RatioCut}(G) &= \mathrm{RatioCut}(S) \\
&= \mathrm{Var}(\boldsymbol{f}^S) \\
&\geq \lambda_2
\end{aligned}
\tag{6.123}
$$

が成立する． □

また，式 (6.121) と式 (6.122) の対応関係から，非正規化ラプラシアンの第 2 固有ベクトルを求める問題は，比カットを最小化する問題を式 (6.116) のような離散的な信号から，任意の連続信号に緩和した問題として捉えることができます．

6.5.3.4 正規化カットと対称正規化ラプラシアンの関係

正規化カットと対称正規化ラプラシアンにも同様の関係が成り立ちます．任意の頂点の部分集合 $S \subset V$ について，

$$
\boldsymbol{f}_v^S = \begin{cases} \sqrt{\frac{\deg(v)\mathrm{vol}(V \setminus S)}{\mathrm{vol}(V)\mathrm{vol}(S)}} & v \in S \\ -\sqrt{\frac{\deg(v)\mathrm{vol}(S)}{\mathrm{vol}(V)\mathrm{vol}(V \setminus S)}} & v \in V \setminus S \end{cases}
\tag{6.124}
$$

という信号 $\boldsymbol{f}^S \in \mathbb{R}^n$ を考えます．この信号は

$$
\begin{aligned}
&\|\boldsymbol{f}_v^S\|_2^2 \\
&= \sum_{v \in V} \boldsymbol{f}_v^{S2} \\
&= \sum_{v \in S} \deg(v) \frac{\mathrm{vol}(V \setminus S)}{\mathrm{vol}(V)\mathrm{vol}(S)} + \sum_{v \in V \setminus S} \deg(v) \frac{\mathrm{vol}(S)}{\mathrm{vol}(V)\mathrm{vol}(V \setminus S)} \\
&= \frac{\mathrm{vol}(V \setminus S)}{\mathrm{vol}(V)} + \frac{\mathrm{vol}(S)}{\mathrm{vol}(V)} \\
&= \frac{\mathrm{vol}(V)}{\mathrm{vol}(V)} \\
&= 1
\end{aligned}
\tag{6.125}
$$

および

$$
\begin{aligned}
&\sum_{v \in V} \sqrt{\deg(v)} \boldsymbol{f}_v^S \\
&= \sum_{v \in S} \deg(v) \sqrt{\frac{\mathrm{vol}(V \setminus S)}{\mathrm{vol}(V)\mathrm{vol}(S)}} - \sum_{v \in V \setminus S} \deg(v) \sqrt{\frac{\mathrm{vol}(S)}{\mathrm{vol}(V)\mathrm{vol}(V \setminus S)}} \\
&= \mathrm{vol}(S) \sqrt{\frac{\mathrm{vol}(V \setminus S)}{\mathrm{vol}(V)\mathrm{vol}(S)}} - \mathrm{vol}(V \setminus S) \sqrt{\frac{\mathrm{vol}(S)}{\mathrm{vol}(V)\mathrm{vol}(V \setminus S)}} \\
&= \sqrt{\frac{\mathrm{vol}(S)\mathrm{vol}(V \setminus S)}{\mathrm{vol}(V)}} - \sqrt{\frac{\mathrm{vol}(S)\mathrm{vol}(V \setminus S)}{\mathrm{vol}(V)}} \\
&= 0
\end{aligned} \tag{6.126}
$$

を満たします．この信号のディリクレエネルギーは

$$
\begin{aligned}
&\mathrm{Var}^{\mathrm{sym}}(\boldsymbol{f}^S) \\
&= \sum_{\{u,v\} \in E} \left(\frac{\boldsymbol{f}_u^S}{\sqrt{\deg(u)}} - \frac{\boldsymbol{f}_v^S}{\sqrt{\deg(v)}} \right)^2 \qquad (6.127) \\
&\overset{\text{(a)}}{=} \mathrm{Cut}(S) \left(\sqrt{\frac{\mathrm{vol}(V \setminus S)}{\mathrm{vol}(V)\mathrm{vol}(S)}} + \sqrt{\frac{\mathrm{vol}(S)}{\mathrm{vol}(V)\mathrm{vol}(V \setminus S)}} \right)^2 \\
&= \mathrm{Cut}(S) \left(\frac{\mathrm{vol}(V \setminus S)}{\mathrm{vol}(V)\mathrm{vol}(S)} + \frac{2}{\mathrm{vol}(V)} + \frac{\mathrm{vol}(S)}{\mathrm{vol}(V)\mathrm{vol}(V \setminus S)} \right) \\
&= \mathrm{Cut}(S) \left(\frac{\mathrm{vol}(V \setminus S) + \mathrm{vol}(S)}{\mathrm{vol}(V)\mathrm{vol}(S)} + \frac{\mathrm{vol}(S) + \mathrm{vol}(V \setminus S)}{\mathrm{vol}(V)\mathrm{vol}(V \setminus S)} \right) \\
&= \mathrm{Cut}(S) \left(\frac{\mathrm{vol}(V)}{\mathrm{vol}(V)\mathrm{vol}(S)} + \frac{\mathrm{vol}(V)}{\mathrm{vol}(V)\mathrm{vol}(V \setminus S)} \right) \\
&= \mathrm{Cut}(S) \left(\frac{1}{\mathrm{vol}(S)} + \frac{1}{\mathrm{vol}(V \setminus S)} \right) \\
&= \mathrm{NCut}(S)
\end{aligned} \tag{6.128}
$$

と表されます．ここで，(a) は S と $V \setminus S$ の間にある辺についてのみ式 (6.127) が非ゼロであることより成立します．よって，正規化カットの最小化は

$$\begin{aligned}&\underset{S\subseteq V}{\text{minimize}}\,\text{NCut}(S)\\&=\underset{S\subseteq V}{\text{minimize}}\,\text{Var}^{\text{sym}}(\boldsymbol{f}^S)\ \text{s.t.}\ \|\boldsymbol{f}^S\|_2=1,\sum_{v\in V}\sqrt{\deg(v)}\boldsymbol{f}^S_v=0\end{aligned}\tag{6.129}$$

と等価です．対称正規化ラプラシアンの第 1 固有ベクトルは $\boldsymbol{D}^{1/2}\mathbf{1}_n\in\mathbb{R}^n$ であり，第 2 固有値 $\lambda_2\in\mathbb{R}$ と第 2 固有ベクトル $\boldsymbol{h}_2\in\mathbb{R}^n$ は，

$$\underset{\boldsymbol{f}\in\mathbb{R}^n}{\text{minimize}}\,\text{Var}^{\text{sym}}(\boldsymbol{f})\quad\text{s.t.}\quad\|\boldsymbol{f}\|_2=1,\quad\sum_{v\in V}\sqrt{\deg(v)}\boldsymbol{f}_v=0\tag{6.130}$$

の最適値および最適解であるので，命題 6.14 と同様の以下の命題が成り立ちます．

命題 6.15（正規化カットと対称正規化ラプラシアンの第 2 固有値）

対称正規化ラプラシアン $\boldsymbol{L}^{\text{sym}}$ の第 2 固有値を λ_2 とすると，$\text{NCut}(G)\geq\lambda_2$ が成立する．

また，第 2 固有値を用いて正規化カットおよびコンダクタンスを上から抑えることもできます．これを**チーガーの不等式** (Cheeger's inequality) といいます．

定理 6.16（チーガーの不等式）

対称正規化ラプラシアン $\boldsymbol{L}^{\text{sym}}$ の第 2 固有値を λ_2 とすると，

$$\frac{1}{2}\lambda_2\leq\phi(G)\leq\sqrt{2\lambda_2}\tag{6.131}$$

が成立する．

命題 6.13 を用いれば $\lambda_2\leq\text{NCut}(G)\leq2\sqrt{2\lambda_2}$ も示せます．固有値を用いてカットの値を上下から抑えられることは極めて重要です．チーガーの不等式は，第 2 固有値 λ_2 が小さければ，うまくグラフをカットできることを表しています．$\lambda_2=0$ のときにはコスト 0 でカットできることを示しており，これは命題 6.2 とも整合的です．さらに，ただカットの存在を示しているだけではなく，第 2 固有ベクトルを用いて

$$\frac{1}{2}\lambda_2 \le \phi(S) \le \sqrt{2\lambda_2} \tag{6.132}$$

を満たす頂点集合 S を具体的に求めることができます．以下にチーガーの不等式と頂点集合 S の構成方法を示します．

証明

$\frac{1}{2}\lambda_2 \le \phi(G)$ は命題 6.13 と命題 6.15 よりただちに従う．対称正規化ラプラシアンの第 2 固有ベクトルを $\boldsymbol{f} \in \mathbb{R}^n$ とする．適当に頂点番号を付け替えて

$$\frac{\boldsymbol{f}_1}{\sqrt{\deg(1)}} \le \frac{\boldsymbol{f}_2}{\sqrt{\deg(2)}} \le \cdots \le \frac{\boldsymbol{f}_n}{\sqrt{\deg(n)}} \tag{6.133}$$

が成立するようにする．容量の観点で中央となる頂点 m を

$$m \overset{\text{def}}{=} \min\{m \in [n] \mid \mathrm{vol}(\{1, 2, \ldots, m\}) > \mathrm{vol}(\{m+1, \ldots, n\})\} \tag{6.134}$$

と定義する．以下のように信号 $\boldsymbol{g}, \boldsymbol{g}', \boldsymbol{g}''$ を定義する．

$$\boldsymbol{g} \overset{\text{def}}{=} \frac{\boldsymbol{g}'}{\sqrt{\boldsymbol{g}_n'^2 + \boldsymbol{g}_1'^2}} \tag{6.135}$$

$$\boldsymbol{g}' \overset{\text{def}}{=} \boldsymbol{g}'' - \boldsymbol{g}_m'' \tag{6.136}$$

$$\boldsymbol{g}_v'' \overset{\text{def}}{=} \frac{\boldsymbol{f}_v}{\sqrt{\deg(v)}} \tag{6.137}$$

このとき，$\boldsymbol{g}_1 \le \boldsymbol{g}_2 \le \cdots \le \boldsymbol{g}_n$ かつ $\boldsymbol{g}_m = 0$ かつ $\boldsymbol{g}_1^2 + \boldsymbol{g}_n^2 = 1$ が成立する．確率変数 T を確率密度関数 $p(t) = 2|T|$ を持つ，区間 $[\boldsymbol{g}_1, \boldsymbol{g}_n]$ 上の確率分布に従うように設定する．このとき，$\boldsymbol{g}_1 \le a \le b \le \boldsymbol{g}_n$ について

$$\Pr[T \in [a, b]] = \begin{cases} |b^2 - a^2| & \text{if } ab > 0 \\ a^2 + b^2 & \text{if } ab \le 0 \end{cases} \tag{6.138}$$

$$\le (b - a)(|a| + |b|) \tag{6.139}$$

が成立する．また，集合値をとる確率変数 S_T を

$$S_T \stackrel{\text{def}}{=} \{v \in V \mid \boldsymbol{g}_v \leq T\} \tag{6.140}$$

と定義する．このとき，

$$\begin{aligned}
\mathbb{E}[\mathrm{Cut}(S_T)] &= \sum_{\{u,v\}\in E:\ v<u} \Pr[v \in S_T, u \notin S_T] \\
&= \sum_{\{u,v\}\in E:\ v<u} \Pr[T \in [\boldsymbol{g}_v, \boldsymbol{g}_u]] \\
&\leq \sum_{\{u,v\}\in E:\ v<u} (\boldsymbol{g}_u - \boldsymbol{g}_v)(|\boldsymbol{g}_u| + |\boldsymbol{g}_v|) \\
&\stackrel{\text{(a)}}{\leq} \sqrt{\sum_{\{u,v\}\in E} (\boldsymbol{g}_u - \boldsymbol{g}_v)^2} \sqrt{\sum_{\{u,v\}\in E} (|\boldsymbol{g}_u| + |\boldsymbol{g}_v|)^2} \\
&\stackrel{\text{(b)}}{\leq} \sqrt{\sum_{\{u,v\}\in E} (\boldsymbol{g}_u - \boldsymbol{g}_v)^2} \sqrt{\sum_{\{u,v\}\in E} (2\boldsymbol{g}_u^2 + 2\boldsymbol{g}_v^2)} \\
&= \sqrt{\sum_{\{u,v\}\in E} (\boldsymbol{g}_u - \boldsymbol{g}_v)^2} \sqrt{2\sum_{v\in V} \deg(v)\boldsymbol{g}_v^2}
\end{aligned} \tag{6.141}$$

となる．ここで，(a) はコーシー・シュワルツの不等式，(b) は $2|\boldsymbol{g}_u|^2 + 2|\boldsymbol{g}_v|^2 = (|\boldsymbol{g}_u| + |\boldsymbol{g}_v|)^2 + (|\boldsymbol{g}_u| - |\boldsymbol{g}_v|)^2 \geq (|\boldsymbol{g}_u| + |\boldsymbol{g}_v|)^2$ を用いた．ここで，

$$S'_T \stackrel{\text{def}}{=} \operatorname*{argmin}_{S\in\{S_T, V\setminus S_T\}} \mathrm{vol}(S) \tag{6.142}$$

を S_T と $V \setminus S_T$ のうち容量の小さいほうとする．$\mathrm{vol}(S_T) = \mathrm{vol}(V \setminus S_T)$ のときには，$S'_T = S_T$ とする．このとき，

$$\begin{aligned}
&\mathbb{E}[\min(\mathrm{vol}(S_T), \mathrm{vol}(V \setminus S_T))] \\
&= \mathbb{E}[\mathrm{vol}(S'_T)] \\
&= \sum_{v\in V} \Pr[v \in S'_T]\deg(v)
\end{aligned}$$

$$\overset{(a)}{=} \sum_{v \in V} \Pr\left[T \in [0, |\boldsymbol{g}_v|]\right] \deg(v)$$

$$\overset{(b)}{=} \sum_{v \in V} \boldsymbol{g}_v^2 \deg(v) \tag{6.143}$$

となる．ここで，(a) は 集合 S_T の定義式 (6.140) と頂点 m の定義より，頂点 m は S_T' には含まれず，頂点 $i < m$ については，$\boldsymbol{g}_i \leq T \leq \boldsymbol{g}_m = 0$ のときに $i \in S_T'$ となり，頂点 $i > m$ については $\boldsymbol{g}_i \geq T \geq \boldsymbol{g}_m = 0$ のときに $i \in S_T'$ となることから従う．(b) は式 (6.138) より従う．式 (6.141) と式 (6.143) より，

$$
\begin{aligned}
&\frac{\mathbb{E}[\mathrm{Cut}(S_T)]}{\mathbb{E}[\mathrm{vol}(S_T')]} \\
&\leq \sqrt{2\frac{\sum_{\{u,v\}}(\boldsymbol{g}_u - \boldsymbol{g}_v)^2}{\sum_{v \in V}\deg(v)\boldsymbol{g}_v^2}} \\
&\overset{(a)}{=} \sqrt{2\frac{\sum_{\{u,v\} \in E}(\boldsymbol{g}_u' - \boldsymbol{g}_v')^2}{\sum_{v \in V}\deg(v)\boldsymbol{g}_v'^2}} \\
&\overset{(b)}{=} \sqrt{2\frac{\sum_{\{u,v\} \in E}(\boldsymbol{g}_u'' - \boldsymbol{g}_m'' - \boldsymbol{g}_v'' + \boldsymbol{g}_m'')^2}{\sum_{v \in V}\deg(v)(\boldsymbol{g}_v'' - \boldsymbol{g}_m'')^2}} \\
&= \sqrt{2\frac{\sum_{\{u,v\} \in E}(\boldsymbol{g}_u'' - \boldsymbol{g}_v'')^2}{\sum_{v \in V}\deg(v)\boldsymbol{g}_v''^2 - 2\boldsymbol{g}_m''\sum_{v \in V}\deg(v)\boldsymbol{g}_v'' + \boldsymbol{g}_m''^2\sum_{v \in V}\deg(v)}} \\
&\leq \sqrt{2\frac{\sum_{\{u,v\} \in E}(\boldsymbol{g}_u'' - \boldsymbol{g}_v'')^2}{\sum_{v \in V}\deg(v)\boldsymbol{g}_v''^2 - 2\boldsymbol{g}_m''\sum_{v \in V}\deg(v)\boldsymbol{g}_v''}} \\
&= \sqrt{2\frac{\sum_{\{u,v\} \in E}(\boldsymbol{g}_u'' - \boldsymbol{g}_v'')^2}{\sum_{v \in V}\deg(v)\boldsymbol{g}_v''^2 - 2\boldsymbol{g}_m''\sum_{v \in V}\sqrt{\deg(v)}\boldsymbol{f}_v}} \\
&\overset{(c)}{=} \sqrt{2\frac{\sum_{\{u,v\} \in E}(\boldsymbol{g}_u'' - \boldsymbol{g}_v'')^2}{\sum_{v \in V}\deg(v)\boldsymbol{g}_v''^2}}
\end{aligned}
$$

$$
\begin{aligned}
&= \sqrt{2\frac{\sum_{\{u,v\}\in E}(\frac{\boldsymbol{f}_u}{\sqrt{\deg(u)}} - \frac{\boldsymbol{f}_v}{\sqrt{\deg(v)}})^2}{\sum_{v\in V}\deg(v)\frac{\boldsymbol{f}_v^2}{\deg(v)}}} \\
&= \sqrt{2\frac{\sum_{\{u,v\}\in E}(\frac{\boldsymbol{f}_u}{\sqrt{\deg(u)}} - \frac{\boldsymbol{f}_v}{\sqrt{\deg(v)}})^2}{\sum_{v\in V}\boldsymbol{f}_v^2}} \\
&\overset{\text{(d)}}{=} \sqrt{2\sum_{\{u,v\}\in E}\left(\frac{\boldsymbol{f}_u}{\sqrt{\deg(u)}} - \frac{\boldsymbol{f}_v}{\sqrt{\deg(v)}}\right)^2} \\
&= \sqrt{2\mathrm{Var}^{\mathrm{sym}}(\boldsymbol{f})} \\
&= \sqrt{2\lambda_2}
\end{aligned} \tag{6.144}
$$

が成り立つ．ここで，(a) は $\boldsymbol{g}'$ は $\boldsymbol{g}$ を定数倍したものであるので，分母と分子が同じ比率で変化し全体としては変化しないことから従う．(b) は $\boldsymbol{g}'$ の定義より従う．(c) は第 2 固有ベクトル $\boldsymbol{f}$ が第 1 固有ベクトル $\boldsymbol{D}^{1/2}$ と直交することから従う．(d) は $\|\boldsymbol{f}\|_2 = 1$ より従う． 左辺の分母を払って整理すると，

$$
\mathbb{E}[\mathrm{Cut}(S_T) - \sqrt{2\lambda_2}\mathrm{vol}(S'_T)] \leq 0 \tag{6.145}
$$

である．よって，ある実現値 t が存在して，

$$
\mathrm{Cut}(S_t) - \sqrt{2\lambda_2}\mathrm{vol}(S'_t) \leq 0 \tag{6.146}
$$

が成り立つ．このとき，

$$
\begin{aligned}
\phi(S_t) &= \frac{\mathrm{Cut}(S_t)}{\min(\mathrm{vol}(S_t), \mathrm{vol}(V \setminus S_t))} \\
&= \frac{\mathrm{Cut}(S_t)}{\mathrm{vol}(S'_t)} \\
&\leq \sqrt{2\lambda_2}
\end{aligned} \tag{6.147}
$$

となる．よって，$\phi(G) \leq \sqrt{2\lambda_2}$ が成り立つ．また，このような S_t は，$n-1$ 通りの $t \in \{\boldsymbol{g}_1, \boldsymbol{g}_2, \ldots, \boldsymbol{g}_{n-1}\}$ について，$\phi(S_t)$ を計算し，

コンダクタンスの最も小さい S_t を選択することで求めることができる. □

こちらの証明は文献[8,139]を参考にしました. 比カットについても同様の不等式が成り立つことが知られています [99, Theorem 4.2].

以上より, 第 2 固有値が小さいグラフ, つまり 2 つのクラスタに分かれているグラフであれば, 第 2 固有ベクトルを丸めることで, うまくグラフをカットできることが分かりました. 逆に, 第 2 固有値が大きいグラフ, つまり 2 つのクラスタに分かれていないグラフであれば, どのように頂点集合を定めても, うまくグラフをカットできないことも分かりました.

6.5.3.5 複数のクラスタへの分割

これまでは二分割のみを考えていましたが, 以上の結果を一般のクラスタリングに拡張します.

問題 6.17 (頂点クラスタリング問題)

入力 グラフ $G = (V, E)$, クラスタ数 K

出力 各頂点に対するクラスタの割当 $\pi\colon [n] \to [K]$

複数クラスタがある場合の比カット・正規化カット, コンダクタンスはそれぞれ

$$\mathrm{RatioCut}(S_1, S_2, \ldots, S_K) \overset{\mathrm{def}}{=} \sum_{k=1}^{K} \frac{\mathrm{Cut}(S_k)}{|S_k|} \tag{6.148}$$

$$\mathrm{NCut}(S_1, S_2, \ldots, S_K) \overset{\mathrm{def}}{=} \sum_{k=1}^{K} \frac{\mathrm{Cut}(S_k)}{\mathrm{vol}(S_k)} \tag{6.149}$$

$$\phi(S_1, S_2, \ldots, S_K) \overset{\mathrm{def}}{=} \max_{k=1,2,\ldots,K} \frac{\mathrm{Cut}(S_k)}{\mathrm{vol}(S_k)} \tag{6.150}$$

と定義されます.

複数クラスタの場合も, 比カットと非正規化ラプラシアンの固有値・固有

ベクトルには結びつきがあります．任意の分割 $S = (S_1, S_2, \ldots, S_K)$ について，

$$\boldsymbol{f}_v^{(S,k)} = \begin{cases} \frac{1}{\sqrt{|S_k|}} & v \in S_k \\ 0 & v \notin S_k \end{cases} \tag{6.151}$$

とすると，

$$\begin{aligned} \mathrm{Var}(\boldsymbol{f}^{(S,k)}) &= \sum_{\{u,v\} \in E} (\boldsymbol{f}_u^{(S,k)} - \boldsymbol{f}_v^{(S,k)})^2 \\ &= \frac{\mathrm{Cut}(S_k)}{|S_k|} \end{aligned} \tag{6.152}$$

および

$$\begin{aligned} \|\boldsymbol{f}^{(S,k)}\|_2^2 &= \sum_{v \in V} \boldsymbol{f}_v^{(S,k)2} \\ &= \sum_{v \in S_k} \frac{1}{|S_k|} \\ &= 1 \end{aligned} \tag{6.153}$$

となります．また，非ゼロ要素が互いに素であるので，$k \neq l$ について

$$\boldsymbol{f}^{(S,k)\top} \boldsymbol{f}^{(S,l)} = 0 \tag{6.154}$$

となります．よって，比カットが最小となる分割 S を求める問題は，

$$\begin{aligned} &\underset{S_1, S_2, \ldots, S_K}{\mathrm{minimize}}\ \mathrm{RatioCut}(S_1, S_2, \ldots, S_K) \\ &= \underset{S_1, S_2, \ldots, S_K}{\mathrm{minimize}} \sum_{k=1}^{K} \mathrm{Var}(\boldsymbol{f}^{(S,k)}) \text{ s.t. } \|\boldsymbol{f}^{(S,k)}\|_2 = 1, \boldsymbol{f}^{(S,k)\top} \boldsymbol{f}^{(S,l)} = 0 \quad \forall k \neq l \end{aligned} \tag{6.155}$$

と等価です．二分割の場合と同様に，この問題を一般の連続信号に緩和した問題

$$\underset{\boldsymbol{h}_1,\boldsymbol{h}_2,\ldots,\boldsymbol{h}_K\in\mathbb{R}^n}{\text{minimize}} \sum_{k=1}^{K} \mathrm{Var}(\boldsymbol{h}_k) \quad \text{s.t. } \|\boldsymbol{h}_k\|_2 = 1 \quad \forall k, \quad \boldsymbol{h}_k^\top \boldsymbol{h}_l = 0 \quad \forall k \neq l \tag{6.156}$$

を考えます．6.3.2 節では信号を 1 つずつ貪欲に決定することで基底を構成したのに対して，問題 (6.156) はすべての信号を同時に定めるという違いはありますが，グラフスペクトル基底 $\boldsymbol{h}_1, \boldsymbol{h}_2, \ldots, \boldsymbol{h}_K$ が問題 (6.156) の最適解となることは定理 6.1 と同様の議論により示せます．このとき，最適値は

$$\sum_{k=1}^{K} \lambda_k \tag{6.157}$$

となります．よって，比カットの最小値は

$$\mathrm{RatioCut}(G) \geq \sum_{k=1}^{K} \lambda_k \tag{6.158}$$

と下から抑えることができます．

正規化カットについても同様の議論が従います．任意の分割 $S = (S_1, S_2, \ldots, S_K)$ について，

$$\boldsymbol{f}_v^{(S,k)} = \begin{cases} \sqrt{\dfrac{\deg(v)}{\mathrm{vol}(S_k)}} & v \in S_k \\ 0 & v \notin S_k \end{cases} \tag{6.159}$$

とすると，

$$\begin{aligned} \mathrm{Var}^{\mathrm{sym}}(\boldsymbol{f}^{(S,k)}) &= \sum_{\{u,v\}\in E} \left(\frac{\boldsymbol{f}_u^{(S,k)}}{\sqrt{\deg(u)}} - \frac{\boldsymbol{f}_v^{(S,k)}}{\sqrt{\deg(v)}} \right)^2 \\ &= \frac{\mathrm{Cut}(S_k)}{\mathrm{vol}(S_k)} \end{aligned} \tag{6.160}$$

および

$$\begin{aligned} \|\boldsymbol{f}^{(S,k)}\|_2^2 &= \sum_{v\in V} \boldsymbol{f}_v^{(S,k)2} \\ &= \sum_{v\in S_k} \frac{\deg(v)}{\mathrm{vol}(S_k)} \end{aligned}$$

$$= 1 \tag{6.161}$$

となります．また，非ゼロ要素が互いに素であるので，$k \neq l$ について

$$\boldsymbol{f}^{(S,k)\top}\boldsymbol{f}^{(S,l)} = 0 \tag{6.162}$$

となります．よって，正規化カットが最小となる分割 S を求める問題は，

$$\begin{aligned}
&\underset{S_1,S_2,\ldots,S_K}{\text{minimize}}\ \mathrm{NCut}(S_1, S_2, \ldots, S_K) \\
&= \underset{S_1,S_2,\ldots,S_K}{\text{minimize}} \sum_{k=1}^{K} \mathrm{Var}^{\mathrm{sym}}(\boldsymbol{f}^{(S,k)}) \\
&\text{s.t. } \|\boldsymbol{f}^{(S,k)}\|_2 = 1, \boldsymbol{f}^{(S,k)\top}\boldsymbol{f}^{(S,l)} = 0 \quad \forall k \neq l
\end{aligned} \tag{6.163}$$

と等価です．この問題を一般の連続信号に緩和した問題

$$\begin{aligned}
&\underset{\boldsymbol{h}_1,\boldsymbol{h}_2,\ldots,\boldsymbol{h}_K \in \mathbb{R}^n}{\text{minimize}} \sum_{k=1}^{K} \mathrm{Var}^{\mathrm{sym}}(\boldsymbol{h}_k) \\
&\text{s.t. } \|\boldsymbol{h}_k\|_2 = 1, \quad \boldsymbol{h}_k^\top \boldsymbol{h}_l = 0 \quad \forall k \neq l
\end{aligned} \tag{6.164}$$

を考えます．この最適値は，対称正規化ラプラシアンの固有値を小さい順に K 個足し合わせたものであり，最適解は対応する固有ベクトルです．よって，正規化カットの最小値は

$$\mathrm{NCut}(G) \geq \sum_{k=1}^{K} \lambda_k \tag{6.165}$$

と下から抑えることができます．

また，二分割のときと同様に，複数クラスタの場合にも，固有値を用いて正規化カットを上から抑えるチーガーの不等式の変種 [77] が知られています．

二分割の場合と大きく異なる点は，固有ベクトルの丸めを効率よく行えないことです．二分割の場合は，数直線を二分割すればよかったため，分割の候補は $n-1$ 通りで済み，すべての候補を試すことができました．三分割以上の場合は，埋め込みが 2 次元以上になり，候補を絞ることができません．一般には K^n 通りの候補をすべて試すことになり，計算量が膨大になります．よって，現実的には最もよい割当を厳密に求めることはできません．そ

こで，式 (6.164) のような連続緩和した問題の解を式 (6.159) のような離散値に直接丸めることを考えます．これはつまり，埋め込みが近い頂点集合を同じクラスタに割り当てるということであり，これが 6.5.2 節で紹介した K-平均法を用いたスペクトルクラスタリングにつながります．

Chapter 7

過平滑化現象とその対策

過平滑化とは，グラフニューラルネットワークの出力がすべての頂点で同じ値になってしまう現象です．多くのグラフニューラルネットワークにおいて，層数が多いときにこの現象が起きることが経験的・理論的に知られています．本章では，過平滑化現象の原因と対策について説明します．

7.1 過平滑化現象とは

過平滑化現象 (over-smoothing)[85] とは，グラフニューラルネットワークの出力がすべての頂点で同じ，あるいはほとんど同じ値になってしまう現象です．さらに，その値はグラフ構造にのみ依存し，入力特徴量にはほとんど依存しないという性質があります．つまり，このときグラフニューラルネットワークは入力特徴量 $\boldsymbol{X}$ の情報を無視するということです．例えば，グラフニューラルネットワークを用いて頂点分類を行うとき，過平滑化現象が起きるとすべての頂点が同じクラスに属すると予測されてしまいます．層数の多いグラフニューラルネットワークでこの現象が起きることが経験的・理論的に知られています．直観的には，グラフニューラルネットワークは周辺からの情報を取り入れることを繰り返しますが，この繰り返しが多くなりすぎると，すべての頂点での情報が一様になり，出力が同じになってしまうということです．この現象はスペクトルグラフ理論を用いるとよく説明できます．グラフニューラルネットワークは低周波の信号を強調しますが，これを繰り返すと低周波の信号だけが強調されすぎ，究極的には最も低周波な信号である定数成分しか残らなくなってしまうことが過平滑化現象の原因です．

7.1.1 線形の場合の証明

3.2.4 節で紹介した単純グラフ畳み込みのように，活性化関数を持たない線形グラフニューラルネットワークにおいて過平滑化現象が起きることを示します．前処理で自己ループを追加した隣接行列を $\tilde{\boldsymbol{A}} \in \mathbb{R}^{n \times n}$ とし，次数行列を $\tilde{\boldsymbol{D}} = \mathrm{Diag}(\tilde{\boldsymbol{A}}\mathbf{1}_n)$ とします．以下の 2 通りの正規化方法を考えます．

$$\hat{\boldsymbol{A}}_{\mathrm{rw}} \stackrel{\mathrm{def}}{=} \tilde{\boldsymbol{D}}^{-1}\tilde{\boldsymbol{A}}, \tag{7.1}$$

$$\hat{\boldsymbol{A}}_{\mathrm{sym}} \stackrel{\mathrm{def}}{=} \tilde{\boldsymbol{D}}^{-\frac{1}{2}}\tilde{\boldsymbol{A}}\tilde{\boldsymbol{D}}^{-\frac{1}{2}} \tag{7.2}$$

このとき，線形グラフニューラルネットワークは以下のように書けます．

$$\boldsymbol{Z}^{\mathrm{sym}(L)} = \hat{\boldsymbol{A}}_{\mathrm{sym}}^{L}\boldsymbol{X}\boldsymbol{W}^{\top} \tag{7.3}$$

$$\boldsymbol{Z}^{\mathrm{rw}(L)} = \hat{\boldsymbol{A}}_{\mathrm{rw}}^{L}\boldsymbol{X}\boldsymbol{W}^{\top} \tag{7.4}$$

$\boldsymbol{Z}^{\mathrm{sym}(L)}$ は単純グラフ畳み込みの式 (3.23) と同一であり，$\boldsymbol{Z}^{\mathrm{rw}(L)}$ は隣接行列の正規化を対称正規化ではなく行正規化とした変種となっています．このモデルでは常に過平滑化現象が起こることを以下に示します．

定理 7.1（線形グラフニューラルネットワークの過平滑化現象 [85]）

任意の連結グラフ $G = (V, E, \boldsymbol{X})$ と任意のパラメータ $\boldsymbol{W} \in \mathbb{R}^{d_{\mathrm{out}} \times d}$ と各 $i = 1, \ldots, d_{\mathrm{out}}$ について，$\alpha_i, \beta_i \in \mathbb{R}$ が存在して，

$$\lim_{L \to \infty} \boldsymbol{Z}_{:,i}^{\mathrm{sym}(L)} = \alpha_i \boldsymbol{D}^{\frac{1}{2}}\mathbf{1}_n \in \mathbb{R}^n \tag{7.5}$$

$$\lim_{L \to \infty} \boldsymbol{Z}_{:,i}^{\mathrm{rw}(L)} = \beta_i \mathbf{1}_n \in \mathbb{R}^n \tag{7.6}$$

となる．また，収束の速度は指数関数的である．

証明

対称正規化ラプラシアン $\boldsymbol{L}_{\mathrm{sym}} = \boldsymbol{I}_n - \hat{\boldsymbol{A}}_{\mathrm{sym}}$ の固有値を $\lambda_1 \leq \lambda_2 \leq \ldots \leq \lambda_n$ とする．まず，

$$\mathrm{Var}^{\mathrm{sym}}(\boldsymbol{D}^{\frac{1}{2}}\mathbf{1}_n) = \sum_{\{u,v\}\in E} \left(\frac{\sqrt{\deg(u)}}{\sqrt{\deg(u)}} - \frac{\sqrt{\deg(v)}}{\sqrt{\deg(v)}} \right)^2 = 0 \quad (7.7)$$

より，$\boldsymbol{D}^{\frac{1}{2}}\mathbf{1}_n$ は固有値 0 に属する固有ベクトルである．ここで，$\mathrm{Var}^{\mathrm{sym}}$ は式 (6.93) で定義される対称正規化ラプラシアンを用いたディリクレエネルギーであり，式 (6.94) より $\boldsymbol{L}_{\mathrm{sym}}$ の固有ベクトルは $\mathrm{Var}^{\mathrm{sym}}$ の最小化により求められることに注意する．また，$\boldsymbol{h}$ が $\boldsymbol{D}^{\frac{1}{2}}\mathbf{1}_n$ の定数倍ではないとき，いずれかの

$$\left(\frac{h(u)}{\sqrt{\deg(u)}} - \frac{h(v)}{\sqrt{\deg(v)}} \right)^2 \quad (7.8)$$

が正となるので，$\lambda_2 > 0$ である．また，式 (6.89) より，固有値 λ に属する単位固有ベクトル $\boldsymbol{h}$ について

$$\begin{aligned}
\lambda &= \sum_{\{u,v\}\in E} \left(\frac{\boldsymbol{h}_u}{\sqrt{\deg(u)}} - \frac{\boldsymbol{h}_v}{\sqrt{\deg(v)}} \right)^2 \\
&\overset{\text{(a)}}{\leq} 2 \sum_{\{u,v\}\in E} \left(\frac{\boldsymbol{h}_u}{\sqrt{\deg(u)}} \right)^2 + \left(\frac{\boldsymbol{h}_v}{\sqrt{\deg(v)}} \right)^2 \\
&= 2 \sum_{\{u,v\}\in E} \frac{\boldsymbol{h}_u^2}{\deg(u)} + \frac{\boldsymbol{h}_v^2}{\deg(v)} \\
&= 2 \sum_{v\in V} \deg(v) \cdot \frac{\boldsymbol{h}_v^2}{\deg(v)} \\
&= 2 \sum_{v\in V} \boldsymbol{h}_v^2 \\
&= 2
\end{aligned} \quad (7.9)$$

となる．(a) で等号が成立するのはすべての $\{u, v\} \in E$ で

$$\frac{\boldsymbol{h}_u}{\sqrt{\deg(u)}} + \frac{\boldsymbol{h}_v}{\sqrt{\deg(v)}} = 0 \tag{7.10}$$

となるときかつそのときのみであるが，すべての頂点に自己ループがあるのでこれが成り立つのは $\boldsymbol{h} = 0$ のときのみであり，$\boldsymbol{h}$ が単位固有ベクトルであることと矛盾する．よって，(a) の等号は成り立たず，$\lambda_n < 2$ となる．以上より，対称正規化ラプラシアンの非ゼロ固有値 $\lambda_2, \ldots, \lambda_n$ は $(0, 2)$ に属する．$\boldsymbol{L}_{\mathrm{sym}} = \boldsymbol{I} - \hat{\boldsymbol{A}}_{\mathrm{sym}}$ であるので，$\hat{\boldsymbol{A}}_{\mathrm{sym}}$ の固有値は

$$1 = 1 - \lambda_1 > 1 - \lambda_2 \geq \ldots \geq 1 - \lambda_n > -1 \tag{7.11}$$

であり，属する固有ベクトルは $\boldsymbol{L}^{\mathrm{sym}}$ と同じである．特に，$\boldsymbol{D}^{\frac{1}{2}}\mathbf{1}_n$ は $\hat{\boldsymbol{A}}_{\mathrm{sym}}$ の固有値 1 に属する固有ベクトルである．$(\boldsymbol{X}\boldsymbol{W}^\top) \in \mathbb{R}^{n \times d_{\mathrm{out}}}$ を固有ベクトルによる直交基底 $\boldsymbol{h}_1^{\mathrm{sym}}, \ldots, \boldsymbol{h}_n^{\mathrm{sym}} \in \mathbb{R}^n$ を用いて

$$(\boldsymbol{X}\boldsymbol{W}^\top)_{:,i} = \alpha_{i1}\boldsymbol{D}^{\frac{1}{2}}\mathbf{1}_n + \sum_{j=2}^{n} \alpha_{ij}\boldsymbol{h}_j^{\mathrm{sym}} \quad \forall i \tag{7.12}$$

と表すと，

$$\begin{aligned}
\boldsymbol{Z}_{:,i}^{\mathrm{sym}(L)} &= \hat{\boldsymbol{A}}_{\mathrm{sym}}^{L}(\boldsymbol{X}\boldsymbol{W}^\top)_{:,i} \\
&= \alpha_{i1}\hat{\boldsymbol{A}}_{\mathrm{sym}}^{L}\boldsymbol{D}^{\frac{1}{2}}\mathbf{1}_n + \sum_{j=2}^{n} \alpha_{ij}\hat{\boldsymbol{A}}_{\mathrm{sym}}^{L}\boldsymbol{h}_j^{\mathrm{sym}} \\
&= \alpha_{i1}\boldsymbol{D}^{\frac{1}{2}}\mathbf{1}_n + \sum_{j=2}^{n} \alpha_{ij}(1 - \lambda_j)^L\boldsymbol{h}_j^{\mathrm{sym}} \\
&\overset{(a)}{\to} \alpha_{i1}\boldsymbol{D}^{\frac{1}{2}}\mathbf{1}_n \quad (L \to \infty)
\end{aligned} \tag{7.13}$$

となる．ここで，(a) は $|1 - \lambda_j| < 1$ より従う．また，収束の速度は

$$r \overset{\mathrm{def}}{=} \max_{i=2,\ldots,n} |1 - \lambda_i| < 1 \tag{7.14}$$

について $O(r^L)$ である．

命題 6.8 より，推移ラプラシアンの固有値は対称正規化ラプラシアンと同じであり，固有ベクトルは $\boldsymbol{D}^{-\frac{1}{2}}$ 倍である．特に，$\mathbf{1}_n$ が $\boldsymbol{L}_{\mathrm{rw}}$ の固有値 0 に属する固有ベクトルであり，$\hat{\boldsymbol{A}}_{\mathrm{rw}}$ の固有値 1 に属する固有ベクトルである．よって，対称正規化の場合と同様に，特徴ベクトル $(\boldsymbol{X}\boldsymbol{W}^{\top}) \in \mathbb{R}^{n \times d_{\mathrm{out}}}$ を $\hat{\boldsymbol{A}}_{\mathrm{rw}}$ の固有ベクトルを用いて表現すると，$L \to \infty$ の極限において $\mathbf{1}_n$ 以外の成分が消え，$\boldsymbol{Z}^{\mathrm{rw}(L)}_{:,i} \to \beta_i \mathbf{1}_n$ となる． □

Li ら [85] は空手部グラフという 34 頂点 78 辺の比較的小さなグラフにおいては，4 から 5 層程度のグラフ畳み込みネットワークですでに過平滑化現象が起こることを実験的にも観察しています．

例 7.1 （過平滑化現象）

人工データを用いた数値例を紹介します．図 7.1 のデータは以下のように生成しました．グラフは頂点数 50, 50，確率 0.1, 0.02 の確率的ブロックモデルを用いて生成しました．すなわち，合計 100 個の頂点を 50, 50 のグループに分割し，同じグループ内の各頂点対について確率 0.1 で独立に辺を張り，異なるグループの各頂点対について確率 0.02 で辺を張りました．頂点特徴量 $\boldsymbol{X} \in \mathbb{R}^{n \times 3}$ は $[0, 1]^3$ 上の一様分布より独立に生成しました．埋め込みはそれぞれ

$$\boldsymbol{Z}^{(1)} = \hat{\boldsymbol{A}}_{\mathrm{sym}} \boldsymbol{X} \in \mathbb{R}^{n \times 3} \tag{7.15}$$

$$\boldsymbol{Z}^{(2)} = \hat{\boldsymbol{A}}^2_{\mathrm{sym}} \boldsymbol{X} \in \mathbb{R}^{n \times 3} \tag{7.16}$$

$$\boldsymbol{Z}^{(3)} = \hat{\boldsymbol{A}}^3_{\mathrm{sym}} \boldsymbol{X} \in \mathbb{R}^{n \times 3} \tag{7.17}$$

と定義されます．図 7.1 は，頂点特徴量と埋め込みを RGB 値により可視化したものです．層を経るごとに，埋め込みベクトルが一様に近づいていることが見てとれます．

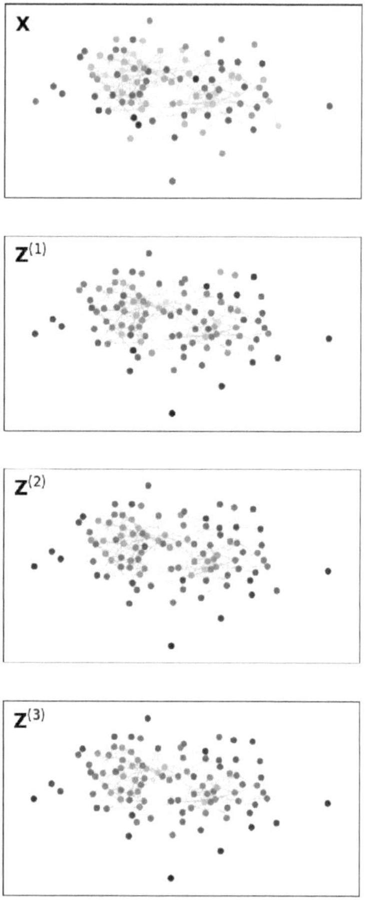

図 7.1 過平滑化現象の例．埋め込みは 3 次元ベクトルであり，各頂点の色の RGB 値に対応する．層を経るごとに，埋め込みベクトルが一様に近づいている．

例 7.2　（特徴量に相関がある場合の過平滑化現象）

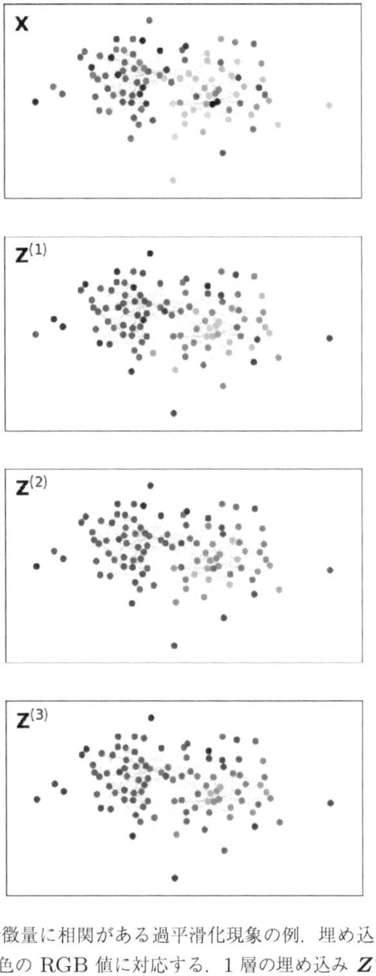

図 7.2　グループ内で特徴量に相関がある過平滑化現象の例．埋め込みは 3 次元ベクトルであり，各頂点の色の RGB 値に対応する．1 層の埋め込み $\boldsymbol{Z}^{(1)}$ はグループごとに特徴量が平滑化されている．層を経るごとに，埋め込みベクトルが一様に近づいている．

例 7.1 と同様のデータでの数値例を紹介します．ただし，第一のグループに属する頂点については頂点特徴量の第 3 成分を 0 に固定し，第 1 成分と第 2 成分のみを $[0,1]$ 上の一様分布より独立に生成しました．第二のグループに属する頂点については頂点特徴量の第 1 成分を 0 に固定し，第 2 成分と第 3 成分のみを $[0,1]$ 上の一様分布より独立に生成しました．すなわち，第一のグループは紫色，第二のグループは水色を割り当てられる傾向にあります．図 7.2 は，頂点特徴量と埋め込みを RGB 値により可視化したものです．頂点特徴量 $\boldsymbol{X}$ はノイズの多い特徴です．一方，第 1 層の埋め込み $\boldsymbol{Z}^{(1)}$ はきれいにグループ内で平滑化されています．そして，層を経るごとにグループ間でも平滑化が起こり，埋め込みベクトルが一様に近づいています．入力グラフには二分割のクラスタ構造があるため，例 6.2 や 6.3.3 節の議論より，$\hat{\boldsymbol{A}}_{\text{sym}} = \boldsymbol{I}_n - \boldsymbol{L}_{\text{sym}}$ の 2 番目に大きい固有値は 1 に近く，対応する固有ベクトル $\boldsymbol{h}_2 \in \mathbb{R}^n$ はクラスタの指示ベクトルのようになります．これ以外にはクラスタ構造はないので，3 番目に大きな固有値は小さくなります．このため，一度や二度の集約を行うと，$\boldsymbol{h}_3, \boldsymbol{h}_4, \ldots$ に対応する雑音成分が消え，定数成分 $\boldsymbol{h}_1$ とクラスタ成分 $\boldsymbol{h}_2$ のみが残り，クラスタごとに定数の信号となります．ただし，クラスタ成分 $\boldsymbol{h}_2$ の固有値も 1 よりは小さいため，集約を繰り返すとこの成分もやがて消え，埋め込みベクトルが一様に近づいていきます．この例からも，適度な平滑化は有用ですが，平滑化をし過ぎると情報量が失われることが分かります．

7.1.2 ReLU 非線形関数の場合の証明

7.1.1 節では，活性化関数を持たない単純なグラフニューラルネットワークにおいて過平滑化現象を示しましたが，非線形関数であっても同様の現象は生じます．本節では，ReLU 非線形関数を用いた場合に過平滑化現象が起きることを証明します．ここで考えるグラフニューラルネットワークは

$$\boldsymbol{H}^{(0)} = \boldsymbol{X} \tag{7.18}$$

$$\boldsymbol{H}^{(l+1)} = \text{ReLU}(\hat{\boldsymbol{A}}_{\text{sym}} \boldsymbol{H}^{(l)} \boldsymbol{W}^{(l+1)\top}) \tag{7.19}$$

$$\boldsymbol{Z}^{(L)} = \boldsymbol{H}^{(L)} \tag{7.20}$$

というものです．これは，グラフ畳み込みネットワークの式 (3.8) において ReLU 活性化関数を用いたものです．

定理 7.2（ReLU 活性化関数を持つグラフニューラルネットワークの過平滑化現象 [108]）

任意の連結グラフ $G = (V, E, \boldsymbol{X})$ と任意のパラメータ $\boldsymbol{W}^{(1)}, \boldsymbol{W}^{(2)}, \ldots, \boldsymbol{W}^{(L)}$ について，対称正規化ラプラシアンの固有値を $\lambda_1 \leq \lambda_2 \leq \ldots \leq \lambda_n$ とし，

$$r \stackrel{\text{def}}{=} \max_{i=2,\ldots,n} |1 - \lambda_i| < 1 \tag{7.21}$$

とし，$\boldsymbol{W}^{(l)}$ の作用素ノルムを

$$s_l \stackrel{\text{def}}{=} \|\boldsymbol{W}^{(l)}\|_{\text{op}} = \max_{\boldsymbol{x}\colon \|\boldsymbol{x}\|_2=1} \boldsymbol{W}^{(l)}\boldsymbol{x} \tag{7.22}$$

としたとき，

$$\lim_{L\to\infty} r^L \prod_{l=1}^{L} s_l = 0 \tag{7.23}$$

が成り立つならば，各 $i = 1, 2, \ldots, d_{\text{out}}$ についてある $\alpha_1, \alpha_2, \ldots \in \mathbb{R}$ が存在して，

$$\lim_{L\to\infty} \|\boldsymbol{Z}^{(L)}_{:,i} - \alpha_L \boldsymbol{D}^{\frac{1}{2}} \mathbf{1}_n\| = 0 \tag{7.24}$$

かつ

$$\lim_{L\to\infty} \text{Var}^{\text{sym}}(\boldsymbol{Z}^{(L)}_{:,i}) = 0 \tag{7.25}$$

となる．すなわち，$\boldsymbol{Z}^{(L)}$ は $\boldsymbol{D}^{\frac{1}{2}}\mathbf{1}_n$ で張られる部分空間に漸近する．特に，$\boldsymbol{Z}^{(L)}$ が収束するならば，各 $i = 1, 2, \ldots, d_{\text{out}}$ について $\alpha \in \mathbb{R}$ が存在して，$\boldsymbol{Z}^{(L)}_{:,i} \to \alpha \boldsymbol{D}^{\frac{1}{2}}\mathbf{1}_n$ となる．

直観的には，定理 7.1 と同様の議論で，正規化隣接行列 $\hat{\boldsymbol{A}}_{\text{sym}}$ をかけると，信号の $\boldsymbol{D}^{\frac{1}{2}}\mathbf{1}_n$ 以外の成分が r 倍だけ小さくなります．$rs_i < 1$ のときには，$\boldsymbol{W}^{(l)}$ をかけてもそれらの成分を元に戻すほどは大きくできず，全体としてそれらの信号が小さくなっていき，極限においては $\boldsymbol{D}^{\frac{1}{2}}\mathbf{1}_n$ 以外の成分が消えてしまいます．推移正規化でも，定数以外の成分が小さくなり，同様のことが示せます．ここでは対称正規化の場合について正式に証明します．

証明

対称正規化ラプラシアンの固有値 $\lambda_1, \lambda_2, \ldots, \lambda_n$ に対応する正規直交固有ベクトルを $\boldsymbol{h}_1, \boldsymbol{h}_2, \ldots, \boldsymbol{h}_n$ とする．特に，$\boldsymbol{h}_1 = \boldsymbol{D}^{\frac{1}{2}}\mathbf{1}_n / \|\boldsymbol{D}^{\frac{1}{2}}\mathbf{1}_n\|_2$ である．また，$\hat{\boldsymbol{A}}_{\mathrm{sym}}$ の固有値は $(1-\lambda_1), (1-\lambda_2), \ldots, (1-\lambda_n)$ であり，対応する正規直交固有ベクトルは $\boldsymbol{h}_1, \boldsymbol{h}_2, \ldots, \boldsymbol{h}_n$ である．任意の信号 $\boldsymbol{X} \in \mathbb{R}^{n \times d}$ について，周波数成分表現 $\boldsymbol{\alpha}(\boldsymbol{X}) \in \mathbb{R}^{d \times n}$ を

$$\boldsymbol{\alpha}(\boldsymbol{X})_{ij} \stackrel{\text{def}}{=} \boldsymbol{h}_j^\top \boldsymbol{X}_{:,i} \tag{7.26}$$

により定義する．すなわち，$\boldsymbol{\alpha}(\boldsymbol{X})_{ij}$ は $\boldsymbol{X}$ の i 番目の信号の j 番目の低周波成分であり，

$$\boldsymbol{X}_{:,i} = \sum_{j=1}^{n} \boldsymbol{\alpha}(\boldsymbol{X})_{ij} \boldsymbol{h}_j \tag{7.27}$$

が成り立つ．$\boldsymbol{h}_1, \boldsymbol{h}_2, \ldots, \boldsymbol{h}_n$ は正規直交基底なので，

$$\|\boldsymbol{X}\|_F \stackrel{\text{def}}{=} \sqrt{\sum_{ij} \boldsymbol{X}_{ij}^2} = \sqrt{\sum_{ij} \boldsymbol{\alpha}(\boldsymbol{X})_{ij}^2} \tag{7.28}$$

が成り立つ．$\boldsymbol{h}_1$ 以外の成分の強さを

$$\nu(\boldsymbol{X}) \stackrel{\text{def}}{=} \|\boldsymbol{\alpha}(\boldsymbol{X})_{:,2:}\|_F = \sqrt{\sum_{i=1}^{d} \sum_{j=2}^{n} \boldsymbol{\alpha}(\boldsymbol{X})_{ij}^2} \tag{7.29}$$

により定義する．第一に，

$$\begin{aligned} \hat{\boldsymbol{A}}_{\mathrm{sym}} \boldsymbol{X}_{:,i} &= \sum_{j=1}^{n} \hat{\boldsymbol{A}}_{\mathrm{sym}} \boldsymbol{\alpha}(\boldsymbol{X})_{ij} \boldsymbol{h}_j \\ &= \sum_{j=1}^{n} (1-\lambda_j) \boldsymbol{\alpha}(\boldsymbol{X})_{ij} \boldsymbol{h}_j \end{aligned} \tag{7.30}$$

であり，r の定義より $j = 2, \ldots, n$ について $|1-\lambda_j| \leq r$ であるので，任意の $\boldsymbol{X} \in \mathbb{R}^{n \times d}$ について

$$\nu(\hat{\boldsymbol{A}}_{\text{sym}}\boldsymbol{X}) \leq r\nu(\boldsymbol{X}) \tag{7.31}$$

が成り立つ．第二に

$$\boldsymbol{X}\boldsymbol{W}^\top = \sum_{j=1}^{n} \boldsymbol{h}_j \boldsymbol{\alpha}(\boldsymbol{X})_{:,j}^\top \boldsymbol{W}^\top \tag{7.32}$$

であり，作用素ノルムの定義より，

$$\|\boldsymbol{\alpha}(\boldsymbol{X})_{:,j}^\top \boldsymbol{W}^\top\|_2 \leq \|\boldsymbol{\alpha}(\boldsymbol{X})_{:,j}\|_2 \|\boldsymbol{W}\|_{\text{op}} \tag{7.33}$$

であるので，任意の $\boldsymbol{X} \in \mathbb{R}^{n\times d}$ と任意の $\boldsymbol{W} \in \mathbb{R}^{d\times d'}$ について

$$\nu(\boldsymbol{X}\boldsymbol{W}^\top) \leq \|\boldsymbol{W}\|_{\text{op}}\nu(\boldsymbol{X}) \tag{7.34}$$

が成り立つ．第三に，$\boldsymbol{X} \in \mathbb{R}^{n\times d}$ を正と負の成分に分け，$\boldsymbol{X}_+, \boldsymbol{X}_- \in \mathbb{R}^{n\times d}$ を

$$\boldsymbol{X}_{+,ij} = \text{ReLU}(\boldsymbol{X})_{ij} = \begin{cases} \boldsymbol{X}_{ij} & \boldsymbol{X}_{ij} > 0 \\ 0 & \text{otherwise} \end{cases} \tag{7.35}$$

$$\boldsymbol{X}_{-,ij} = \begin{cases} -\boldsymbol{X}_{ij} & \boldsymbol{X}_{ij} < 0 \\ 0 & \text{otherwise} \end{cases} \tag{7.36}$$

と定義する．このとき

$$\boldsymbol{X} = \boldsymbol{X}_+ - \boldsymbol{X}_- \tag{7.37}$$

および

$$\|\boldsymbol{X}\|_F^2 = \|\boldsymbol{X}_+\|_F^2 + \|\boldsymbol{X}_-\|_F^2 \tag{7.38}$$

が成り立つ．ReLU 活性化関数を $\boldsymbol{X}$ に適用すると，そのノルムの二乗は

$$\|\boldsymbol{X}\|_F^2 - \|\boldsymbol{X}_+\|_F^2 = \|\boldsymbol{X}_-\|_F^2 \tag{7.39}$$

だけ減少する．また，$\boldsymbol{h}_1$ 成分の二乗は

$$
\begin{aligned}
&\|\boldsymbol{X}^\top \boldsymbol{h}_1\|_2^2 - \|\boldsymbol{X}_+^\top \boldsymbol{h}_1\|_2^2 \\
&= \|(\boldsymbol{X}_+ - \boldsymbol{X}_-)^\top \boldsymbol{h}_1\|_2^2 - \|\boldsymbol{X}_+^\top \boldsymbol{h}_1\|_2^2 \\
&= \|\boldsymbol{X}_+^\top \boldsymbol{h}_1\|_2^2 - 2(\boldsymbol{X}_+^\top \boldsymbol{h}_1)^\top (\boldsymbol{X}_-^\top \boldsymbol{h}_1) + \|\boldsymbol{X}_-^\top \boldsymbol{h}_1\|_2^2 - \|\boldsymbol{X}_+^\top \boldsymbol{h}_1\|_2^2 \\
&= -2(\boldsymbol{X}_+^\top \boldsymbol{h}_1)^\top (\boldsymbol{X}_-^\top \boldsymbol{h}_1) + \|\boldsymbol{X}_-^\top \boldsymbol{h}_1\|_2^2 \\
&\overset{\text{(a)}}{\leq} \|\boldsymbol{X}_-^\top \boldsymbol{h}_1\|_2^2 \\
&\overset{\text{(b)}}{\leq} \|\boldsymbol{X}_-\|_F^2
\end{aligned}
\tag{7.40}
$$

だけ減少する．ここで，(a) は $\boldsymbol{h}_1, \boldsymbol{X}_+, \boldsymbol{X}_-$ の成分がすべて非負であることから従う．(b) は $\boldsymbol{h}_1$ が単位ベクトルであることから従う．式 (7.28) と式 (7.29) より，

$$
\begin{aligned}
&\nu(\boldsymbol{X})^2 - \nu(\boldsymbol{X}_+)^2 \\
&= \left(\|\boldsymbol{X}\|_F^2 - \|\boldsymbol{X}_+\|_F^2\right) - \left(\|\boldsymbol{X}^\top \boldsymbol{h}_1\|_2^2 - \|\boldsymbol{X}_+^\top \boldsymbol{h}_1\|_2^2\right) \\
&\overset{\text{(a)}}{\geq} 0
\end{aligned}
\tag{7.41}
$$

が成り立つ．(a) は式 (7.39) と式 (7.40) より従う．よって，任意の $\boldsymbol{X} \in \mathbb{R}^{n \times d}$ について

$$
\nu(\mathrm{ReLU}(\boldsymbol{X})) \leq \nu(\boldsymbol{X}) \tag{7.42}
$$

が成り立つ．式 (7.31), (7.34), (7.42) より，ReLU 活性化グラフニューラルネットワークは層ごとに

$$
\nu(\boldsymbol{H}^{(l+1)}) \leq r s_{l+1} \nu(\boldsymbol{H}^{(l)}) \tag{7.43}
$$

が成り立つ．

$$
\lim_{L \to \infty} r^L \prod_{l=1}^{L} s_l = 0 \tag{7.44}
$$

が成り立つならば，$\nu(\boldsymbol{H}^{(L)}) \to 0$ $(L \to \infty)$ となり，$\boldsymbol{h}_1$ 以外の成分が 0 に収束する．よって，$\alpha_L = \boldsymbol{\alpha}(\boldsymbol{H}^{(L)})_{i1}$ とおけば定理が成立す

る．また，

$$\begin{aligned}\mathrm{Var}^{\mathrm{sym}}(\boldsymbol{Z}_i^{(L)}) &= \sum_{j=2}^{n} \lambda_j \boldsymbol{\alpha}(\boldsymbol{H}^{(L)})_{ij}^2 \\ &\leq \lambda_n \nu(\boldsymbol{H}^{(L)})^2 \\ &\to 0 \end{aligned} \tag{7.45}$$

となる． □

7.2 過平滑化の対策

本節では，過平滑化を対策し，深いグラフニューラルネットワークを実現するための手法を紹介します．

7.2.1 過平滑化の測定と正則化

過平滑化の度合いを測定する方法と，その度合いを明示的に小さくすることによる過平滑化の対処法 [17] を紹介します．

埋め込みの平滑の度合いは例えば以下の指標で測定できます．

$$\frac{1}{n^2} \sum_{i,j} d(\boldsymbol{z}_i, \boldsymbol{z}_j) \tag{7.46}$$

ここで $\boldsymbol{z}_i \in \mathbb{R}^d$ は頂点 i の埋め込みであり，d は適当な距離指標です．この値が小さいほど，すべての埋め込みの値が似ていることになるので平滑であるといえます．式 (7.5) のように対称正規化のときには定数信号 $\mathbf{1}_n$ ではなく次数の平方根に比例した信号 $\boldsymbol{D}^{\frac{1}{2}}\mathbf{1}_n$ に収束するので，大きさの違いを吸収するべく d としてはコサイン非類似度

$$d(\boldsymbol{z}_i, \boldsymbol{z}_j) \stackrel{\mathrm{def}}{=} 1 - \cos(\boldsymbol{z}_i, \boldsymbol{z}_j) \tag{7.47}$$

が使われることがあります [17]．グラフニューラルネットワークの層数が増えるほどこの種の指標が減少する（平滑になる）ことが観察されています [17,88]．

しかし，単に平滑化を避ければよいというわけではありません．抑制するべきは過度な平滑化であって，適度な平滑化はむしろ望ましいと考えられます．多くの現実のグラフは同類選好的であるので，グラフ上で近い頂点には近い値を割り振ることは合理的です．近くにある頂点どうしの値が近くなる程度には平滑であるが，遠くにある頂点どうしの値は離れている程度には平滑でない状況が望ましいと考えられます．このような状況を実現するために，埋め込みの平滑の度合いを測定する指標として，以下の指標 MADGap (Mean Average Distance Gap) が提案されています [17]．

$$\mathrm{MADGap} \overset{\mathrm{def}}{=} \mathrm{MAD}^{\mathrm{rmt}} - \mathrm{MAD}^{\mathrm{neb}} \tag{7.48}$$

$$\mathrm{MAD}^{\mathrm{tgt}} \overset{\mathrm{def}}{=} \frac{\sum_{v \in V} \bar{\boldsymbol{d}}_v^{\mathrm{tgt}}}{\sum_{v \in V} 1[\bar{\boldsymbol{d}}_v^{\mathrm{tgt}} > 0]} \qquad \mathrm{tgt} \in \{\mathrm{rmt}, \mathrm{neb}\} \tag{7.49}$$

$$\bar{\boldsymbol{d}}_v^{\mathrm{tgt}} \overset{\mathrm{def}}{=} \frac{\sum_{u \in V} \boldsymbol{D}_{uv}^{\mathrm{tgt}}}{\sum_{u \in V} 1[\boldsymbol{D}_{uv}^{\mathrm{tgt}} > 0]} \tag{7.50}$$

$$\boldsymbol{D}_{uv}^{\mathrm{tgt}} \overset{\mathrm{def}}{=} d(\boldsymbol{z}_u, \boldsymbol{z}_v) 1[\boldsymbol{M}_{uv}^{\mathrm{tgt}} = 1] \tag{7.51}$$

$$\boldsymbol{M}_{uv}^{\mathrm{rmt}} \overset{\mathrm{def}}{=} 1[d_G(u, v) \geq 8] \tag{7.52}$$

$$\boldsymbol{M}_{uv}^{\mathrm{neb}} \overset{\mathrm{def}}{=} 1[d_G(u, v) \leq 3] \tag{7.53}$$

式 (7.48) より，MADGap は遠くにある頂点どうしの距離 $\mathrm{MAD}^{\mathrm{rmt}}$ と近くにある頂点どうしの距離 $\mathrm{MAD}^{\mathrm{neb}}$ の差で定義されます．式 (7.49) より，距離指標 $\mathrm{MAD}^{\mathrm{tgt}}$ は頂点ごとの距離指標 $\bar{\boldsymbol{d}}^{\mathrm{tgt}}$ の平均値で定義されます．ただし分母より距離指標が 0 である頂点は無視されます．式 (7.50)，(7.51) より，頂点ごとの距離指標 $\bar{\boldsymbol{d}}^{\mathrm{tgt}}$ は $\boldsymbol{M}_{uv}^{\mathrm{tgt}} = 1$ なる頂点との距離の平均値で定義されます．$\boldsymbol{M}^{\mathrm{rmt}}$ についてはグラフ上の距離が 8 ホップ以上の頂点，つまり遠くにある頂点の埋め込みとの距離の平均値であり，$\boldsymbol{M}^{\mathrm{neb}}$ についてはグラフ上の距離が 3 ホップ以内の頂点，つまり近くにある頂点の埋め込みとの距離の平均値です．8 と 3 という値は実験的に多くの頂点分類ベンチマークにおいて有効であるために経験的に選ばれました．特に，多くの頂点分類ベンチマークにおいて，距離が 3 以内の頂点どうしは同じラベルを持つ確率が高いことが確認されています [17]．ただし，データセットの大きさによっては別の値を用いることが適切である場合もあるので注意してください．MADGap の値が大きいほど，近くの頂点どうしは近い埋め込みを持ち，遠くの頂点どうしは遠い埋め込みを持つ理想的な状況であることを表します．MADGap の値とグラフニューラルネットワークの精度は強い相関があることが確認されています [17]．

MADGap を正則化項として目的関数に加えることで，明示的にほどよい平滑性を得られるようにする手法が MADReg です．すなわち，MADReg は以下の形式の損失関数を用います．

$$\mathcal{L}_{\mathrm{MADReg}}(\boldsymbol{\theta}) \stackrel{\mathrm{def}}{=} \mathcal{L}_{\mathrm{sup}}(\boldsymbol{\theta}) - \lambda \cdot \mathrm{MADGap}(\boldsymbol{\theta}) \tag{7.54}$$

ここで，$\mathcal{L}_{\mathrm{sup}}$ は頂点分類の教師あり損失であり，$\lambda > 0$ は正則化の係数です．MADReg により，層数が大きくなっても精度低下を免れることが確認されています [17]．

7.2.2 辺の削除

グラフ中の辺の数が増えるほど，グラフ信号のディリクレエネルギーの定義式

$$\mathrm{Var}(f) \stackrel{\mathrm{def}}{=} \sum_{\{u,v\} \in E} (f(u) - f(v))^2 \tag{7.55}$$

に含まれる項の数が増え，伴ってラプラシアンや正規化ラプラシアンの固有値が大きくなります．正規化ラプラシアンの固有値が大きくなるということは，正規化隣接行列の固有値は小さくなります．これにより，定数信号以外の成分が急激に減少するようになり，過平滑化が起きやすくなります．辺の数が多いほど，信号が混ざりやすくなると考えることもできます．逆に，グラフ中に辺が少ないほど，信号が混ざりにくくなります．このような考え方から，グラフ中の辺を削除することで過平滑化を防ぐ手法が提案されています．

最も単純な手法は訓練中に一様ランダムに辺を削除する手法 DropEdge[117] です．DropEdge は任意のグラフニューラルネットワークと組み合わせて使うことが可能です．DropEdge により訓練されたグラフニューラルネットワークは，テスト時には辺の削除を行いませんが，過平滑化が抑制されることが観察されています．また，一般のニューラルネットワークに

おいて訓練中に一部の活性化値を削除するドロップアウトと同様の考え方から，DropEdge には過学習を防ぐ効果もあると考えられています [117]．

より正確に不用な辺を削除することを目指す手法が AdaEdge[17] です．頂点分類問題においては，ラベルごとに，そのラベルを持つ頂点のみからなる連結成分が形成されることが理想です．この状況であれば，各連結成分内で信号が定数であるということは，同じラベルのデータを同じラベルと予測できるということでありむしろ利点です．この理想的な状況を近似的に成立させるべく，AdaEdge はまず通常どおりグラフニューラルネットワークを訓練したのち，得られたグラフニューラルネットワークを用いて各頂点のラベルを予測し，同じラベルに予測された頂点間の辺を残し，異なるラベルに予測された頂点間の辺を削除します．こうしてできた新しいグラフを用いて，再びグラフニューラルネットワークを訓練し，最終的な予測を行います．AdaEdge により層数が大きくなっても精度低下を免れ，通常の訓練方法よりも精度が高くなることが確認されています [17]．

7.2.3 スキップ接続

スキップ接続 (skip connection) とは $f(x) = h(x) + x$ というように，変換の結果に入力を足し合わせる構造のことです．スキップ接続は**残差接続** (residual connection) とも呼ばれます．広義には，直前よりも以前の層の値を後の層に渡す構造もスキップ接続と呼ばれます．スキップ接続により，初期特徴や中間表現が最終的な出力に影響を残し続けることができます．画像認識の分野では，スキップ接続の導入により勾配消失問題が解消されて非常に深い層のニューラルネットワークを訓練できるようになりました [52]．

画像分野の成功に触発されて，グラフニューラルネットワークでもスキップ接続を導入して層数を深くする試みが広くなされています．

スキップ接続はグラフ畳み込みネットワークの元論文 [72] において以下の形ですでに検討されています．

$$\boldsymbol{H}^{(l+1)} = \sigma(\tilde{\boldsymbol{A}}^{\mathrm{sym}} \boldsymbol{H}^{(l)} \boldsymbol{W}^{(l+1)\top}) + \boldsymbol{H}^{(l)} \tag{7.56}$$

スキップ接続により，7 層以上に深いグラフニューラルネットワークでも精度低下をある程度抑えられることが確認されています [72]．ただし，最もテスト精度が高いのは依然 2 層の場合であり，スキップ接続の効果は深くしたときに精度の減少幅を抑えられるというものにとどまっています.

JKNet (Jumping Knowledge Networks)[154] というモデルでは,

$$\boldsymbol{Z}_v = f(\boldsymbol{H}_v^{(1)}, \boldsymbol{H}_v^{(2)}, \ldots, \boldsymbol{H}_v^{(L)}) \tag{7.57}$$

というように, 最終的な埋め込みをすべての中間表現の関数とすることで明示的に初期特徴や中間表現を最終的な出力に取り入れています. こうすることで, l が大きな場合に $\boldsymbol{H}^{(l)}$ が無情報となったとしても, l の小さい中間表現を用いて最終的な出力を決定できます. 集約 f の方法は, ベクトルを連結する操作 Concat を用いて

$$f(\boldsymbol{H}_v^{(1)}, \boldsymbol{H}_v^{(2)}, \ldots, \boldsymbol{H}_v^{(L)}) = \mathrm{Concat}(\boldsymbol{H}_v^{(1)}, \boldsymbol{H}_v^{(2)}, \ldots, \boldsymbol{H}_v^{(L)}) \in \mathbb{R}^{(d_1+d_2+\cdots+d_L)} \tag{7.58}$$

というように, 単に埋め込みを連結する方式や,

$$f(\boldsymbol{H}_v^{(1)}, \boldsymbol{H}_v^{(2)}, \ldots, \boldsymbol{H}_v^{(L)}) = \mathrm{Attention}(\mathrm{LSTM}(\boldsymbol{H}_v^{(1)}, \boldsymbol{H}_v^{(2)}, \ldots, \boldsymbol{H}_v^{(L)})) \in \mathbb{R}^d \tag{7.59}$$

というように, 長短期記憶 (LSTM) で変換した後に, 注意機構（アテンション）で 1 本のベクトルに集約する方式などが提案されています. 特に, 注意機構で集約する方式を用いると, 頂点ごとに集約する回数を適応的に変化させることができるため, グラフの構造が一様でない場合に有効です.

深層グラフ畳み込みネットワーク (DeepGCNs)[83] は, DenseNet[61] の要領で各層において以前のすべての中間表現を

$$\boldsymbol{H}^{(l+1)} = \mathrm{Concat}(\boldsymbol{X}, \boldsymbol{H}^{(1)}, \boldsymbol{H}^{(2)}, \ldots, \boldsymbol{H}^{(l)}) \in \mathbb{R}^{n\times(d+d_1+d_2+\cdots+d_l)} \tag{7.60}$$

というように連結します. 56 層の深層グラフ畳み込みネットワークは点群セグメント分割（セグメンテーション）タスクで最先端の性能を達成しました.

GCNII (Graph Convolutional Network via Initial residual and Identity mapping)[20] というモデルは初期残差接続 (initial residual connection) と恒等写像 (identity mapping) というスキップ接続の変種を組み合わせることで, 非常に深いグラフニューラルネットワークを実現しました. GCNII

の層は以下で定義されます．

$$\boldsymbol{H}^{(l+1)} = \sigma\left(\left((1-\alpha_l)\tilde{\boldsymbol{A}}^{\mathrm{sym}}\boldsymbol{H}^{(l)} + \alpha_l\boldsymbol{H}^{(0)}\right)\left((1-\beta_l)\boldsymbol{I}_n + \beta_l\boldsymbol{W}^{(l+1)\top}\right)\right) \tag{7.61}$$

ここで，σ は活性化関数，$\alpha_l, \beta_l \in \mathbb{R}$ はハイパーパラメータです．この式の前半部分

$$(1-\alpha_l)\tilde{\boldsymbol{A}}^{\mathrm{sym}}\boldsymbol{H}^{(l)} + \alpha_l\boldsymbol{H}^{(0)} \tag{7.62}$$

が初期残差接続と呼ばれる機構です．この式の第 1 項は前層の中間表現を集約したものであり，第 2 項は初期埋め込みです．これらを $(1-\alpha_l)\colon \alpha_l$ の割合で足し合わせています．この機構によりすべての層で常に初期埋め込みを参照でき，入力特徴量の情報が失われる事態を避けることができます．α_l の値はすべての層で $\alpha_l = 0.1$ や 0.2 などの定数に設定されます．GCNII の定義式の後半部分

$$(1-\beta_l)\boldsymbol{I}_n + \beta_l\boldsymbol{W}^{(l+1)\top} \tag{7.63}$$

が恒等写像と呼ばれる機構です．この式に左から中間表現行列 $\boldsymbol{H} \in \mathbb{R}^{n\times d}$ をかけると，

$$(1-\beta_l)\boldsymbol{H} + \beta_l\boldsymbol{H}\boldsymbol{W}^{(l+1)\top} \tag{7.64}$$

となり，$\boldsymbol{H}$ そのものと，$\boldsymbol{H}$ を変換した行列を $(1-\beta_l)\colon \beta_l$ の割合で足し合わせたものになります．この機構は 1 層のスキップ接続に対応します．β_l の値は $\beta_l = \log(\frac{\lambda}{l}+1) \approx \frac{\lambda}{l}$ に設定されます．$\lambda \in \mathbb{R}$ はハイパーパラメータです．これにより，後段の層ほど，β_l の値は小さくなり，特徴変換は恒等写像に近づきます．これにより，層数が増えても，特徴変換が過度に行われることを防ぐことができます．論文では，初期残差接続の第 1 項と第 2 項で異なる変換行列を用いる GCNII* という変種

$$\begin{aligned}\boldsymbol{H}^{(l+1)} = \sigma\Big((1-\alpha_l)\tilde{\boldsymbol{A}}^{\mathrm{sym}}\boldsymbol{H}^{(l)}\left((1-\beta_l)\boldsymbol{I}_n + \beta_l\boldsymbol{W}_1^{(l+1)\top}\right)\\ +\alpha_l\boldsymbol{H}^{(0)}\left((1-\beta_l)\boldsymbol{I}_n + \beta_l\boldsymbol{W}_2^{(l+1)\top}\right)\Big)\end{aligned} \tag{7.65}$$

も提案されています．実験では，2 層から 64 層の GCNII を訓練し，64 層でも精度が低下せず，むしろ問題によっては 64 層で最も精度が高いことが

確認されています [20].

7.2.4 過平滑化以外の問題の対策

層数の大きなグラフニューラルネットワークには過平滑化以外の問題があります.

第一はメモリ消費量と計算量の問題です. 層数を大きくするにつれメモリ消費量や計算量は当然ながら増大します. 画像や言語のモデルでは, ミニバッチの大きさを調整することでメモリ消費量を調整することがよくあります. しかし, グラフニューラルネットワークでは, 層数が大きい場合, ミニバッチの計算に必要な近傍頂点数が爆発的に増大するため, この方針は有効ではありません. **可逆グラフニューラルネットワーク** (Reversible GNN; RevGNN)[82] はメモリ消費量の問題を解決するため, $(l+1)$ 層目の中間表現から l 層目の中間表現を計算できるような構造を用います. これにより中間表現を記憶する必要をなくし, 1000 層を超えるグラフニューラルネットワークの訓練に成功しています.

層数の大きなグラフニューラルネットワークの第二の問題は, パラメータ数が増えて過学習することです. 頂点分類では, グラフ自体は大きいものの, ほとんどがラベルなし頂点であり, ラベル付きの頂点はごく少数であるという状況がよくあります. 例えばグラフニューラルネットワークでよく使われる頂点分類ベンチマークの Cora, PubMed, CiteSeer では 1 クラスにつき 20 のラベル付き頂点を使うという設定が標準的です [72,88]. このとき, パラメータが多いとサンプル効率が悪くなり, 性能が低下することが観察されています [88].

第三には, 層数が大きくなると, 訓練の最適化が難しくなる問題があります [56,88]. 直観的には, 情報の集約と中間表現の変換を交互に繰り返す構造のためにこれらの影響がもつれ合い, ある変換パラメータを変化させたときの影響を予測することが難しくなると考えられます. この現象は, 頂点特徴量として頂点番号を表すワンホットベクトルを用いる場合に顕著です. この状況は商品推薦などでしばしば観察されます [56]. 頂点特徴量としてワンホットベクトルを用いる場合, 1 層目のパラメータ行列 $\boldsymbol{W} \in \mathbb{R}^{d_1 \times n}$ が初期埋め込みの辞書を表すことになります. $\boldsymbol{W}_{:,i} \in \mathbb{R}^{d_1}$ は i 番目の頂点の初期埋め込みです. 初期埋め込み自体が学習パラメータであるので, これを変換するための複数層の特徴変換を訓練する意義は薄いと考えられます．むしろ，特徴変換をすることでパラメータが冗長になり，訓練が難しくなると考えられます．このことは，3.1.2 節で議論したように，通常のニューラルネットワークがグラフニューラルネットワークの特殊例であることを考えるといっそう明確になります．パラメータベクトル $\boldsymbol{w} \in \mathbb{R}^d$ を受けとり，埋め込みを返すモデル $\boldsymbol{w}' = \mathrm{MLP}_\theta(\boldsymbol{w}) \in \mathbb{R}^d$ は明らかに冗長です．初めから $\boldsymbol{w}' \in \mathbb{R}^d$ のみをパラメータとして持つべきでしょう．実際，He ら [56] は初期特徴量がワンホットベクトルである商品推薦タスクにおいて，特徴変換を用いると訓練損失自体が大きくなることを確認しています．このとき，過学習が起こっているのではなく，訓練の最適化自体に失敗しています．

第二と第三の問題を解決するため，特徴変換と情報集約を切り分ける方法が提案されています [56,73,88]．そもそも，特徴変換と情報集約は異なる役割を持ちます．5 ホップ先の情報を集約したいからといって，5 回の特徴変換を行う必要はありません．特徴変換と情報集約を切り分けることにより，パラメータ数や特徴変換の複雑さを保ったまま情報集約の回数を増やすことができるようになります．具体的には，

$$\boldsymbol{H}_v = f_\theta(\boldsymbol{x}_v) \tag{7.66}$$

というように，頂点ごとに独立に初期埋め込み $\boldsymbol{H}_v \in \mathbb{R}^d$ を計算した後，パラメータ変換のない集約

$$\boldsymbol{Z} = \hat{\boldsymbol{A}}^L \boldsymbol{H} \tag{7.67}$$

を用いて最終的な埋め込み $\boldsymbol{Z} \in \mathbb{R}^{n \times d}$ を得ます．ここで $\hat{\boldsymbol{A}}$ は正規化された隣接行列です．このように，特徴変換と情報集約を分ける方法は，単純グラフ畳み込み（3.2.4 節）やグラフフィルタニューラルネットワーク（5.2 節）などでも用いられることを以前に紹介しました．単純グラフ畳み込みの主眼は計算コストを抑えることにありましたが，パラメータのない集約方法は過学習や最適化の複雑さを抑制し，テスト性能を上げる効果もあるということです [56,73,88]．

個別化伝播法 (personalized propagation of neural predictions; PPNP)[73]，**軽量グラフ畳み込みネットワーク** (LightGCN)[56]，**適応的深層グラフニューラルネットワーク** (Deep Adaptive Graph Neural Network; DAGNN)[88]

などの手法は上記の切り分け方式に加えて，最終的な埋め込みを

$$\boldsymbol{Z}_v = \sum_{l=0}^{L} \alpha_l \cdot (\hat{\boldsymbol{A}}^l \boldsymbol{H})_v \tag{7.68}$$

とするスキップ接続を採用しています．$\alpha_l \in \mathbb{R}$ は学習パラメータとして特徴変換パラメータと同時に訓練することも，$\alpha_l = \frac{1}{l+1}$ というように固定することも可能です．軽量グラフ畳み込みネットワークでは $\alpha_l = \frac{1}{l+1}$ という固定値を用い，適応的深層グラフニューラルネットワークでは注意機構（アテンション）により頂点ごとに異なる α_l を用いて集約しています．スキップ接続により，不用な層の影響，特に深い層の影響は小さくなるため，安定して層数 L を大きくすることができます．適応的深層グラフニューラルネットワークの実験では，これにより 200 層のモデルの訓練に成功しています [88]．

個別化伝播法は，式 (7.68) において $\alpha_l = \alpha(1-\alpha)^l$ と設定したうえで，$L \to \infty$ の極限を用います．

$$\boldsymbol{S} \stackrel{\text{def}}{=} \sum_{l=0}^{\infty} \alpha_l \hat{\boldsymbol{A}}_{\text{rw}}^l \tag{7.69}$$

は**個別化ページランク** (personalized PageRank)[64] といい，$\boldsymbol{S}_{ij}$ の値は頂点 i と j の類似度を表す指標として古くから使われています．言い換えると個別化伝播法 $\boldsymbol{Z} = \boldsymbol{S}\boldsymbol{H}$ は個別化ページランクの観点で似ている頂点から重点的に情報を集約するということです．ただし，通常の個別化ページランクは正規化隣接行列として $\hat{\boldsymbol{A}}_{\text{rw}}$ が用いられるのに対し，個別化伝播法はグラフ畳み込みネットワークとの整合性から $\hat{\boldsymbol{A}}_{\text{sym}}$ を用います．個別化伝播法は無限級数の公式より，

$$\begin{aligned}\boldsymbol{Z} &= \lim_{L\to\infty} \sum_{l=0}^{L} \alpha_l \hat{\boldsymbol{A}}^l \boldsymbol{H} \\ &= \alpha(\boldsymbol{I} - (1-\alpha)\hat{\boldsymbol{A}})^{-1}\boldsymbol{H}\end{aligned} \tag{7.70}$$

と閉じた式で計算できます．また，逆行列の計算を避けるため，有限和で打ち切った変種の**近似個別化伝播法** (Approximate PPNP; APPNP) も提案されています [73]．実用上は計算量の観点から近似個別化伝播法がよく用いられます．個別化伝播法の論文 [73] では，個別化伝播法と近似個別化伝播法

がグラフ畳み込みネットワークなどの浅いモデルよりも精度が高いこと，個別化伝播法が近似個別化伝播法よりも精度が高いこと，近似個別化伝播法も個別化伝播法に迫る精度であることなどを示しています．個別化伝播法は無限層のグラフニューラルネットワークとみなすことができます．それでいながら浅いモデルよりも精度が高いということは，過平滑化をはじめとする深いモデルの問題に有効に対処できているといえます．

また，固定長のベクトルに情報を押し込むことができないという**過圧縮** (oversquashing) の問題も知られています [2]．2 次元画像に対する畳み込みニューラルネットワークでは，L 層の畳み込み層の受容野は高々 $O(L^2)$ 程度ですが，グラフニューラルネットワークの場合，受容野の大きさは深さに対して指数的に増大します．このことは 5.1 節でも述べた通りです．グラフニューラルネットワークの中間表現は固定長のベクトルに指数個の頂点の情報を込めなければなりません．適切に情報の取捨選択をすれば解決できそうですが，それが本質的に難しいケースがあります．例えば，図 7.3 のように，

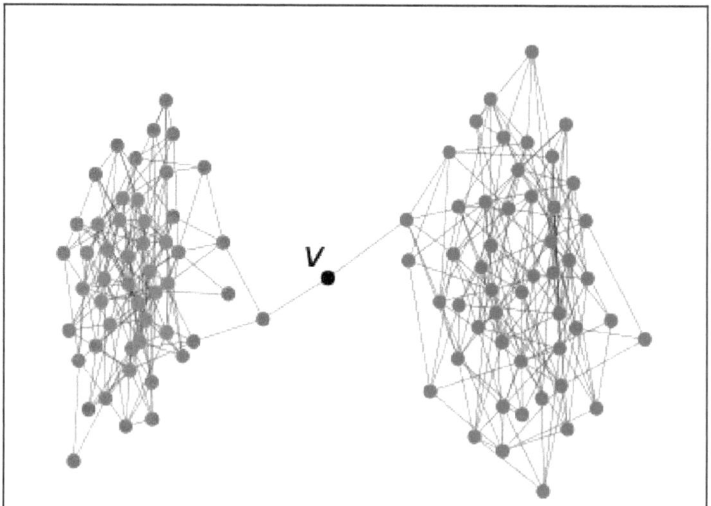

図 7.3 過圧縮の例．一方のクラスタの各頂点から他方のクラスタの各頂点へ情報を伝達するには，中央の頂点 v はクラスタ内のすべての情報を中間表現に格納する必要がある．

2つのクラスタが1つの頂点 v で結ばれている場合を考えましょう．一方のクラスタの各頂点から他方のクラスタの各頂点に情報を伝達させたいとします．このとき，v はクラスタのすべての頂点の情報を中間表現に格納しなければなりませんが，これは困難です．

この問題を解決するためには，**グラフ再配線** (graph rewiring) という方針がよく用いられます．グラフ再配線とは，入力グラフの辺を適切に配線しなおすことで，少数の層でも必要な頂点間で情報が伝達できるようにし，過圧縮の問題を解決する方針です．

グラフ拡散畳み込み (graph diffusion convolution)[74] という手法は，入力グラフ G をもとに，個別化ページランクなどを用いて各頂点から各頂点への影響度を計算し，影響度をもとに新しく辺集合を定義する手法です．

拡張グラフ伝播 (expander graph propagation)[27] という手法は，拡張グラフという大域的に情報の流れやすい性質を持つグラフ H を用います．このグラフ H は入力グラフ G には依存せずあらかじめ用意しておきます．拡張グラフ伝播は入力グラフ G をもとに情報集約を行うことと，グラフ H の辺を用いて情報集約を行うことを交互に繰り返します．これにより，入力グラフ G の接続関係を配慮しながら，グラフ H を用いて遠く離れた頂点どうしも情報を伝達できるようになります．

極端な例では，毎回の集約時に，すべての頂点から表現を集約する，つまりすべての頂点の間に再配線するという方針もあります．3.2.2 節で述べたように，グラフ注意ネットワークと組み合わせた場合，これはトランスフォーマー [142] を用いていることと同等になります．この方針を単純に採用すると，元のグラフ構造 G を無視することになりますが，6.3.4 節の補足で述べたラプラシアンの固有ベクトルを用いた頂点の位置符号化を用いたり，元のグラフにおける頂点間の距離をもとに注意の重みを調整することで，元のグラフ構造を反映する手法も提案されています [35, 156]．ただし，全頂点対において集約を行うと，1 回の集約の情報量が多くなり，中程度の層数でも過圧縮が起こる可能性があるほか，計算量が大きくなる問題もあります．

動的再配線メッセージ伝達 (Dynamically Rewired Message Passing; DRew)[48] は，第 l 層において，直接の近傍 $\mathcal{N}(v)$，2 ホップ先の集合 $\mathcal{N}_2(v)$，...，i ホップ先の集合 $\mathcal{N}_i(v)$，...，l ホップ先の集合 $\mathcal{N}_l(v)$ からそれぞれ情報の集約を行います．これにより，初期の層では局所的な情報を集約し，後段の層では大域的な情報を集約できます．この手法は層によって徐々に密なグラフを用いる動的なグラフ再配線とみなすことができます．過圧縮の問題は現在も精力的に研究されており，完全な解決を見たわけではありませんが，拡張グラフ伝播や動的再配線メッセージ伝達などは単純ながら実験的にも非常に有効であることが確認されています．

7.2.5 本当に深くする必要があるのか

本章では，深いグラフニューラルネットワークを構築するための方法を紹介してきました．しかし，本当に深いグラフニューラルネットワークを構築する必要があるのかについては今一度立ち止まって考える必要があります．

もともと画像分野において 100 層を超える深いモデルが大きな成功を収めました [52]．深いグラフニューラルネットワークを構築する運動はこの画像分野の成功に強く影響を受けています [72, 83, 117]．

しかし，画像データとグラフデータの性質は異なります．多くのグラフデータでは，あまり遠くの頂点の情報を考える必要はありません．例えば，ソーシャルネットワークの頂点を分類するとき，友達や友達の友達の情報を考慮することは有効だと考えられますが，それよりも遠くの頂点について，例えば地球の裏側にいる人がどういうプロフィールを持っているかを考える効果は薄いと考えられます．また，引用グラフにおいて，文書のカテゴリを分類するとき，ある文書が引用している文献や，その文献がさらに引用している文献の情報を考慮することは有効だと考えられますが，それよりも遠くの頂点を考える効果は薄いと考えられます．このことは，グラフ畳み込みネットワークにおいて 2 層や 3 層の場合に最も性能が高い事実 [72] と合致します．画像データの分類において上下左右 10 画素の情報を活用することは重要ですが，ソーシャルネットワークにおいて友達の友達の友達の... と 10 人たどった先にいる人の情報を考えることは重要ではありません．このように，問題を解くうえで必要な情報の範囲が異なるため，最適な層数も異なってくることは自然です．

本章で紹介した手法により，深いグラフニューラルネットワークを構築することは可能ですが，その意義は画像分野における場合と同一とは限りません．グラフ畳み込みネットワークの論文 [72] で提案されているスキップ接続を用いると，ある程度深いモデルにおいても精度の低下が抑えられますが，最もテスト精度が高いのは依然 2 層の場合となっています．GCNII や適応的深層グラフニューラルネットワークを用いると，精度が高く非常に深いグラフニューラルネットワークを構築することはできますが，精度の増加幅は画像分野と比べると低水準にとどまっています．また，GCNII の恒等写像の式 (7.63) や適応的深層グラフニューラルネットワークの集約式 (7.68) は層数を増やすことで新しい情報を取り込むというよりもむしろ，層数を増やすことによる影響を小さくする設計方式であり，積み重ねた層の数が多くとも実質的な層数はそこまで多くはないと考えられます．

7.2.4 節で紹介した特徴変換と情報集約を分けるという考え方は，必要な層数が明確になる効果があり，よりよいモデルを設計するための方針を与えてくれます．特徴変換については，入力特徴量 $\boldsymbol{x}_v$ から有用な信号を取り出すのに必要な変換の複雑さに基づいて層数を決めることができます．情報集約については，グラフ構造をもとに，どの程度の範囲の情報を考慮するのが適切かを考えることができます．ソーシャルネットワークや引用グラフではあまり遠くの頂点を考慮する必要はないかもしれません．画像や点群のように頂点の表す単位が小さく，有用な情報を集めるために多くの頂点を考慮する必要がある場合は，深いグラフニューラルネットワークを構築することは有用でしょう．例えば，深層グラフ畳み込みネットワーク [83] は点群セグメント分割タスクにおいて浅いモデルよりもはるかに高い性能を達成しています．このように，処理するグラフに応じて，必要な層数を検討することが重要です．

Chapter 8

グラフニューラルネットワークの表現能力

グラフニューラルネットワークには本質的に解けない問題が存在します．すなわち，どのようなデータを用意しても，どのように訓練をしても，グラフニューラルネットワークが必ず間違ってしまう問題があるということです．グラフニューラルネットワークはどのような問題が解けて，どのような問題が解けないかを明らかにし，どうすればその限界を超えることができるかを明らかにすることが本章の主題です．

8.1　ニューラルネットワークの表現能力

機械学習モデル f_θ はパラメータ θ を設定するごとに 1 つの関数を定めます．パラメータのとりうる値の集合を Θ とします．機械学習モデルにより実現できる関数の集合 $\mathcal{H}(f_\theta) \stackrel{\text{def}}{=} \{f_\theta \mid \theta \in \Theta\}$ をモデルの**仮説空間** (hypothesis space) と呼びます．モデルの**表現能力** (representation power) とは，モデルの仮説空間の大きさのことです．表現能力が高いということは，モデルが複雑な関数を表現できることを表します．表現したい関数 g が仮説空間 $\mathcal{H}(f_\theta)$ に含まれなければ，どのようなデータを用意しても，どのように訓練をしても $f_\theta = g$ を達成するパラメータ θ は得られません．ゆえに，仮説空間がどのような振る舞いをするか，そして表現したい関数が仮説空間に含まれるかを知ることは，モデルの性質を理解するうえで重要です．

8.1.1 万能近似能力

ベクトルデータに対するニューラルネットワークは任意の連続関数を任意精度で近似できるという素晴らしい性質があります．この性質を**万能近似能力** (universal approximation power) といいます．

ベクトル $\boldsymbol{x} \in \mathbb{R}^d$ を受けとり，実数を返す以下の 2 層ニューラルネットワークを考えます．

$$f(\boldsymbol{x}; d', \boldsymbol{a}, \boldsymbol{W}) = \boldsymbol{a}^\top \tanh(\boldsymbol{W}\boldsymbol{x} + \boldsymbol{b}) = \sum_{i=1}^{d'} \boldsymbol{a}_i \cdot \tanh\left(\boldsymbol{W}_i^\top \boldsymbol{x} + \boldsymbol{b}_i\right) \tag{8.1}$$

ここで，$\boldsymbol{W} \in \mathbb{R}^{d' \times d}$ と $\boldsymbol{a} \in \mathbb{R}^{d'}$ と $\boldsymbol{b} \in \mathbb{R}^{d'}$ はニューラルネットワークのパラメータです．中間表現の次元 d' も設定可能なパラメータであるとし，仮説空間を

$$\mathcal{H}_{\mathrm{2nn}} \stackrel{\mathrm{def}}{=} \left\{ f(\cdot; d', \boldsymbol{a}, \boldsymbol{W}) \colon \mathbb{R}^d \to \mathbb{R} \mid d' \in \mathbb{Z}_+, \boldsymbol{a} \in \mathbb{R}^{d'}, \boldsymbol{W} \in \mathbb{R}^{d' \times d}, \boldsymbol{b} \in \mathbb{R}^{d'} \right\} \tag{8.2}$$

と設定します．このとき，$\mathcal{H}_{\mathrm{2nn}}$ は $[-1, 1]^d$ 上の任意の連続関数を任意精度で近似できることが知られています．

定理 8.1 (ニューラルネットワークの万能近似定理 [26, 59])

任意の連続関数 $g \colon [-1, 1]^d \to \mathbb{R}$ と任意の正数 $\varepsilon > 0$ について，ある $f(\cdot; d', \boldsymbol{a}, \boldsymbol{W})$ が存在して，

$$\|g - f(\cdot; d', \boldsymbol{a}, \boldsymbol{W})\|_\infty = \sup_{\boldsymbol{x} \in [-1,1]^d} |g(\boldsymbol{x}) - f(\boldsymbol{x}; d', \boldsymbol{a}, \boldsymbol{W})| < \varepsilon \tag{8.3}$$

が成り立つ．

厳密な証明は Hornik ら [59] や Cybenko[26] を参照してください．ここではこの定理が成り立つ直観を解説します．以下では $d = 1$ 次元の場合を考えます．

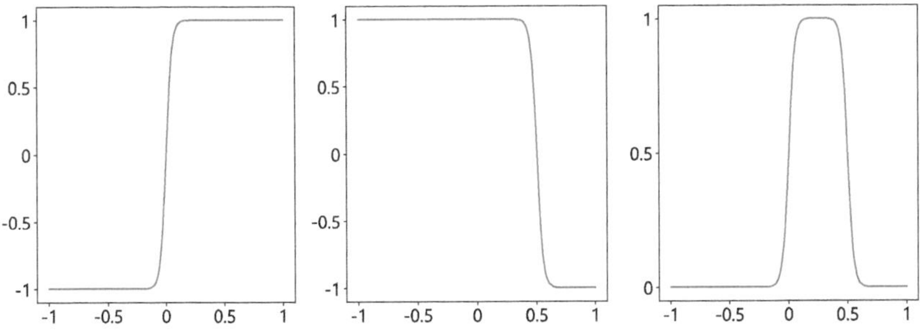

図 8.1 tanh 関数を用いた矩形関数の近似．左：$y = \tanh(20x)$．中央：$y = \tanh(-20x+10)$．右：$y = s(x) \stackrel{\text{def}}{=} \frac{1}{2}(\tanh(20x) + \tanh(-20x+10))$．

まず，図 8.1 のように，tanh 関数を組み合わせることで，矩形関数を近似できます．

$$s(x) \stackrel{\text{def}}{=} \frac{1}{2}(\tanh(20x) + \tanh(-20x+10)) \tag{8.4}$$

は定義より仮説空間 $\mathcal{H}_{2\text{nn}}$ に含まれます．

矩形関数を平行移動・スケーリングすることで，図 8.2 のように関数を近似できます．$0.6s(x+1)$ や $0.9s(x-0.5)$ なども定義より仮説空間 $\mathcal{H}_{2\text{nn}}$ に含まれ，重ね合わせもまた $\mathcal{H}_{2\text{nn}}$ に含まれます．図 8.2 右は 4 つの重ね合わせなので近似精度は低いですが，$y = \tanh(1000x)$ などというように tanh

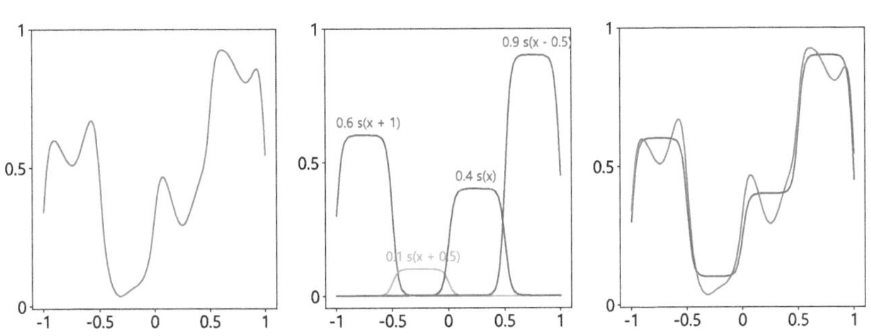

図 8.2 矩形関数の重ね合わせによる関数近似．左：表現したい関数 g．中央：平行移動とスケーリングをした矩形関数．右：矩形関数の重ね合わせによる関数近似．青色の曲線が表現したい関数 g，赤色の曲線が矩形関数の重ね合わせによる関数近似を表す．

の傾きをより急峻にして，矩形関数の幅を小さくし，重ね合わせの数を増やしていくと，近似精度が向上していくことが想像できるかと思います．より正確には，g は閉区間上の連続関数であるので一様連続であり，ある $\delta > 0$ が存在して，$|x - x'| < \delta$ ならば $|g(x) - g(x')| < \varepsilon$ が成り立ちます．このとき，g を長さ δ の区間に分割し，各区間で矩形関数を用いて近似することで，各区間での近似誤差を ε 以下に抑えることができます．

定理 8.1 は tanh 活性化を用いたものですが，ロジスティック関数や ReLU 関数などを含むより広範な活性化関数を用いても同様の定理が成り立ちます．また，定理 8.1 は定義域を $[-1,1]^d$ に限定していますが，適当な収束性の仮定などを追加することで，非有界の定義域にも拡張できます．詳しくは Leshno ら [79] を参照してください．

万能近似能力はニューラルネットワーク特有の性質ではなく，非常に多くの関数族がこの性質を持ちます．例えば，多項式全体の集合は万能近似能力を持つことが知られています（ワイエルシュトラスの多項式近似定理）．また，カーネル関数の重ね合わせで表現される RBF ネットワーク (Radial Basis Function Network) も万能近似能力を持ちます [109]．すなわち，万能近似能力は機械学習モデルが持つべき性質としては基本的なものといえます．

8.1.2 グラフニューラルネットワークには万能近似能力がない

ベクトルデータに対するニューラルネットワークとは対照的に，グラフニューラルネットワークには万能近似能力がありません．

グラフが連結か連結でないかを判定する二値分類問題を考えてみましょう（図 8.3）．図 8.3 左は正例，図 8.3 右は負例ですが，グラフニューラルネットワークはこれらを区別できません．

命題 8.2（正例と負例の区別が付かない例）

任意のメッセージ伝達型グラフニューラルネットワーク（式 (3.1)〜(3.3)）は，図 8.3 左のグラフと図 8.3 右のグラフに対して同じ頂点埋め込み集合を出力する．

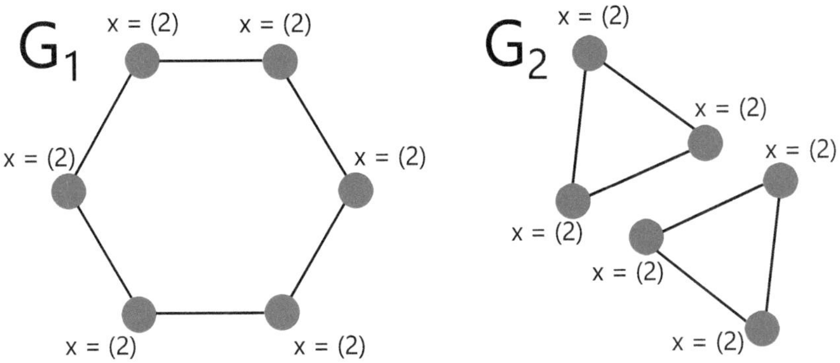

図 8.3 グラフが連結か連結でないかを判定する二値分類問題の例．左：連結なグラフ G_1（正例）．右：連結でないグラフ G_2（負例）．頂点に付記している $\boldsymbol{x}$ は次数を表す頂点特徴量．すべての頂点の特徴量は $\boldsymbol{x}_v = 2 \in \mathbb{R}$ である．

証明

すべての層の中間表現において，G_1 と G_2 のすべての頂点の埋め込みが同一であることを層番号 l についての帰納法により示す．$l = 0$ のとき，$\boldsymbol{h}_v^{(0)} = \boldsymbol{x}_v = 2$ なので成立．$l = k$ のとき成立していたとして $l = k + 1$ のとき．帰納法の仮定より，v によらない $\boldsymbol{h}^{(k)}$ が存在して，任意の $v \in V_1 \cup V_2$ について $\boldsymbol{h}_v^{(k)} = \boldsymbol{h}^{(k)}$ が成り立つ．任意の $v \in V_1 \cup V_2$ について

$$\begin{aligned} \boldsymbol{h}_v^{(k+1)} &= f_{\theta,k+1}^{\text{集約}}(\boldsymbol{h}_v^{(k)}, \{\!\{\boldsymbol{h}_u^{(k)} \mid u \in \mathcal{N}(v)\}\!\}) \\ &= f_{\theta,k+1}^{\text{集約}}(\boldsymbol{h}^{(k)}, \{\!\{\boldsymbol{h}^{(k)}, \boldsymbol{h}^{(k)}\}\!\}) \end{aligned} \tag{8.5}$$

となりこれはすべての頂点で同一である．よって，$\boldsymbol{z}_v = \boldsymbol{h}_v^{(L)}$ もすべての頂点で等しい． □

G_1 と G_2 で頂点埋め込み集合が同一であるので，4.1 節で紹介した不変なグラフプーリングを適用すると，G_1 と G_2 に対して同じグラフ埋め込み $\boldsymbol{z}_{G_1} = \boldsymbol{z}_{G_2}$ が得られます．よって，グラフニューラルネットワークは G_1 と G_2 に対して同じ予測を行います．G_1 だけを正例に，G_2 だけを負例にす

ることはできません．また，上記の証明を一般化すると，任意の正則グラフ H_1, H_2 について，頂点特徴量がすべて同じであればグラフニューラルネットワークは H_1 と H_2 を区別できないということも示せます．

このように，グラフニューラルネットワークが単純な問題でさえも本質的に解くことができないというのは大きな問題です．また，グラフニューラルネットワークがどのような問題を解くことができて，どのような問題を解くことができないかが分からないことも問題です．解こうとしている問題が，どのようなデータを用意しても，どのように訓練をしても，グラフニューラルネットワークでは解けないかもしれないということは，グラフニューラルネットワークを導入するときの障壁となります．この問題を解決するために，グラフニューラルネットワークの表現能力を明確にし，さらに表現能力を向上させる方法が研究されています．以降の節では，グラフニューラルネットワークの表現能力についての代表的な結果を解説します．

補足 8.1 ベクトルとグラフに対する万能近似能力

3.1.2 節では通常のニューラルネットワークがグラフニューラルネットワークの特殊例だと述べました．通常のニューラルネットワークが万能近似能力を持つにもかかわらず，それよりも表現能力が大きいグラフニューラルネットワークが万能近似能力を持たないということに疑問を持った方もいるかもしれません．これは，8.1.1 節と 8.1.2 節で考えている関数の範囲が異なるためです．8.1.1 節ではベクトル上の連続関数を考えました．通常のニューラルネットワークはこの意味で万能近似能力を持ちます．一方，8.1.2 節ではグラフ上の関数を考えました．グラフニューラルネットワークはこの意味で万能近似能力を持ちません．また，頂点ごとに通常のニューラルネットワークを適用した場合も，当然ながらグラフ上の関数の意味では万能近似能力を持ちません．通常のニューラルネットワークが万能近似能力を持ち，グラフニューラルネットワークが万能近似能力を持たないからといって，グラフニューラルネットワークのほうが表現能力が低いということではありません．同じ基準で比較すると，グラフニューラルネットワークのほうが表現能力は高くなります．

8.2 ワイスファイラー・リーマン検査

ワイスファイラー・リーマン検査 (Weisfeiler-Lehman test; WL 検査) [78] はグラフの同型性を近似的に判定する多項式アルゴリズムです．ここで，近似的というのは，必ずしも正しく判定できるわけではないということです．ワイスファイラー・リーマン検査は「同型ではない」か「同型かもしれない」のどちらかの出力をします．ワイスファイラー・リーマン検査が「同型ではない」と出力した場合には，同型ではないことが保証されます．ただし，「同型かもしれない」と出力した場合には，同型である場合と同型でない場合があり得ます．ワイスファイラー・リーマン検査は完璧ではありませんが，多くの場合，特にすべての辺が一様ランダムに生成される場合などには正しい判断をすることが知られています [62, Corollary 1.8.5]．グラフニューラルネットワークはワイスファイラー・リーマン検査と高々同等の表現能力があることを本節で示します．

8.2.1 グラフの同型性

2 つのグラフが同型 (isomorphic) であるとは，頂点番号の並び替えだけで移りあえることをいいました．以下に形式的なグラフの同型性の定義を再掲します．

定義 8.3（グラフの同型性）

グラフ $G_1 = (V_1, E_1, \boldsymbol{X})$ と $G_2 = (V_2, E_2, \boldsymbol{Y})$ が同型であるとは，全単射 $f\colon V_1 \to V_2$ が存在し，

$$\boldsymbol{X}_v = \boldsymbol{Y}_{f(v)} \tag{8.6}$$

がすべての $v \in V_1$ について成り立ち，

$$\{u, v\} \in E_1 \iff \{f(u), f(v)\} \in E_2 \tag{8.7}$$

がすべての $u, v \in V_1$ について成り立つことである．このような全単射 f を同型写像といい，$v \in V_1$ と $f(v) \in V_2$ を同型な頂点という．

2 つのグラフが与えられたとき，同型であるかどうかを判定するのがグラフの同型性判定問題です．

問題 8.4（グラフの同型性判定問題）

入力 2 つのグラフ G_1, G_2

出力 G_1, G_2 が同型であれば Yes，同型でなければ No を出力する．

グラフの同型性判定問題を解く多項式時間のアルゴリズムは知られていません [42,67]．また，NP 完全であるかどうかも知られていません [42]．グラフの同型性判定問題は P でも NP 完全でもない，その間の計算複雑性クラスに属するのではないかとも考えられています [76]．この場合にはグラフの同型性判定問題を解く多項式時間のアルゴリズムは存在しないことになります．

グラフニューラルネットワークは同型なグラフに対しては同じ埋め込みを生成するべき，つまりは同変であるべきです．この性質はメッセージ伝達型グラフニューラルネットワークについては構成法より自動的に成立することを定理 3.4 で示しました．また，同型でないグラフに対しては異なる埋め込みを生成する，つまり同型でないグラフを識別できることが望ましいです．同型でないグラフ G_1 と G_2 に対して同じグラフ埋め込みが得られてしまうと，G_1 が正例，G_2 が負例であるような問題に正解できないことになるからです．しかし，同型であるときかつそのときのみ同じ埋め込みを生成するようなグラフニューラルネットワークは多項式時間では動作しないと考えられます．もしそのようなグラフニューラルネットワークが存在したならば，G_1 と G_2 をそのグラフニューラルネットワークに入力し，埋め込みが同一であれば Yes，同一でなければ No を出力するだけでグラフの同型性判定問題が解けてしまうことになり，グラフの同型性判定問題を解く多項式時間のアルゴリズムは存在しないという予想に反してしまうからです．よって，そのようなグラフニューラルネットワークがあるとすれば，計算に多項式よりも長い時間がかかると考えられます．計算に多項式よりも長い時間がかかるがすべてのグラフを識別できるグラフニューラルネットワークの例は，8.3 節と 8.4 節で紹介します．さしあたり，多項式時間の範囲内で，できる限り表現能力の高いグラフニューラルネットワークを構成することを考えます．

8.2.2 ワイスファイラー・リーマン検査

ワイスファイラー・リーマン検査[78] はグラフの同型性を近似的に判定する多項式アルゴリズムです．ワイスファイラー・リーマン検査は頂点に値を割り当て，この値の集合が 2 つの入力グラフで同一であるかどうかを検査します．この値は慣例的に色と呼ばれます．初期色は頂点の特徴量です．ここから，何度か洗練 (refinement) の段階を踏んで最終的な色を計算します．洗練は，自身の色と隣接頂点の色をもとに色を再割当することで行います（図 8.4）．アルゴリズム 8.1 に疑似コードを掲載します．

第 1 行目から第 4 行目では，最終的な色の集合が同一であれば「同型かもしれない」とし，同一でなければ「同型ではない」と断言します．第 5 行目から第 10 行目が色を計算するメインの部分です．第 5 行目では初期色は頂点の特徴量とし，第 8 行目では，自身の色と隣接頂点の色をもとに色の再割当をしています．隣接頂点の色の集合と，自身の色の組そのものがその頂点の新たな色です．第 11 行目から第 13 行目で定義される Equivalent 関数は，2 つの色割当をもとにした頂点の分割が同じであるかどうかを検査します．すなわち，色割当 h が与えられたとき，頂点集合 V を，同じ色を持つ頂点の部分集合に分割します．Equivalent 関数は $h^{(l)}$ と $h^{(l-1)}$ によるこの分割が等しいかどうかを検査しています．この分割は洗練により細かくなっていきます．洗練のステップにより，色の分割が細かくならなくなれば，そこで洗練を終了します．分割の大きさは最大 $n = |V|$ なので，洗練は高々 n 回の繰り返しで停止します．ゆえに，ワイスファイラー・リーマン検査は全体として多項式時間で動作します．

以下の定理が示すようにワイスファイラー・リーマン検査には偽陰性はありません．

定理 8.5（ワイスファイラー・リーマン検査の正当性）

ワイスファイラー・リーマン検査は同型なグラフ G_1, G_2 に対しては常に「同型かもしれない」と出力する．すなわち，ワイスファイラー・リーマン検査が「同型ではない」と出力したときには，2 つのグラフは必ず同型ではない．

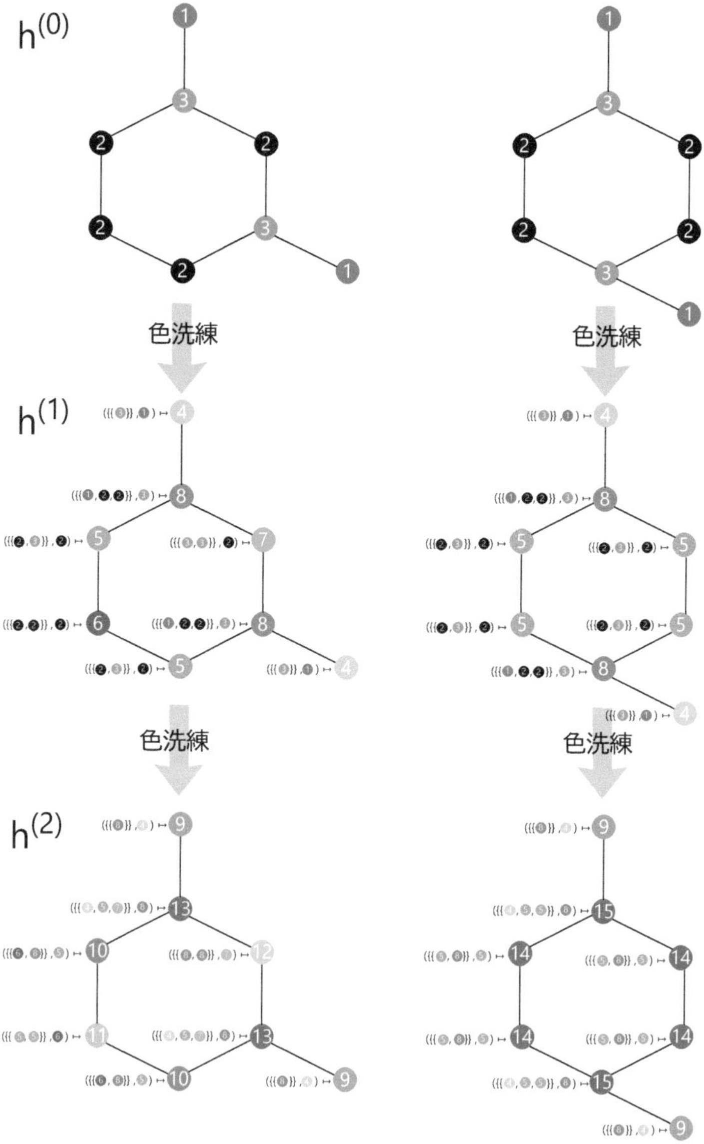

図 8.4 ワイスファイラー・リーマン検査の例．頂点に書かれた数字は頂点色を表す．同じ頂点色の頂点には同じ色が割り当てられる．$h^{(1)}$ と $h^{(2)}$ が等価なので停止する．色集合が異なるのでワイスファイラー・リーマン検査は「同型ではない」と出力する．

アルゴリズム 8.1 ワイスファイラー・リーマン検査

入力：2 つのグラフ $G_1 = (V_1, E_1, \boldsymbol{X})$ と $G_2 = (V_2, E_2, \boldsymbol{Y})$
出力：同型かどうかを判定

if `ColorRefinement(`G_1`)` $=$ `ColorRefinement(`G_2`)` **then**
　　return 同型かもしれない
else
　　return 同型ではない
end
Procedure `ColorRefinement(`$G = (V, E, \boldsymbol{X})$`)`
　　$h_v^{(0)} \leftarrow \boldsymbol{X}_v \ (\forall v \in V)$
　　$l = 0$
　　while $l = 0$ **or not** `Equivalent(`$h^{(l)}$, $h^{(l-1)}$`)` **do**
　　　　$h_v^{(l+1)} \leftarrow (h_v^{(l)}, \{\!\{h_u^{(l)} \mid u \in \mathcal{N}(v)\}\!\}) \ (\forall v \in V)$
　　　　$l \leftarrow l + 1$
　　end
　　return $\{\!\{h_v^{(l)} \mid v \in V\}\!\}$
Procedure `Equivalent(`$h^{(l)}$, $h^{(l-1)}$`)`
　　if $\exists u, v \in V,\ h_u^{(l-1)} = h_v^{(l-1)}$ **and** $h_u^{(l)} \neq h_v^{(l)}$ **then**
　　　　return False
　　end
　　return True

証明

G_1 と G_2 の同型写像を f とする．色の洗練回数 l についての帰納法により，同型な頂点の色は常に同じであることにより示す．G_1 の色割当を $h^{(l)}$，G_2 の色割当を $g^{(l)}$ と表す．

$l = 0$ のとき，同型性の定義式 (8.6) より，

$$h_v^{(0)} = \boldsymbol{X}_v = \boldsymbol{Y}_{f(v)} = g_{f(v)}^{(0)} \tag{8.8}$$

となる．
$l = k$ のとき成立したとすると，

$$\begin{aligned} h_v^{(l+1)} &= (h_v^{(l)}, \{\!\{h_u^{(l)} \mid u \in \mathcal{N}(v)\}\!\}) \\ &= (g_{f(v)}^{(l)}, \{\!\{g_{f(u)}^{(l)} \mid u \in \mathcal{N}(v)\}\!\}) \\ &= (g_{f(v)}^{(l)}, \{\!\{g_u^{(l)} \mid u \in \mathcal{N}(f(v))\}\!\}) \\ &= g_{f(v)}^{(l+1)} \end{aligned} \tag{8.9}$$

であるので，$l = k + 1$ のときも成立する．よって，同型な頂点の色は常に同じである．このとき，洗練が終わるステップ数も同じになるので，ColorRefinement(G_1) = ColorRefinement(G_2) が成立し，ワイスファイラー・リーマン検査は「同型かもしれない」と出力する． □

ワイスファイラー・リーマン検査は完璧ではありません．失敗する例が存在します．

命題 8.6（ワイスファイラー・リーマン検査が失敗する例）

ワイスファイラー・リーマン検査は同型ではないグラフについて「同型かもしれない」と出力する場合がある．具体的には，図 8.3 左のグラフと図 8.3 右のグラフは同型ではないが，ワイスファイラー・リーマン検査は「同型かもしれない」と出力する．

証明

命題 8.2 と同様の議論により従う． □

ワイスファイラー・リーマン検査が失敗するのは正則なグラフや，すべての頂点特徴量が同じグラフだけではありません．**図 8.5** にワイスファイラー・リーマン検査が失敗するほかの例を掲載します．これらの例が失敗することは，アルゴリズム 8.1 をシミュレーションすることで確認できます．いずれのグラフも 1 回の洗練ステップで停止します．

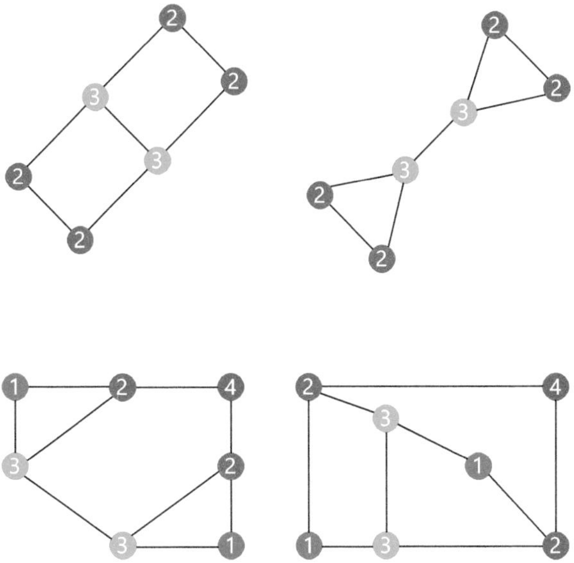

図 8.5 ワイスファイラー・リーマン検査が失敗する例 [119]．頂点に書かれた数字は頂点特徴量（初期色）を表す．左上と右上のグラフ，左下と右下のグラフは同型ではないが，ワイスファイラー・リーマン検査は「同型かもしれない」と出力する．

ワイスファイラー・リーマン検査の手続きはメッセージ伝達型グラフニューラルネットワークと非常に似ています．ワイスファイラー・リーマン検査の色はグラフニューラルネットワークの中間表現に相当します．アルゴリズム 8.1 の 5 行目の初期色の設定は，グラフニューラルネットワークの初期化の式 (3.1) に相当します．アルゴリズム 8.1 の 8 行目の色洗練は，メッセージ伝達の式 (3.2) に相当します．ただし，ワイスファイラー・リーマン検査はメッセージをそのまま記憶するのに対し，グラフニューラルネットワークは集約関数を用いて，メッセージ伝達の結果を 1 本のベクトルにまとめます．このために情報の損失が起きる可能性があります．極端な例では，集約関数を定数関数とすると，せっかく見分けられていた頂点の埋め込みが同じものになり，同型でないグラフに対して同じ埋め込みを生成してしまう可能性が高くなります．一般に，単射ではない集約関数を用いると，情報が失われてしまうことになります．逆に，単射な集約関数を用いると，情報は保たれ，ワイスファイラー・リーマン検査が「同型かもしれない」と出力するときかつそのときのみ埋め込み集合が同じになります．以上の議論をまとめると，グラフニューラルネットワークの識別能力はワイスファイラー・リーマン検査と同等かそれ以下であるといえます．

定理 8.7（WL 検査とグラフニューラルネットワークの等価性 [102, 153]）

ワイスファイラー・リーマン検査が「同型かもしれない」と出力するグラフ G_1, G_2 について，メッセージ伝達型グラフニューラルネットワークは同一の頂点埋め込み集合を出力する．すなわち，メッセージ伝達型グラフニューラルネットワークの識別能力は高々ワイスファイラー・リーマン検査と同程度である．また，単射な集約関数を用いると，ワイスファイラー・リーマン検査がそれぞれ L, L' 回の洗練を行い「同型ではない」と出力するグラフ G_1, G_2 について，$\min(L, L')$ 以上の層を持つメッセージ伝達型グラフニューラルネットワークは異なる頂点埋め込み集合を出力する．すなわち，メッセージ伝達型グラフニューラルネットワークはワイスファイラー・リーマン検査と等価な識別能力を持つことができる．

証明

ワイスファイラー・リーマン検査がグラフ $G_1 = (V_1, E_1, \boldsymbol{X})$, $G_2 = (V_2, E_2, \boldsymbol{Y})$ について「同型かもしれない」と出力するとする．このときメッセージ伝達型グラフニューラルネットワークは同一の頂点埋め込み集合を出力することを示す．ワイスファイラー・リーマン検査による G_1 に対する色割当を $h^{(l)}$, G_2 に対する色割当を $g^{(l)}$ と表す．ワイスファイラー・リーマン検査が停止する反復数 $L_{\max}$ よりも大きい l についても，$h^{(l)} = h^{(L_{\max})}$ により色を定める．メッセージ伝達型グラフニューラルネットワークによる G_1 の中間表現を $\boldsymbol{h}_v^{(l)}$, G_2 の中間表現を $\boldsymbol{g}_w^{(l)}$ と表す．

$$h_v^{(l)} = g_w^{(l)} \Rightarrow \boldsymbol{h}_v^{(l)} = \boldsymbol{g}_w^{(l)} \tag{8.10}$$

が成立することを l についての帰納法により示す．$l = 0$ のとき，

$$h_v^{(0)} = \boldsymbol{X}_v = \boldsymbol{h}_v^{(0)} \tag{8.11}$$

$$g_w^{(0)} = \boldsymbol{Y}_w = \boldsymbol{g}_w^{(0)} \tag{8.12}$$

となり成立する．$l = k$ のとき成立したとして $l = k + 1$ のとき，

$$h_v^{(k+1)} = g_w^{(k+1)} \tag{8.13}$$

が成立したとすると，ワイスファイラー・リーマン検査の更新式より，

$$(h_v^{(k)}, \{\!\{h_u^{(k)} \mid u \in \mathcal{N}(v)\}\!\}) = (g_w^{(k)}, \{\!\{g_u^{(k)} \mid u \in \mathcal{N}(w)\}\!\}) \tag{8.14}$$

が成立し，第 1 引数と第 2 引数を比較することで，

$$h_v^{(k)} = g_w^{(k)} \tag{8.15}$$

$$\{\!\{h_u^{(k)} \mid u \in \mathcal{N}(v)\}\!\} = \{\!\{g_u^{(k)} \mid u \in \mathcal{N}(w)\}\!\} \tag{8.16}$$

が成立する．帰納法の仮定より

$$\boldsymbol{h}_v^{(k)} = \boldsymbol{g}_w^{(k)} \tag{8.17}$$

$$\{\!\{\boldsymbol{h}_u^{(k)} \mid u \in \mathcal{N}(v)\}\!\} = \{\!\{\boldsymbol{g}_u^{(k)} \mid u \in \mathcal{N}(w)\}\!\} \tag{8.18}$$

が成立．このとき，メッセージ伝達型グラフニューラルネットワークの更新式より，

$$\begin{aligned}\boldsymbol{h}_v^{(k+1)} &= f_{\theta,k+1}^{\text{集約}}(\boldsymbol{h}_v^{(k)}, \{\!\{\boldsymbol{h}_u^{(k)} \mid u \in \mathcal{N}(v)\}\!\}) \\ &= f_{\theta,k+1}^{\text{集約}}(\boldsymbol{g}_w^{(k)}, \{\!\{\boldsymbol{g}_u^{(k)} \mid u \in \mathcal{N}(w)\}\!\}) \\ &= \boldsymbol{g}_w^{(k+1)}\end{aligned} \tag{8.19}$$

が成立する．よって式 (8.10) が成立する．ワイスファイラー・リーマン検査が「同型かもしれない」と出力することから，

$$\{\!\{h_v^{(L)} \mid v \in V_1\}\!\} = \{\!\{g_w^{(L)} \mid w \in V_2\}\!\} \tag{8.20}$$

となるので，メッセージ伝達型グラフニューラルネットワークが出力する埋め込みも

$$\{\!\{\boldsymbol{h}_v^{(L)} \mid v \in V_1\}\!\} = \{\!\{\boldsymbol{g}_w^{(L)} \mid w \in V_2\}\!\} \tag{8.21}$$

と等しくなる．

続いて，単射な集約関数を持つ L 層のメッセージ伝達型グラフニューラルネットワークがグラフ $G_1 = (V_1, E_1, \boldsymbol{X})$，$G_2 = (V_2, E_2, \boldsymbol{Y})$ が同一の頂点埋め込み集合を出力し，ワイスファイラー・リーマン検査の色洗練は G_1 と G_2 のいずれかで $l^*(< L)$ 回で停止したとする．このとき，ワイスファイラー・リーマン検査は G_1 と G_2 が「同型かもしれない」と出力することを示す．まず，

$$\boldsymbol{h}_v^{(l)} = \boldsymbol{g}_w^{(l)} \Rightarrow h_v^{(l)} = g_w^{(l)} \tag{8.22}$$

が $l \leq l^*$ について成立することを l についての帰納法により示す．$l = 0$ のとき，

$$h_v^{(0)} = \boldsymbol{X}_v = \boldsymbol{h}_v^{(0)} \tag{8.23}$$

$$g_w^{(0)} = \boldsymbol{Y}_w = \boldsymbol{g}_w^{(0)} \tag{8.24}$$

となり成立する．$l = k$ のとき成立したとして $l = k + 1$ のとき，

$$\boldsymbol{h}_v^{(k+1)} = \boldsymbol{g}_w^{(k+1)} \tag{8.25}$$

が成立したとすると，メッセージ伝達型グラフニューラルネットワークの更新式より，

$$\begin{aligned}\boldsymbol{h}_v^{(k+1)} &= f_{\theta,k+1}^{\text{集約}}(\boldsymbol{h}_v^{(k)}, \{\!\{\boldsymbol{h}_u^{(k)} \mid u \in \mathcal{N}(v)\}\!\}) \\ &= f_{\theta,k+1}^{\text{集約}}(\boldsymbol{g}_w^{(k)}, \{\!\{\boldsymbol{g}_u^{(k)} \mid u \in \mathcal{N}(w)\}\!\}) \\ &= \boldsymbol{g}_w^{(k+1)}\end{aligned} \tag{8.26}$$

が成立する．集約関数の単射性より，

$$\boldsymbol{h}_v^{(k)} = \boldsymbol{g}_w^{(k)} \tag{8.27}$$

$$\{\!\{\boldsymbol{h}_u^{(k)} \mid u \in \mathcal{N}(v)\}\!\} = \{\!\{\boldsymbol{g}_u^{(k)} \mid u \in \mathcal{N}(w)\}\!\} \tag{8.28}$$

が成立する．帰納法の仮定より

$$h_v^{(k)} = g_w^{(k)} \tag{8.29}$$

$$\{\!\{h_u^{(k)} \mid u \in \mathcal{N}(v)\}\!\} = \{\!\{g_u^{(k)} \mid u \in \mathcal{N}(w)\}\!\} \tag{8.30}$$

が成立する．このとき，ワイスファイラー・リーマン検査の更新式より，

$$\begin{aligned} h_v^{(k+1)} &= (h_v^{(k)}, \{\!\{h_u^{(k)} \mid u \in \mathcal{N}(v)\}\!\}) \\ &= (g_w^{(k)}, \{\!\{g_u^{(k)} \mid u \in \mathcal{N}(w)\}\!\}) \\ &= g_w^{(k+1)} \end{aligned} \tag{8.31}$$

よって式 (8.22) が示された．メッセージ伝達型グラフニューラルネットワークが同一の頂点埋め込み集合を出力することから，

$$\{\!\{\boldsymbol{h}_v^{(l)} \mid v \in V_1\}\!\} = \{\!\{\boldsymbol{g}_w^{(l)} \mid w \in V_2\}\!\} \quad \forall l \leq L \tag{8.32}$$

となる．よって，ワイスファイラー・リーマン検査の色割当も

$$\{\!\{h_v^{(l^*)} \mid v \in V_1\}\!\} = \{\!\{g_w^{(l^*)} \mid w \in V_2\}\!\} \tag{8.33}$$

となる．$h^{(l^*)}$ と $g^{(l^*)}$ は分割として同じであるので，どちらのグラフも l^* 回の洗練で停止する．式 (8.33) より，ワイスファイラー・リーマン検査は G_1 と G_2 が「同型かもしれない」と出力する．対偶をとると，ワイスファイラー・リーマン検査が「同型ではない」と出力するときには，メッセージ伝達型グラフニューラルネットワークは異なる頂点埋め込み集合を出力する． □

8.2.3 グラフ同型ネットワーク (GIN)

定理 8.7 より，集約関数を単射とすることが，メッセージ伝達型グラフニューラルネットワークの識別能力を最大限に高める条件です．ただし，単射な集約関数を設計することは自明ではありません．例えば，平均値を用いた集約式 [51]

$$f_{\theta,l+1}^{\text{集約}}(\boldsymbol{h}_v^{(l)}, \{\!\{\boldsymbol{h}_u^{(l)} \mid u \in \mathcal{N}(v)\}\!\}) = \sigma\left(\frac{1}{|\mathcal{N}(v)|} \sum_{u \in \mathcal{N}(v)} \boldsymbol{W}^{(l+1)} \boldsymbol{h}_u^{(l)}\right) \tag{8.34}$$

は単射ではありません．例えば，

$$\{\!\{\boldsymbol{h}_u^{(l)} \mid u \in \mathcal{N}(v)\}\!\} = \{\!\{2, 2, 3, 3\}\!\} \tag{8.35}$$

の場合と

$$\{\!\{\boldsymbol{h}_u^{(l)} \mid u \in \mathcal{N}(v)\}\!\} = \{\!\{2, 3\}\!\} \tag{8.36}$$

の場合は平均値が同じなので，同一の集約結果を出力します．また，最大値を用いた集約式

$$f_{\theta,l+1}^{\text{集約}}(\boldsymbol{h}_v^{(l)}, \{\!\{\boldsymbol{h}_u^{(l)} \mid u \in \mathcal{N}(v)\}\!\}) = \sigma\left(\max_{u \in \mathcal{N}(v)} \boldsymbol{h}_u^{(l)}\right) \tag{8.37}$$

も単射ではありません．例えば，

$$\{\!\{\boldsymbol{h}_u^{(l)} \mid u \in \mathcal{N}(v)\}\!\} = \{\!\{2, 3, 5\}\!\} \tag{8.38}$$

の場合と

$$\{\!\{\boldsymbol{h}_u^{(l)} \mid u \in \mathcal{N}(v)\}\!\} = \{\!\{2, 4, 5\}\!\} \tag{8.39}$$

の場合は最大値が同じなので，同一の集約結果を出力します．

グラフ同型ネットワーク (Graph Isomorphism Network; GIN)[153] は単射な集約関数を表現できるグラフニューラルネットワークです．グラフ同型ネットワークは以下で定義されます．

$$\boldsymbol{h}_v^{(l+1)} = \mathrm{MLP}^{(l)}\left(\left(1 + \epsilon^{(l)}\right)\boldsymbol{h}_v^{(l)} + \sum_{u \in \mathcal{N}(v)} \boldsymbol{h}_u^{(l)}\right) \tag{8.40}$$

ここで，$\mathrm{MLP}^{(l)}$ は多層パーセプトロンを表し，層ごとに異なるものを用います．$\epsilon^{(l)} \in \mathbb{R}$ は実数の学習パラメータです．$\mathrm{MLP}^{(l)}$ に含まれるパラメータと $\epsilon^{(l)}$ がグラフ同型ネットワークの学習パラメータです．グラフ同型ネットワークは，平均ではなく和

$$\sum_{u \in \mathcal{N}(v)} \boldsymbol{h}_u^{(l)} \tag{8.41}$$

により近傍の中間表現を集約している点と，多層パーセプトロンを用いて集

約結果を変換していることが特徴です．和と多層パーセプトロンを用いて集約をするアイデアは **DeepSets**[161] に基づいています．DeepSets はベクトルの集合を受けとり，1 本のベクトルを出力する機械学習モデルであり，以下の形式で定義されます．

$$\mathrm{DeepSets}(\mathcal{A}) = \rho\left(\sum_{\boldsymbol{x}\in\mathcal{A}} \phi(\boldsymbol{x})\right) \tag{8.42}$$

DeepSets は任意の集合関数を表現できるという万能性があります．

定理 8.8（DeepSets の万能性 [161]）

高々可算集合 $\mathcal{X}$ の部分集合上の任意の関数 $f\colon 2^{\mathcal{X}} \to \mathcal{Y}$ について，ある関数 ϕ, ρ が存在して

$$f(\mathcal{A}) = \rho\left(\sum_{\boldsymbol{x}\in\mathcal{A}} \phi(\boldsymbol{x})\right) \tag{8.43}$$

と表現できる．

証明

構成的に証明する．集合 $\mathcal{X}$ は高々可算なので，単射関数 $c\colon \mathcal{X} \to \mathbb{Z}_+$ が存在する．この c を用いて

$$\phi(x) \stackrel{\mathrm{def}}{=} 4^{-c(x)} \tag{8.44}$$

と定義する．集合の四進数表記

$$g(\mathcal{A}) = \sum_{\boldsymbol{x}\in\mathcal{A}} \phi(\boldsymbol{x}) \tag{8.45}$$

は単射であるので逆写像 h が存在し，$h(g(\mathcal{A})) = \mathcal{A}$ となる．

$$\rho(\boldsymbol{x}) = f(h(\boldsymbol{x})) \tag{8.46}$$

とすると，

$$\rho\left(\sum_{\boldsymbol{x}\in\mathcal{A}}\phi(\boldsymbol{x})\right) = \rho(g(\mathcal{A})) = f(h(g(\mathcal{A}))) = f(\mathcal{A}) \tag{8.47}$$

となる. □

$\mathcal{X}$ が非可算集合の場合 [161] や多重集合の場合 [153] でも部分的に万能性が成り立つことが知られています.

グラフ同型ネットワークは多重集合版の DeepSets を集約関数として用いることで，単射性を実現しています.

定理 8.9（グラフ同型ネットワークの単射性 [153]）

高々可算集合 $\mathcal{X}$ 上の多重集合のうち，要素数が N 未満のものの集合を

$$\mathcal{S} \stackrel{\text{def}}{=} \{\mathcal{A} \in \mathbb{N}^{\mathcal{X}} \mid |\mathcal{A}| < N\} \tag{8.48}$$

とする．ここで，多重集合の要素数は，重複要素も異なるものとして数えるものとする．すなわち，$|\mathcal{A}| = \sum_x \mathcal{A}(x)$ である．このとき，ある $\phi\colon \mathcal{X} \to \mathcal{Y}$ と $\varepsilon \in \mathbb{R}$ が存在し，

$$f(\boldsymbol{h}, \mathcal{A}) = (1+\epsilon)\,\phi(\boldsymbol{h}) + \sum_{\boldsymbol{x}\in\mathcal{A}}\phi(\boldsymbol{x}) \tag{8.49}$$

で定義される $f\colon \mathcal{X} \times \mathcal{S} \to \mathcal{Y}$ は単射である．また，任意の関数 $f'\colon \mathcal{X} \times \mathcal{S} \to \mathcal{Z}$ はある $\rho\colon \mathcal{Y} \to \mathcal{Z}$ と $\phi\colon \mathcal{X} \to \mathcal{Y}$ と $\varepsilon \in \mathbb{R}$ を用いて

$$f'(\boldsymbol{h}, \mathcal{A}) = \rho\left((1+\epsilon)\,\phi(\boldsymbol{h}) + \sum_{\boldsymbol{x}\in\mathcal{A}}\phi(\boldsymbol{x})\right) \tag{8.50}$$

と表現できる.

証明
構成的に証明する．集合 $\mathcal{X}$ は高々可算なので，単射関数 $c\colon \mathcal{X} \to \mathbb{Z}_+$ が存在する．この c を用いて

$$\phi(\boldsymbol{x}) \stackrel{\text{def}}{=} N^{-c(\boldsymbol{x})} \tag{8.51}$$

と定義する．集合の要素数は N 未満であるので，N 進数表記

$$g(\mathcal{A}) = \sum_{\boldsymbol{x} \in \mathcal{A}} \phi(\boldsymbol{x}) \tag{8.52}$$

は単射である．また，$\phi(\boldsymbol{x})$ と $g(\mathcal{A})$ は有理数であるので，$\varepsilon = \sqrt{2}$ とすると，

$$f(\boldsymbol{h}, \mathcal{A}) = f(\boldsymbol{h}', \mathcal{A}') \tag{8.53}$$

であるときかつそのときのみ

$$\phi(\boldsymbol{h}) = \phi(\boldsymbol{h}') \tag{8.54}$$

$$g(\mathcal{A}) = g(\mathcal{A}') \tag{8.55}$$

となり，このとき ϕ と g の単射性より $\boldsymbol{h} = \boldsymbol{h}'$ かつ $\mathcal{A} = \mathcal{A}'$ が成立する．よって f は単射である．また，定理 8.8 と同様に，f の逆写像と f' を組み合わせて ρ とすることで，任意の関数 f' を

$$f'(\boldsymbol{h}, \mathcal{A}) = \rho\left((1+\epsilon)\,\phi(\boldsymbol{h}) + \sum_{\boldsymbol{x} \in \mathcal{A}} \phi(\boldsymbol{x})\right) \tag{8.56}$$

と表現できる． □

頂点特徴量の候補集合が高々可算であり，隣接頂点の数の上限があるときには，すべての層において中間表現の候補は高々可算であり，多重集合の要素数の上限があるので，定理 8.9 の仮定が満たされます．例えば，化合物グラフの場合，原子の種類は有限であり，隣接頂点の数は 4 以下であるので，この仮定が満たされます．ゆえに，適切な $\phi\colon \mathcal{X} \to \mathcal{Y}$ と $\varepsilon \in \mathbb{R}$ を選ぶことで，グラフ同型ネットワークは単射な集約関数を表現できます．

実装上は，集約結果の変換は式 (8.40) のように多層パーセプトロンを用いて行います．式 (8.40) では集約した後に変換を行っていますが，これは今の層の ρ と次の層の ϕ をあわせて行っていると考えると定理 8.9 と整合性があります．多層パーセプトロンが定理 8.9 の ϕ や $\phi \circ \rho$ を正確に表現できるとは限りませんが，多層パーセプトロンには万能近似能力があること（定理 8.1）から，ϕ や $\phi \circ \rho$ を精度よく表せると期待できます．特に，頂点特徴量の候補集合が有限の場合には，十分な数のパラメータを用いると正確に ϕ や $\phi \circ \rho$ を表現できます．この結果を定理 8.7 とあわせると，グラフ同型ネットワークはワイスファイラー・リーマン検査と等価な識別能力を持つことがいえます．

和を用いたグラフ同型ネットワークの集約方法は表現能力が高い利点がありますが，訓練時とテスト時に次数の分布が変化する場合に，和に含まれる項の数が変化し，中間表現の値の範囲が変化してしまい精度が低下するという問題があります．この問題を緩和するため，

$$\frac{\log(|\mathcal{N}|+1)}{|\mathcal{N}|} \sum_{u \in \mathcal{N}} \boldsymbol{h}_u \tag{8.57}$$

のように，平均よりもわずかに大きく，和よりも範囲が統一されやすい集約方法を用いることが提案されています [25]．平均を用いると，式 (8.25), (8.26) のように表現能力が理論的に下がりますが，このように次数に応じてわずかに差を作ることでグラフ同型ネットワークと等価な識別能力を持つことが示されています [25, Theorem 2].

8.3 同変基底を用いたアーキテクチャ

3.5 節では，

$$\boldsymbol{z}_v = \boldsymbol{W}\boldsymbol{A}_v \tag{8.58}$$

というように，隣接行列を直接変換するようなモデルは同変ではないという問題があることを述べました．しかし，この問題が起こらない場合もあります．例えば，$\boldsymbol{W} = \boldsymbol{1}_n^\top \in \mathbb{R}^{1\times n}$ のとき，

$$\begin{aligned} \boldsymbol{z}_v &= \mathbf{1}_n^\top \boldsymbol{A}_v \\ &= \sum_{u \in \mathcal{N}(v)} \boldsymbol{A}_{vu} \\ &= \deg(v) \end{aligned} \tag{8.59}$$

は頂点番号の順序によらなくなり，同変となります．また $\boldsymbol{W} = 2\mathbf{1}_n^\top \in \mathbb{R}^{1\times n}$ としても同様に同変です．一般に，式 (8.58) が同変となるようなパラメータ $\boldsymbol{W}$ の集合を $\mathcal{W}$ とします．$\boldsymbol{W}, \boldsymbol{W}' \in \mathcal{W}$ について $(\boldsymbol{W} + \boldsymbol{W}')$ を用いても式 (8.58) は同変となるので $(\boldsymbol{W} + \boldsymbol{W}') \in \mathcal{W}$ となり，任意のスカラー $\alpha \in \mathbb{R}$ について $\alpha\boldsymbol{W}$ を用いても式 (8.58) は同変となるので $\alpha\boldsymbol{W} \in \mathcal{W}$ です．よって，$\mathcal{W}$ は線形空間です．パラメータ $\boldsymbol{W}$ が動く範囲を $\mathcal{W}$ に制限すれば，式 (8.58) のように隣接行列を直接変換するようなモデルを用いても，同変であることが保証されます．

どのようにすればパラメータ $\boldsymbol{W}$ が動く範囲を $\mathcal{W}$ に制限できるでしょうか．後に定理 8.12 に示すように，線形空間 $\mathcal{W}$ の直交基底は簡単に表すことができます．この結果をもとに基底の線形結合でモデルを表現することで，パラメータの動く範囲を $\mathcal{W}$ に制限できます．このようなモデルを同変基底を用いたアーキテクチャと呼びます．以降では，一般の場合に同変な線形変換の基底を導出して，同変基底を用いたアーキテクチャを定式化します．

8.3.1 同変基底の導出

同変基底の導出にあたり，高次のテンソルと関数についての同変性を定義します．各次元が n である k 階テンソルの集合を $\mathbb{R}^{n^k} = \mathbb{R}^{n\times n\times \ldots \times n}$ と定義します．S_n を $[n]$ の順列全体の集合とします．ここで，順列とは $[n]$ から $[n]$ への全単射のことです．順列 $\pi \in S_n$ のテンソル $\boldsymbol{X} \in \mathbb{R}^{n^k}$ への作用 $(\pi \cdot \boldsymbol{X}) \in \mathbb{R}^{n^k}$ を

$$(\pi \cdot \boldsymbol{X})_{i_1,\ldots,i_k} = \boldsymbol{X}_{\pi^{-1}(i_1),\ldots,\pi^{-1}(i_k)} \ (\forall i_1, \ldots, i_k \in [n]) \tag{8.60}$$

と定義します．

定義 8.10（テンソル関数の同変性）

k 階テンソルから l 階テンソルへの関数 $f\colon \mathbb{R}^{n^k} \to \mathbb{R}^{n^l}$ が同変であるとは，任意の順列 $\pi \in S_n$ について

$$f(\pi \cdot \boldsymbol{X}) = \pi \cdot f(\boldsymbol{X}) \ (\forall \boldsymbol{X} \in \mathbb{R}^{n^k}) \tag{8.61}$$

が成立することをいう．特に，$l = 0$ のときこれは関数 $f\colon \mathbb{R}^{n^k} \to \mathbb{R}$ が任意の順列 $\pi \in S_n$ について

$$f(\pi \cdot \boldsymbol{X}) = f(\boldsymbol{X}) \ (\forall \boldsymbol{X} \in \mathbb{R}^{n^k}) \tag{8.62}$$

が成立することを意味し，この場合を特に不変であるという．

k 階テンソルから l 階テンソルへの線形関数 $f\colon \mathbb{R}^{n^k} \to \mathbb{R}^{n^l}$ のテンソル表示を $\boldsymbol{W}^f \in \mathbb{R}^{n^{l+k}}$ と表し，作用を $(\boldsymbol{W}^f \cdot \boldsymbol{X}) \in \mathbb{R}^{n^l}$ と表します．すなわち，

$$\begin{aligned} & f(\boldsymbol{X})_{i_1,\ldots,i_l} \\ & = (\boldsymbol{W}^f \cdot \boldsymbol{X})_{i_1,\ldots,i_l} \\ & = \sum_{j_1,\ldots,j_k \in [n]} \boldsymbol{W}^f_{i_1,\ldots,i_l,j_1,\ldots,j_k} \boldsymbol{X}_{j_1,\ldots,j_k} \ (\forall \boldsymbol{X} \in \mathbb{R}^{n^k}, i_1,\ldots,i_l \in [n]) \end{aligned} \tag{8.63}$$

と定義します．線形関数において同変が成立するための必要十分条件は，$\boldsymbol{W}^f$ が順列に対して不変であることです．このことを以下に示します．

定理 8.11（線形関数の同変性）

線形関数 $f\colon \mathbb{R}^{n^k} \to \mathbb{R}^{n^l}$ が同変であるときかつそのときのみ

$$\boldsymbol{W}^f = \pi \cdot \boldsymbol{W}^f \ (\forall \pi \in S_n) \tag{8.64}$$

が成立する．

証明

任意の $\pi \in S_n$ と $i_1, i_2, \ldots, i_l$ について，

$$
\begin{aligned}
&(\pi \cdot f(\boldsymbol{X}))_{i_1,\ldots,i_l} \\
&= (\pi \cdot (\boldsymbol{W}^f \cdot \boldsymbol{X}))_{i_1,\ldots,i_l} \\
&\overset{\text{(a)}}{=} (\boldsymbol{W}^f \cdot \boldsymbol{X})_{\pi^{-1}(i_1),\ldots,\pi^{-1}(i_l)} \\
&\overset{\text{(b)}}{=} \sum_{j_1,\ldots,j_k \in [n]} \boldsymbol{W}^f_{\pi^{-1}(i_1),\ldots,\pi^{-1}(i_l),j_1,\ldots,j_k} \boldsymbol{X}_{j_1,\ldots,j_k} \\
&\overset{\text{(c)}}{=} \sum_{j_1,\ldots,j_k \in [n]} \boldsymbol{W}^f_{\pi^{-1}(i_1),\ldots,\pi^{-1}(i_l),\pi^{-1}(j_1),\ldots,\pi^{-1}(j_k)} \boldsymbol{X}_{\pi^{-1}(j_1),\ldots,\pi^{-1}(j_k)} \\
&\overset{\text{(d)}}{=} ((\pi \cdot \boldsymbol{W}^f) \cdot (\pi \cdot \boldsymbol{X}))_{i_1,\ldots,i_l}
\end{aligned}
\tag{8.65}
$$

が成り立つ．ここで，(a) は順列作用の定義式 (8.60) より，(b) はテンソル作用の定義式 (8.63) より，(c) は和の順序を入れ替えることより，(d) は順列作用の定義式 (8.60) より成り立つ．よって，式 (8.64) が成り立つときには，

$$
\begin{aligned}
\pi \cdot f(\boldsymbol{X}) &= (\pi \cdot \boldsymbol{W}^f) \cdot (\pi \cdot \boldsymbol{X}) \\
&= \boldsymbol{W}^f \cdot (\pi \cdot \boldsymbol{X}) \\
&= f(\pi \cdot \boldsymbol{X})
\end{aligned}
\tag{8.66}
$$

が成立し，f が同変であることが示される．逆に，f が同変であるとすると，任意の $\boldsymbol{X} \in \mathbb{R}^{n^k}$ と $\pi \in S_n$ について

$$
\begin{aligned}
(\pi \cdot \boldsymbol{W}^f) \cdot (\pi \cdot \boldsymbol{X}) &= \pi \cdot f(\boldsymbol{X}) \\
&= f(\pi \cdot \boldsymbol{X}) \\
&= \boldsymbol{W}^f \cdot (\pi \cdot \boldsymbol{X})
\end{aligned}
\tag{8.67}
$$

が成り立つ．$(\pi \cdot \boldsymbol{X})$ として各標準基底をとり，両辺を比較すると，

$$
\boldsymbol{W}^f = \pi \cdot \boldsymbol{W}^f \tag{8.68}
$$

が示される．□

以上より，同変な線形関数の空間を同定するには，式 (8.64) を満たす $\boldsymbol{W}^f \in \mathbb{R}^{n^{l+k}}$ の集合を同定すればよいことが分かります．しかし，式 (8.64) は $n!$ 個の線形等式からなるため，そのままの形では利用できません．この条件を満たす集合が簡単に表されることを以下に示します．

集合 $[n]^k$ 上の同値関係 $\sim$ を

$$\boldsymbol{i} \sim \boldsymbol{j} \overset{\text{def}}{\Leftrightarrow} (\forall p, q \in [k], \boldsymbol{i}_p = \boldsymbol{i}_q \Leftrightarrow \boldsymbol{j}_p = \boldsymbol{j}_q) \tag{8.69}$$

と定義します．すなわち，同じ値をとる添え字の集合が同じであるということです．例えば，

$$(1,1,1,1,1) \sim (2,2,2,2,2) \tag{8.70}$$

$$(1,8,2,1,8) \sim (9,3,5,9,3) \tag{8.71}$$

$$(1,8,2,1,8) \not\sim (1,8,2,1,9) \tag{8.72}$$

$$(1,8,2,1,8) \not\sim (1,8,8,1,8) \tag{8.73}$$

です．各同値類は，$[k]$ の分割と一対一に対応します．例えば，$(1,8,2,1,8)$ と $(9,3,5,9,3)$ は第 1 成分と第 4 成分が同一であり，第 2 成分と第 5 成分が同一であるので，$\{\{1,4\},\{2,5\},\{3\}\}$ という $\{1,2,3,4,5\}$ の分割に対応します．$[k]$ の分割の総数をベル数といい，$B_k \in \mathbb{Z}_+$ と表します [172]．すなわち，同値関係 $\sim$ についての同値類の個数は B_k 個です．$[k]$ の分割全体の集合を $\mathcal{B}_k$ と表します．以後，$[k]$ の分割と同値関係 $\sim$ の同値類は同一視し，$(i_1, \ldots, i_k)$ が分割 $\gamma \in \mathcal{B}_k$ に対応する同値類に属することを $(i_1, \ldots, i_k) \in \gamma$ と表します．

補足 8.2 同値関係と同値類

同値関係とは直観的には，2 つの要素がある意味で「同じ」であることを表す関係のことです．形式的には，集合 S 上の二項関係 $\sim$ が同値関係であるとは，

反射律 $\forall a \in S, a \sim a$

対称律 $\forall a, b \in S, a \sim b \Rightarrow b \sim a$

推移律 $\forall a, b, c \in S, a \sim b \wedge b \sim c \Rightarrow a \sim c$

をすべて満たすことです．実数の相等関係 $=$ や図形の合同関係や図形の相当関係などが同値関係の例です．各要素 $a \in S$ について，a と同値な要素の集合 $[a] = \{x \sim a \mid a = x\}$ を a の属する同値類といいます．集合 S は同値類により分割できます．上記の集合 $[n]^k$ 上の同値関係 $\sim$ では，(a, b, c, a, b) というような同じ「型」に従う要素をある意味で「同じ」であると定義していることになります．同じ「型」に従う要素が同じ同値類に属します．すなわち，同値類の分割は $[n]^k$ の要素を型に基づいて分類していることに対応します．

分割 $\gamma \in \mathcal{B}_k$ について，テンソル $\boldsymbol{B}^\gamma \in \mathbb{R}^{n^k}$ を

$$\boldsymbol{B}^\gamma_{i_1,\ldots,i_k} = \begin{cases} 1 & ((i_1, \ldots, i_k) \in \gamma) \\ 0 & (\text{otherwise}) \end{cases} \tag{8.74}$$

と定義します．

例えば，$k = 2$ のときには $\{\{1, 2\}\}$ と $\{\{1\}, \{2\}\}$ という $B_2 = 2$ 通りの分割が存在します．$n = 5$ のときには，$\{\{1, 2\}\}$ に対応する行列は

$$\boldsymbol{B}^{\{\{1,2\}\}} = \begin{pmatrix} 1 & 0 & 0 & 0 & 0 \\ 0 & 1 & 0 & 0 & 0 \\ 0 & 0 & 1 & 0 & 0 \\ 0 & 0 & 0 & 1 & 0 \\ 0 & 0 & 0 & 0 & 1 \end{pmatrix} = \boldsymbol{I}_5 \in \mathbb{R}^{5 \times 5} \tag{8.75}$$

であり，$\{\{1\}, \{2\}\}$ に対応する行列は

$$\boldsymbol{B}^{\{\{1\},\{2\}\}} = \begin{pmatrix} 0 & 1 & 1 & 1 & 1 \\ 1 & 0 & 1 & 1 & 1 \\ 1 & 1 & 0 & 1 & 1 \\ 1 & 1 & 1 & 0 & 1 \\ 1 & 1 & 1 & 1 & 0 \end{pmatrix} = \mathbf{1}_5 \mathbf{1}_5^\top - \boldsymbol{I}_5 \in \mathbb{R}^{5 \times 5} \tag{8.76}$$

となります．一般の n については，同様に $\boldsymbol{B}^{\{\{1,2\}\}} = \boldsymbol{I}_n \in \mathbb{R}^{n \times n}$ と $\boldsymbol{B}^{\{\{1\},\{2\}\}} = \mathbf{1}_n \mathbf{1}_n^\top - \boldsymbol{I}_n \in \mathbb{R}^{n \times n}$ となります．

例えば，$k = 4$ のとき，$\{\{1, 3\}, \{2\}, \{4\}\}$ に対応する行列は，第 1 成分と

第 3 成分が同じで，それ以外は互いに異なるような添え字にのみ 1 がおかれた 4 次元テンソルです．隣接行列 $\boldsymbol{A} \in \mathbb{R}^{n \times n}$ に $\boldsymbol{B}^{\{\{1,3\},\{2\},\{4\}\}} \in \mathbb{R}^{n^2 \times n^2}$ を作用させると，新たな行列 $\boldsymbol{C} = (\boldsymbol{B}^{\{\{1,3\},\{2\},\{4\}\}} \cdot \boldsymbol{A}) \in \mathbb{R}^{n \times n}$ が得られます．$\boldsymbol{C}$ は $\boldsymbol{A}$ と始点が共通で終点が異なる値を集約した行列です．例えば，$\boldsymbol{C}$ の $(1,4)$ 成分は $\boldsymbol{A}$ の $(1,2),(1,3),(1,5),(1,6),\ldots$ 成分を足し合わせたものです．すなわち，一般に

$$\boldsymbol{C}_{ij} = \begin{cases} \sum_{l \neq i,j} \boldsymbol{A}_{il} & (i \neq j) \\ 0 & (i = j) \end{cases} \tag{8.77}$$

となります．

テンソル $\boldsymbol{B}^{\gamma}$ $(\gamma \in \mathcal{B}_{k+l})$ が同変な線形変換 $f\colon \mathbb{R}^{n^k} \to \mathbb{R}^{n^l}$ の直交基底となることを示します．

定理 8.12（同変基底）

同変な線形変換 $f\colon \mathbb{R}^{n^k} \to \mathbb{R}^{n^l}$ 全体の集合は B_{k+l} 次元の線形空間をなし，$\boldsymbol{B}^{\gamma}$ $(\gamma \in \mathcal{B}_{k+l})$ はその直交基底をなす．

証明

$\boldsymbol{B}^{\gamma}$ が同変であることを示す．任意の $\pi \in S_n$ について，

$$\begin{aligned}(\pi \cdot \boldsymbol{B}^{\gamma})_{i_1,\ldots,i_{k+l}} &= \boldsymbol{B}^{\gamma}_{\pi^{-1}(i_1),\ldots,\pi^{-1}(i_{k+l})} \\ &= \begin{cases} 1 & ((\pi^{-1}(i_1),\ldots,\pi^{-1}(i_{k+l})) \in \gamma) \\ 0 & (\text{otherwise}) \end{cases} \\ &\overset{\text{(a)}}{=} \begin{cases} 1 & ((i_1,\ldots,i_{k+l}) \in \gamma) \\ 0 & (\text{otherwise}) \end{cases} \\ &= \boldsymbol{B}^{\gamma}_{i_1,\ldots,i_{k+l}} \end{aligned} \tag{8.78}$$

である．ここで，(a) は順列 π が全単射であるので同値類が変化しないことから従う．よって，定理 8.11 より，$\boldsymbol{B}^{\gamma}$ で定義される線形関数は同変である．

同変なテンソル $\boldsymbol{W} \in \mathcal{B}_{k+l}$ を任意にとる．任意の同値な添え字 $(i_1, \ldots, i_{k+l}) \sim (j_1, \ldots, j_{k+l}) \in [n]^{k+l}$ について，

$$\pi(j_1) = i_1, \pi(j_2) = i_2, \ldots, \pi(j_{k+l}) = i_{k+l} \tag{8.79}$$

となるように順列 π をとる．添え字が同値であることから，この定義は矛盾なく行える．このとき，

$$\begin{aligned} \boldsymbol{W}_{i_1,\ldots,i_{k+l}} &\overset{\text{(a)}}{=} (\pi \cdot \boldsymbol{W})_{i_1,\ldots,i_{k+l}} \\ &\overset{\text{(b)}}{=} \boldsymbol{W}_{\pi^{-1}(i_1),\ldots,\pi^{-1}(i_{k+l})} \\ &\overset{\text{(c)}}{=} \boldsymbol{W}_{j_1,\ldots,j_{k+l}} \end{aligned} \tag{8.80}$$

が成り立つ．ここで，(a) は同変性の式 (8.64) より，(b) は順列作用の定義式 (8.60) より，(c) は π の定義式 (8.79) より従う．よって，$\boldsymbol{B}$ は同値な添え字について値が等しい．このことから，$\boldsymbol{W}$ は $\boldsymbol{B}^\gamma$ の線形結合で表すことができる．具体的には，

$$\boldsymbol{W} = \sum_{\gamma \in \mathcal{B}_{k+l}} \boldsymbol{W}_{i^\gamma} \boldsymbol{B}^\gamma \tag{8.81}$$

と表すことができる．ここで，i^γ は γ に対応する同値類に属する任意の要素であり，$\boldsymbol{W}_{i^\gamma} \in \mathbb{R}$ はその添え字に対応する $\boldsymbol{W}$ の成分である．$\boldsymbol{W}$ は同値な添え字について値が等しいことから，式 (8.81) の右辺は要素 i^γ のとり方によらないことに注意する．よって，$\boldsymbol{B}^\gamma$ は同変な線形変換の線形空間を張る．また，異なる $\boldsymbol{B}^\gamma$ の非ゼロ成分の添え字は異なる同値類に属することから重なりがない．よって $\{\boldsymbol{B}^\gamma\}_{\gamma \in \mathcal{B}_{k+l}}$ は互いに直交し，直交基底となる． □

以上より，同変な線形変換の基底は式 (8.74) のように簡単に表されます．また，驚くべきことに，線形空間の次元はテンソルの大きさ n に依存しません．このことは，式 (8.75) と式 (8.76) の $k+l=2$ における例を参照すると理解できます．テンソルの大きさ n は，以降で定義するグラフニューラルネットワークにおいては頂点数に対応します．頂点数 n が異なる場合，テン

ソル $\boldsymbol{W}$ の次元が異なるため，$\boldsymbol{W}$ をそのままパラメータ化すると異なる頂点数に汎化できませんが，基底の係数，すなわち各分割 $\gamma \in \mathcal{B}_k$ の係数をパラメータとすることで，異なる頂点数に汎化できます．

以上の議論をもとに同変基底を用いたグラフニューラルネットワークを定式化します．簡単には，

$$\boldsymbol{Z} = \sigma\left(\boldsymbol{W}^{(L)} \cdot \sigma\left(\ldots \boldsymbol{W}^{(2)} \cdot \sigma\left(\boldsymbol{W}^{(1)} \cdot \boldsymbol{A}\right) \ldots\right)\right) \tag{8.82}$$

というように多層パーセプトロンと同様に線形変換と要素ごとの非線形変換を繰り返し，各 $\boldsymbol{W}^{(l)}$ を同変な基底の線形結合で表せば，全体として同変なアーキテクチャが得られます．特に，最後の層の変換 $\boldsymbol{W}^{(L)}$ の出力の階数を 2 とすれば，n^2 次元の出力となり頂点対（辺）ごとの値が得られ，階数を 1 とすれば，n 次元の出力となり頂点ごとの値が得られ，階数を 0 とすれば，1 次元の出力となり，グラフ全体の値が得られます．接続予測，頂点分類，グラフ分類などのタスクによって，用いるアーキテクチャの階数を変えて対処できます．繰り返しになりますが，式 (8.82) は一般の重み $\boldsymbol{W}^{(l)}$ については同変ではありません．$\boldsymbol{W}^{(l)}$ の範囲を同変な空間に限ることで，全体として同変性が実現できています．

式 (8.82) はメッセージ伝達型グラフニューラルネットワークとは異なり，頂点特徴量を考慮しません．また，出力や中間表現は各要素につき 1 次元のため実際上の表現能力が弱まります．以降では，頂点特徴量を考慮したより現実的なアーキテクチャを定式化します．以下のグラフ埋め込みの問題を考えます．

問題 8.13（グラフ埋め込み問題）

入力 頂点特徴量付きグラフ $G = (V, E, \boldsymbol{X})$

出力 グラフ構造を考慮した埋め込み $\boldsymbol{z} \in \mathbb{R}^d$

高次グラフニューラルネットワーク [92,93,94] は，入力グラフを以下で表されるテンソル $\boldsymbol{T} \in \mathbb{R}^{n \times n \times (d+1)}$ で表現します．

$$\boldsymbol{T}_{ijk} = \begin{cases} \boldsymbol{X}_{ik} & (i = j \land k \leq d) \\ 0 & (i \neq j \land k \leq d) \\ \boldsymbol{A}_{ij} & (k = d + 1) \end{cases} \tag{8.83}$$

すなわち，最初の d 次元は対角成分に頂点特徴量を並べ，最後の次元は隣接行列を並べます．このテンソルには入力グラフの情報がすべて込められています．高次グラフニューラルネットワークの線形層 $g_l\colon \mathbb{R}^{n^{k_{l-1}} \times d_{l-1}} \to \mathbb{R}^{n^{k_l} \times d_l}$ を

$$g_l(\boldsymbol{X})_{:,:,\ldots,i} = \sigma\left(\sum_{j=1}^{d_{l-1}} \boldsymbol{W}^{(l,i,j)} \cdot \boldsymbol{X}_{:,\ldots,:,j} + \boldsymbol{C}^{(l,i)}\right) \in \mathbb{R}^{n^{k_l}} \tag{8.84}$$

$$\boldsymbol{W}^{(l,i,j)} = \sum_{\gamma \in \mathcal{B}_{k_l + k_{l-1}}} \alpha_{l,i,j,\gamma} \boldsymbol{B}^{\gamma} \in \mathbb{R}^{n^{k_l + k_{l-1}}} \tag{8.85}$$

$$\boldsymbol{C}^{(l,i)} = \sum_{\gamma \in \mathcal{B}_{k_l}} \beta_{l,i,\gamma} \boldsymbol{B}^{\gamma} \in \mathbb{R}^{n^{k_l}} \tag{8.86}$$

と定義します．ここで，$\alpha_{l,i,j,\gamma} \in \mathbb{R}$ と $\beta_{l,i,\gamma} \in \mathbb{R}$ が学習パラメータです．高次グラフニューラルネットワークを以下で定義します．

$$\boldsymbol{z} = \mathrm{MLP}(g_L(g_{L-1}(\ldots(g_1(\boldsymbol{X}))\ldots))) \in \mathbb{R}^d \tag{8.87}$$

最後の層の階数 k_L を 0 とすることで，出力は 1 本のベクトルとなり，これがグラフ埋め込みとなります．線形層の重みテンソルとバイアスを式 (8.85) と式 (8.86) のように，同変な基底の線形結合で表現することで，各層が同変であることが担保され，モデル全体として不変であることが担保されています．最大の階数が $k = \max_l k_l$ であるモデルを k 次グラフニューラルネットワークと呼びます．

高次グラフニューラルネットワークは万能近似能力があることが示せます．

定理 8.14（高次グラフニューラルネットワークの万能近似能力 [94]）

任意の不変な連続関数 $g\colon [-1,1]^n \to \mathbb{R}$ と任意の正数 $\varepsilon > 0$ について，式 (8.87) で定義されるある高次グラフニューラルネットワーク $f(\cdot)$ が存在して，

$$\|g - f\|_\infty = \sup_{\boldsymbol{x} \in [-1,1]^d} |g(\boldsymbol{x}) - f(\boldsymbol{x})| < \varepsilon \tag{8.88}$$

が成り立つ．

証明は，一般の連続関数の場合と同様に，不変な多項式全体の集合が不変な連続関数について万能近似能力を持つという事実（ワイエルシュトラスの多項式近似定理）をもとに，高次グラフニューラルネットワークが任意の不変な単項多項式を近似できることを示すことにより行います．詳細は Marron ら [94, Proposition 1]，Keriven ら [69, Theorem 1]，Maehara ら [91, Corollary 4] を参照してください．

ただし，定理 8.14 の証明 [94, Proposition 1] では階数を $k = \frac{n(n-1)}{2}$ と仮定しています．$n = 6$ の場合ですら，$B_k = B_{n(n-1)/2} = B_{15} = 1382958545 \approx 10^9$ であり，パラメータ数が手に負えなくなります．また，$n^k = 6^{15} \approx 4 \cdot 10^{11}$ サイズのテンソルを保存する必要があるため，メモリ消費量も手に負えません．よって，現実的には，万能近似能力を持つほど階数を高めることはできません．あくまで，理論的な性質を示すための定理と理解するのがよいでしょう．それでも，従来のグラフニューラルネットワークが本質的に万能近似能力を持っていなかったことを考えると，高次グラフニューラルネットワークの万能近似能力は理論的に重要な進歩です．

8.3.2　高次のワイスファイラー・リーマン検査との関係

高次グラフニューラルネットワークは高次のワイスファイラー・リーマン検査という同型性判定のアルゴリズムと関連があります．k (≥ 2) 次のワイスファイラー・リーマン検査は頂点の k 個組に色を割り当て，この色集合が同一であるかを検査します．頂点の k 個組 $\boldsymbol{v} \in V^k$ の第 i 成分近傍を

$$\mathcal{N}_i(\boldsymbol{v}) \stackrel{\text{def}}{=} \{(\boldsymbol{v}_1, \ldots, \boldsymbol{v}_{i-1}, v, \boldsymbol{v}_{i+1}, \ldots, \boldsymbol{v}_k) \mid v \in V\} \tag{8.89}$$

と定義します．頂点の k 個組 $\boldsymbol{v} \in V^k$ の色を，第 1 成分近傍の色の多重集合，第 2 成分近傍の色の多重集合，...，第 k 近傍の色の多重集合の組で更新します．アルゴリズム 8.2 に疑似コードを掲載します．

アルゴリズム 8.2 k 次のワイスファイラー・リーマン検査

> 入力：2 つのグラフ $G_1 = (V_1, E_1, \boldsymbol{X})$ と $G_2 = (V_2, E_2, \boldsymbol{Y})$
> 出力：同型かどうかを判定
>
> 1 **if** ColorRefinement(G_1) = ColorRefinement(G_2) **then**
> 2 | **return** 同型かもしれない
> 3 **else**
> 4 | **return** 同型ではない
>   **end**
>   **Procedure** ColorRefinement$(G = (V, E, \boldsymbol{X}))$
> 5 | $h_{\boldsymbol{v}}^{(0)} \leftarrow \text{Init}(G, \boldsymbol{v})$ $(\forall \boldsymbol{v} \in V^k)$
> 6 | $l = 0$
> 7 | **while** $l = 0$ **or not** Equivalent$(h^{(l)}, h^{(l-1)})$ **do**
> 8 | | $h_{\boldsymbol{v}}^{(l+1)} \leftarrow (h_{\boldsymbol{v}}^{(l)}, \{\!\{h_{\boldsymbol{u}}^{(l)} \mid \boldsymbol{u} \in \mathcal{N}_1(\boldsymbol{v})\}\!\}, \ldots, \{\!\{h_{\boldsymbol{u}}^{(l)} \mid \boldsymbol{u} \in \mathcal{N}_k(\boldsymbol{v})\}\!\})$ $(\forall \boldsymbol{v} \in V^k)$
> 9 | | $l \leftarrow l + 1$
> | **end**
> 10 | **return** $\{\!\{h_{\boldsymbol{v}}^{(l)} \mid v \in V^k\}\!\}$
>   **Procedure** Equivalent$(h^{(l)}, h^{(l-1)})$
> 11 | **if** $\exists \boldsymbol{u}, \boldsymbol{v} \in V^k$, $h_{\boldsymbol{u}}^{(l-1)} = h_{\boldsymbol{v}}^{(l-1)}$ **and** $h_{\boldsymbol{u}}^{(l)} \neq h_{\boldsymbol{v}}^{(l)}$ **then**
> 12 | | **return False**
> | **end**
> 13 | **return True**

ここで，$\text{Init}(G, \boldsymbol{v})$ は頂点の k 個組が同型であるときかつそのときのみ同じ値を割り当てる関数です．ここで，$(G_1, \boldsymbol{u})$ と $(G_2, \boldsymbol{v})$ が同型であるとは，

1. 式 (8.69) の同値関係 $\boldsymbol{u} \sim \boldsymbol{v}$ が成り立つ
2. $\boldsymbol{X}_{\boldsymbol{u}_i} = \boldsymbol{Y}_{\boldsymbol{v}_i}$ $(\forall i \in [k])$ が成り立つ
3. $\{\boldsymbol{u}_i, \boldsymbol{u}_j\} \in E_1 \Leftrightarrow \{\boldsymbol{v}_i, \boldsymbol{v}_j\} \in E_2$ $(\forall i, j \in [k])$ が成り立つ

のすべてが成り立つことをいいます．すべての成分の頂点特徴量が同一であるだけではなく，頂点間の辺の有無も同一である必要があります．

高次のワイスファイラー・リーマン検査は，頂点の組に色を割り当てること，色の初期化方法，色の集約方法（第 8 行目）が通常のワイスファイラー・リーマン検査と異なります．

高次のワイスファイラー・リーマン検査では，以下の性質が成り立ちます．

(a) 任意の k について，k 次のワイスファイラー・リーマン検査は同型なグラフについては常に「同型かもしれない」と出力する．

(b) 頂点数が n の同型ではないグラフについて，n 次のワイスファイラー・リーマン検査は常に「同型ではない」と出力する．

(c) 任意の k について，k 次のワイスファイラー・リーマン検査が「同型かもしれない」と出力する同型ではないグラフが存在する [15, Corollary 6.5]．

(d) 通常のワイスファイラー・リーマン検査と 2 次のワイスファイラー・リーマン検査の出力は同一である[15,62] [43, Theorem 2.3, Theorem 2.4]．

(e) 任意の k について，$k+1$ 次のワイスファイラー・リーマン検査が「同型かもしれない」と出力するとき，k 次のワイスファイラー・リーマン検査は必ず「同型かもしれない」と出力する [43, Theorem 2.3, Observation 5.13]．

(f) 任意の k について，k 次のワイスファイラー・リーマン検査は「同型かもしれない」と出力するが $k+1$ 次のワイスファイラー・リーマン検査が「同型ではない」と出力する同型ではないグラフが存在する [43, Theorem 2.3, Theorem 5.17]．

(a) は定理 8.5 の高次版です．ワイスファイラー・リーマン検査の各操作が頂点番号を使用しておらず，すべてが同変な操作であることから明らかです．(b) は，$k=n$ のとき，要素に重複がない $\boldsymbol{v} \in [V]^n$ は $n!$ 通りあり，初期色の時点ですべての頂点番号の振り方をチェックすることに対応しているため成り立ちます．(c) は固定の k を使っている限りはグラフ同型問題を完全に解くことができないことを表します．k を固定したときには k 次のワイスファイラー・リーマン検査は多項式時間で動作するので，グラフ同型問題を解く多項式時間アルゴリズムが存在しないという予想と整合性があります．(e) は k を大きくするにつれて，ワイスファイラー・リーマン検査の識別能力が減少することがないことを示しています．これは $(k+1)$ 個組の中に k 個組の情報があるためです．(f) は k を大きくするにつれて，ワイスファイラー・リーマン検査の識別能力は真に単調増加であることを示しています．

k 次グラフニューラルネットワークと k 次のワイスファイラー・リーマン検査はともに，頂点の k 個組に対して値を割り当てる点で似ています．実際，これらの識別能力は同程度であることが示せます．

定理 8.15（k 次の WL 検査とグラフニューラルネットワークの等価性 [92]）

k 次のワイスファイラー・リーマン検査が「同型かもしれない」と出力するグラフ G_1, G_2 について，k 次グラフニューラルネットワークは同一のグラフ埋め込みを出力する．すなわち，k 次グラフニューラルネットワークの識別能力は高々 k 次のワイスファイラー・リーマン検査と同程度である．また，任意の n について，ある k 次グラフニューラルネットワークが存在し，k 次のワイスファイラー・リーマン検査が「同型ではない」と出力する任意の n 頂点のグラフ G_1 と G_2 について，このグラフニューラルネットワークは異なるグラフ埋め込みを出力する．

証明は Maron ら [92, Theorem 1] と Azizian ら [6, Proposition 3] を参照してください．この定理の後半部分は，k 次グラフニューラルネットワークが頂点数 n に依存しており，1 つのグラフニューラルネットワークですべての頂点数に対応できるわけではないことに注意してください．それでも，上述の高次のワイスファイラー・リーマン検査の性質 (e), (f) とあわせると, k 次グラフニューラルネットワークは $k = 3, 4, 5, \ldots$ と大きくなるに従い, 表現能力が真に増大することがいえます. 定理 8.14 のように $k = \Omega(n)$ とすることは実用的ではありませんが, $k = 3, 4$ 程度であれば小さいグラフに対しては実現可能であり, かつメッセージ伝達型グラフニューラルネットワークよりも真に高い表現能力を持つことができます.

また, ワイスファイラー・リーマン検査には**俗版ワイスファイラー・リーマン検査** (folklore Weisfeiler-Lehman test) という変種が存在します. $k\ (\geq 2)$ 次の俗版ワイスファイラー・リーマン検査は頂点の k 個組に対して色を割り当てることは同じですが, 頂点 $u \in V$, 色割当 $h\colon V^k \to \mathcal{C}$, 頂点の k 個組 $\boldsymbol{v} \in V^k$ について,

$$h_{\mathcal{N}_u^F(\boldsymbol{v})} \stackrel{\text{def}}{=} \left(h_{(u,\boldsymbol{v}_2,\ldots,\boldsymbol{v}_k)}, h_{(\boldsymbol{v}_1,u,\ldots,\boldsymbol{v}_k)}, \ldots, h_{(\boldsymbol{v}_1,\boldsymbol{v}_2,\ldots,u)}\right) \in \mathcal{C}^k \tag{8.90}$$

と定義し, 色の更新式を

$$h_{\boldsymbol{v}}^{(l+1)} \leftarrow (h_{\boldsymbol{v}}^{(l)}, \{\!\{h_{\mathcal{N}_u^F(\boldsymbol{v})}^{(l)} \mid u \in V\}\!\})\ (\forall \boldsymbol{v} \in V^k) \tag{8.91}$$

と定義します. k 次の俗版ワイスファイラー・リーマン検査は $(k+1)$ 次のワイスファイラー・リーマン検査と同一の出力をすることが知られています [15, Theorem 5.2] [43, Theorem 2.4]. 俗版ワイスファイラー・リーマン検査は文献によっては単にワイスファイラー・リーマン検査と呼ばれる場合があることに注意してください. 俗版ワイスファイラー・リーマン検査の利点は, 頂点の k 個組についての値を用いるだけで, $(k+1)$ 次のワイスファイラー・リーマン検査と同等の表現能力が得られることです. これにより $\Theta(n)$ 倍の記憶領域の節約ができます. Maron らは 2 次の俗版ワイスファイラー・リーマン検査に基づき, $O(n^2)$ の記憶領域で 3 次のワイスファイラー・リーマン検査と同等の表現能力を持つ高次グラフニューラルネットワークの変種を提案しました [92]. これは $\Omega(n^3)$ のメモリを消費する 3 次グラフニューラルネットワークよりもメモリ効率がよく, ある程度の大きさのグラフにまで適用でき, かつメッセージ伝達型グラフニューラルネットワークよりも真に高い表現能力を持ちます.

8.4 関係プーリング

問題 8.16（グラフ埋め込み問題）

入力 頂点特徴量付きグラフ $G = (V, E, \boldsymbol{X})$

出力 グラフ構造を考慮した埋め込み $\boldsymbol{z} \in \mathbb{R}^d$

関係プーリング (relational pooling)[103] は不変ではない関数を不変な関数に変換する手法です．関係プーリングを用いると，多層パーセプトロンや再帰ニューラルネットワークなど，任意のモデルをもとに不変なグラフニューラルネットワークを構築できます．関係プーリングは以下の式で定義されます．

$$\boldsymbol{z} = h(\boldsymbol{A}, \boldsymbol{X}) \stackrel{\text{def}}{=} \frac{1}{n!} \sum_{\pi \in S_n} f(\pi \cdot \boldsymbol{A}, \pi \cdot \boldsymbol{X}) \tag{8.92}$$

ここで，f は多層パーセプトロンや再帰ニューラルネットワークなど，不変とは限らない任意の関数です．S_n は $[n]$ の順列全体の集合です．関係プーリングは任意の関数 f を不変な関数に変換できます．

定理 8.17（関係プーリングの不変性）

任意の関数 f について，関係プーリングの式 (8.92) で定義される関数 h は不変である．

証明

任意の順列 $\tau \in S_n$ について，

$$\begin{aligned} h(\tau \cdot \boldsymbol{A}, \tau \cdot \boldsymbol{X}) &\stackrel{\text{(a)}}{=} \frac{1}{n!} \sum_{\pi \in S_n} f(\pi \cdot (\tau \cdot \boldsymbol{A}), \pi \cdot (\tau \cdot \boldsymbol{X})) \\ &\stackrel{\text{(b)}}{=} \frac{1}{n!} \sum_{\pi \in S_n} f(\pi \cdot \boldsymbol{A}, \pi \cdot \boldsymbol{X}) \end{aligned}$$

$$\stackrel{\text{(c)}}{=} h(\boldsymbol{A}, \boldsymbol{X}) \tag{8.93}$$

ここで，(a) は関係プーリングの式 (8.92) より，(b) は和の順序を変更することにより，(c) は関係プーリングの式 (8.92) より従う． □

また，f として万能近似能力のあるモデル，例えば多層パーセプトロン（定理 8.1）を用いることで，関係プーリングは万能近似能力を持つことが示せます．

定理 8.18（関係プーリングの万能近似能力）

任意の不変な連続関数 $g\colon [-1,1]^{n^2+nd} \to \mathbb{R}$ と任意の正数 $\varepsilon > 0$ について，あるニューラルネットワーク f が存在して，式 (8.92) で定義される関係プーリング h について，

$$\|g - h\|_\infty \stackrel{\text{def}}{=} \sup_{\boldsymbol{x} \in [-1,1]^d} |g(\boldsymbol{x}) - h(\boldsymbol{x})| < \varepsilon \tag{8.94}$$

が成り立つ．

証明

定理 8.1 より，同変とは限らないあるニューラルネットワーク f が存在して

$$\|g - f\|_\infty < \varepsilon \tag{8.95}$$

が成り立つ．この f を用いると，

$$\begin{aligned}\|g - h\|_\infty &= \sup_{\boldsymbol{x} \in [-1,1]^d} |g(\boldsymbol{x}) - h(\boldsymbol{x})| \\ &\stackrel{\text{(a)}}{=} \sup_{\boldsymbol{x} \in [-1,1]^d} \left| g(\boldsymbol{x}) - \frac{1}{n!} \sum_{\pi \in S_n} f(\pi \cdot \boldsymbol{x}) \right|\end{aligned}$$

$$
\begin{aligned}
&= \sup_{\boldsymbol{x}\in[-1,1]^d} \left| \frac{1}{n!} \sum_{\pi\in S_n} (g(\boldsymbol{x}) - f(\pi\cdot\boldsymbol{x})) \right| \\
&\overset{\text{(b)}}{\leq} \sup_{\boldsymbol{x}\in[-1,1]^d} \frac{1}{n!} \sum_{\pi\in S_n} |g(\boldsymbol{x}) - f(\pi\cdot\boldsymbol{x})| \\
&\overset{\text{(c)}}{=} \sup_{\boldsymbol{x}\in[-1,1]^d} \frac{1}{n!} \sum_{\pi\in S_n} |g(\pi\cdot\boldsymbol{x}) - f(\pi\cdot\boldsymbol{x})| \\
&\overset{\text{(d)}}{\leq} \sup_{\boldsymbol{x}\in[-1,1]^d} \frac{1}{n!} \sum_{\pi\in S_n} \varepsilon \\
&= \varepsilon
\end{aligned}
\tag{8.96}
$$

ここで，(a) は関係プーリングの定義式 (8.92) より，(b) は三角不等式より，(c) は g の不変性より，(d) は式 (8.95) より従う． □

関係プーリングには，不変性が保証され，万能近似能力があり，さまざまな機械学習モデルと組み合わせることができ，実装が簡単であるという利点があります．関係プーリングの欠点は実行に $\Omega(n!)$ 時間かかることです．$n = 15$ の場合でも $n! = 1307674368000 \approx 10^{12}$ なので，手に負えなくなります．このため，グラフのサイズが小さく，グラフの対称性が高い傾向にある化合物分類のようなタスクに有効であると考えられます．また，実行時間の問題を軽減するために，正規化した特定の順列のみを用いる方法や，順列をランダムサンプリングする方法，グラフの一部のみを使用する方法などが提案されています [103]．

8.5 局所分散アルゴリズムとの等価性

メッセージ伝達型グラフニューラルネットワークの表現能力は**局所分散アルゴリズム** (distributed local algorithm)[3] と深い関わりがあります [89, 120]．

局所分散アルゴリズムは通信網の中のコンピュータが自律的に計算を行う枠組みです (図 8.6)．各コンピュータはケーブルで直接つながっている相手

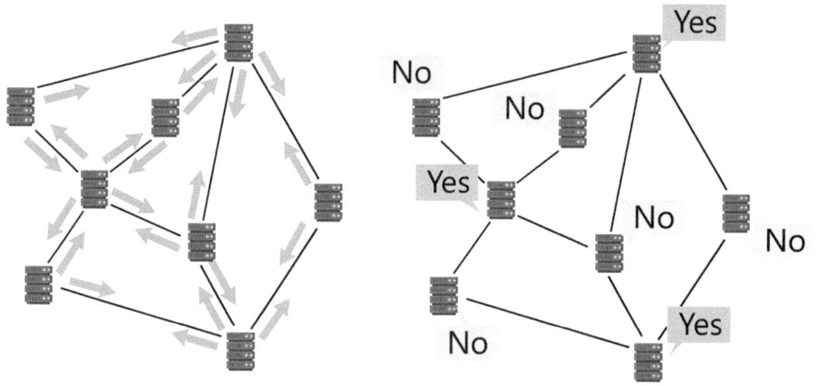

図 8.6 局所分散アルゴリズムの図示．左：局所分散アルゴリズムにおいて各コンピュータはケーブルで直接つながっている相手と通信を繰り返して計算を行う．右：最終的に各コンピュータは自身の決定を出力する．

と通信を一定回数繰り返し，最終的な結果を出力します．一例として，ネットワーク内の設定の初期化を考えましょう．ネットワーク中のコンピュータから親機を選ぶ必要があるとします．各コンピュータの内部状態は一様に初期化され，周囲のコンピュータと 3 ラウンドの通信の後，自身が親機になるかどうかを宣言します．局所分散アルゴリズムはどのような通信方法で，そしてどのような決定方法で宣言をするかを定めます．各コンピュータはケーブルで直接接続されたコンピュータしか観測できません．通信および宣言はすべてのコンピュータで同時に（同期的に）行います．通信回数は通信網によらず定数回とします．さらに，すべてのコンピュータでは同じアルゴリズムを用います．つまり，通信結果と内部状態が同じ2つのコンピュータは，次時刻も同じ内部状態に遷移します．これらの制約のもとで，どのようなネットワークであろうとも，特定の基準で親機を決定できるようなアルゴリズムを設計する必要があります．ここで，特定の基準とは，ちょうど1つのコンピュータが親機を宣言することや，親機がネットワーク中の「中心」にある，といったものが考えられます．

局所分散アルゴリズムの計算はメッセージ伝達型グラフニューラルネットワークの計算に対応しています．コンピュータを頂点，通信ケーブルを辺とし，通信網をグラフとして表現すると，局所分散アルゴリズムは頂点に値を割り当てる計算を表します．局所分散アルゴリズムの内部状態はグラフニューラルネットワークの中間表現に，局所分散アルゴリズムの通信規則と計算規則はグラフニューラルネットワークの集約関数に，局所分散アルゴリズムの通信回数はグラフニューラルネットワークの層数に対応します．この対応関係をもとに，局所分散アルゴリズムはグラフニューラルネットワークの計算をシミュレーションすることができます．

局所分散アルゴリズムがどのような問題を解けるか，どのような問題を解けないかはアルゴリズム理論の分野で古くから研究されています [3, 136]．例えば，局所分散アルゴリズムは最大次数が有限であるグラフに対して最小頂点被覆問題の近似度 2 を達成でき [5]，2 よりもよい近似度を達成できないことや，最大次数が Δ であるグラフに対して最小支配集合問題の近似度 $(\Delta + 1)$ を達成できるが，$(\Delta + 1)$ よりもよい近似度を達成できないことが知られています [136]．ここで，最小化問題における解の近似度が α であるとは，最適解よりも高々 α 倍の大きさであることを表し，アルゴリズムの近似度が α であるとは，常に近似度が α の解を出力できることを表します．これらの結果をもとに，グラフニューラルネットワークの表現能力について多くのことが明らかになります．例えば，メッセージ伝達型グラフニューラルネットワークが頂点に $0, 1$ を割り当てるとき，1 を割り当てた集合が常に最小頂点被覆の近似度 1.99 の解となっていることはあり得ないことが分かります．そのような関数はメッセージ伝達型グラフニューラルネットワークでは表現できないということです．

ただし，局所分散アルゴリズムとメッセージ伝達型グラフニューラルネットワークには 1 つ違いがあります．それは，多くの局所分散アルゴリズムは接続されたケーブルに番号を付けて区別し，異なるケーブルに異なるメッセージを送信できることを仮定している点です．この違いを埋めるため，異なる隣接頂点に異なるメッセージを送信する**無矛盾ポート番号グラフニューラルネットワーク** (consistent port numbering graph neural network; CPNGNN) が提案されています [120]．無矛盾ポート番号グラフニューラルネットワークは局所分散アルゴリズムと同一の表現能力を持つことが示されます [120, Theorem 3]．また，すべての隣接頂点に同じメッセージを送信する従来のメッセージ伝達型グラフニューラルネットワークは，異なるケーブルにも同じメッセージを送信するように制約を付けた，局所分散アルゴリズムの特殊ケースです．このため，局所分散アルゴリズムについて示されている否定的結果は従来のメッセージ伝達型グラフニューラルネットワークの表現能力にも適用されます．例えば，最小頂点被覆問題の近似度 1.99 を達成できないことや，最小支配集合問題の近似度 $(\Delta + 0.99)$ を達成できないことは，従来のメッセージ伝達型グラフニューラルネットワークについても成り立ちます．

局所分散アルゴリズムとメッセージ伝達型グラフニューラルネットワークの表現能力が制限されている共通の理由が 2 つあります．第一は，通信の回数および層数が有限であるため，大きなグラフが入力されたときにグラフの大域的な構造を用いずに局所的な情報だけから頂点の出力を決定する必要があることです．第二は，すべての頂点が一様に初期化されるため，頂点の区別が付かず，対称性を破れないことです．例えば，正則グラフが入力されたとき，すべての頂点の出力が同一となってしまいます．グラフニューラルネットワークでは，頂点特徴量に基づいて状態が初期化されますが，すべての頂点特徴量が同一である意地悪な例を入力されたときに，この問題が生じます．第二の問題を解決するため，局所分散アルゴリズムでは乱択アルゴリズムがしばしば用いられます[105,121]．乱数により対称性を破ることができ，第二の問題が解決します．先に述べたように，決定的な局所分散アルゴリズムでは最小支配集合問題の近似度の限界は $(\Delta + 1)$ ですが，乱択局所分散アルゴリズムを用いると近似度 $O(\log \Delta)$ を達成できます[105,121]．すなわち，ランダム性を導入することで局所分散アルゴリズムの表現能力は真に増大します．ランダム性を用いて頂点を区別するアイデアはグラフニューラルネットワークに対しても用いることができ，これにより表現能力が真に増大します[121]．具体的には，頂点の中間表現を

$$\boldsymbol{h}_v^{(0)} = [\boldsymbol{X}_v; \boldsymbol{r}_v] \tag{8.97}$$

と初期化します．$\boldsymbol{r}_v \sim p(\boldsymbol{r})$ は独立同分布から抽出される乱択特徴量であり，$[0,1]^d$ 上の一様分布や $\{0,1,\ldots,k\}^d$ 上の一様分布などの単純な分布を用いることができます．初期化以降は通常のグラフニューラルネットワークを用いることができます．仮にすべての頂点特徴量 $\boldsymbol{X}_v$ が同一であっても，乱択特徴量 $\boldsymbol{r}_v$ のために最初からすべての頂点を区別して扱うことができま

す．乱択特徴量については次節で詳しく取り上げます．

8.6 乱択特徴量

頂点に乱択特徴量を加えることは単純ながら非常に強力な手法です [1,103,121]．式 (8.97) と同様に，頂点の中間表現を

$$\boldsymbol{h}_v^{(0)} = [\boldsymbol{X}_v; \boldsymbol{r}_v] \tag{8.98}$$

と初期化します．$\boldsymbol{r}_v \sim p(\boldsymbol{r})$ は独立同分布から抽出される乱択特徴量であり，$[0,1]^d$ 上の一様分布や $\{0,1,\ldots,k\}^d$ 上の一様分布などの単純な分布を用いることができます．乱択特徴量を持つグラフニューラルネットワークは万能近似能力を持ちます．

定理 8.19（乱択グラフニューラルネットワークの万能近似能力）

n 頂点のグラフ上の任意の不変な関数 $g\colon G \mapsto \boldsymbol{z}$ について，ある関数 $f_0^{集約}, \ldots, f_{n-1}^{集約}, f^{読み出し}$ が存在して，

$$r_v \sim \mathrm{Unif}([0,1]) \tag{8.99}$$

$$h_v^{(0)} = [\boldsymbol{X}_v; r_v] \tag{8.100}$$

$$h_v^{(l+1)} = f_{l+1}^{集約}(h_v^{(l)}, \{\!\{h_u^{(l)} \mid u \in \mathcal{N}(v)\}\!\}) \tag{8.101}$$

$$h(G) = f^{読み出し}(\{\!\{h_v^{(n)} \mid v \in V\}\!\}) \tag{8.102}$$

で定義されるグラフニューラルネットワークは確率 1 で

$$g(G) = h(G) \tag{8.103}$$

を満たす．

証明

構成的に示す．以下，乱択特徴量には重複がないと仮定する．$r_v \sim \mathrm{Unif}([0,1])$ のもとで，この仮定が満たされる確率は 1 である．最初の層の集約関数を

$$
\begin{aligned}
f_0^{\text{集約}}([\boldsymbol{X}_v; r_v], \{\!\{[\boldsymbol{X}_u; r_u] \mid u \in \mathcal{N}(v)\}\!\}) = (&\\
&\{r_u \mid u \in \mathcal{N}(v)\} \cup \{r_v\},\\
&\{\{r_u, r_v\} \mid u \in \mathcal{N}(v)\},\\
&\{(r_u, \boldsymbol{X}_u) \mid u \in \mathcal{N}(v)\} \cup \{(r_v, \boldsymbol{X}_v)\}\\
)&
\end{aligned}
\tag{8.104}
$$

とする．この第 1 成分は乱択特徴量 r_v の集合を表し，第 2 成分は乱択特徴量 r_u と r_v を持つ頂点の間に辺があることを表し，第 3 成分は乱択特徴量 r_v と頂点特徴量 $\boldsymbol{X}_v$ の対応関係を表す．以降の層の集約関数を

$$
\begin{aligned}
f_{l+1}^{\text{集約}}(h_v^{(l)}, \{\!\{h_u^{(l)} \mid u \in \mathcal{N}(v)\}\!\}) = (&\\
&\bigcup_{u \in \mathcal{N}(v) \cup \{v\}} h_{u,1}^{(l)},\\
&\bigcup_{u \in \mathcal{N}(v) \cup \{v\}} h_{u,2}^{(l)},\\
&\bigcup_{u \in \mathcal{N}(v) \cup \{v\}} h_{u,3}^{(l)}\\
)&
\end{aligned}
\tag{8.105}
$$

と定義する．これにより，$h_v^{(l)}$ には v から l ホップ以内の頂点の，乱択特徴量の集合と，辺の情報と，乱択特徴量と頂点の対応関係が格納される．最後に，

$$
\begin{aligned}
f^{\text{再構築}}(\{\!\{h_v^{(n)} \mid v \in V\}\!\}) = (&\\
&\bigcup_{v \in V} h_{v,1}^{(l)},\\
&\bigcup_{v \in V} h_{v,2}^{(l)},
\end{aligned}
$$

$$r \mapsto \boldsymbol{x} \quad \left(\text{s.t. } (r, \boldsymbol{x}) \in \bigcup_{v \in V} h_{v,3}^{(l)}\right),$$

)

$$f^{\text{読み出し}} = g \circ f^{\text{再構築}} \tag{8.106}$$

とする．$f^{\text{再構築}}$ はすべての頂点についての，乱択特徴量の集合と，辺の情報と，乱択特徴量と頂点の対応関係をもとにグラフを復元する．ただし，頂点番号は元のものではなく，r_v を v の頂点番号として用いている．このグラフを g に入力すると，g は不変であるので，元のグラフに対する出力と同じものが得られる．□

以上の定理は，頂点数を定数であると仮定しています．グラフニューラルネットワークの層数は通常定数であるため，頂点数が無制限だとすると，大きなグラフが入力されたときにグラフの大域的な構造に依存した出力ができず，万能近似能力は失われてしまいます．グラフニューラルネットワークの層数を頂点数に合わせて可変であることを許すと，頂点数が可変の場合でも同様に万能近似能力が得られます．ただし，このときには層数が無制限となるため，集約関数を層間で適切に共有する必要があります．定理 8.19 の証明では，第 2 層から第 n 層まで同一の集約関数を用いているため，層を共有する場合にも同様の結果が示せます．また，層数が定数でグラフの大きさが可変の場合であっても，8.5 節の乱択局所分散アルゴリズムの議論より，乱択特徴量なしの場合よりも乱択特徴量ありの場合のほうが真に表現力は強くなります．

乱択特徴量による表現能力の向上を具体例を用いて解説します．図 8.7 上は，図 8.3 で示したワイスファイラー・リーマン検査が見分けられないグラフ（左）と，それらに乱択特徴量を追加したグラフ（右）を表します．図 8.7 下は，3 回のメッセージ伝達により得られる色の情報を木構造で表したものです．乱択特徴量がない場合は，1 回目のメッセージ伝達では左右の頂点が青色，青色であることが分かり，2 回目には，隣接頂点の隣接頂点が（青色，青色）と（青色，青色）であることが分かり，3 回目にはさらに隣接頂点の隣接頂点の隣接頂点がすべて（青色，青色）であることが分かるので，得られ

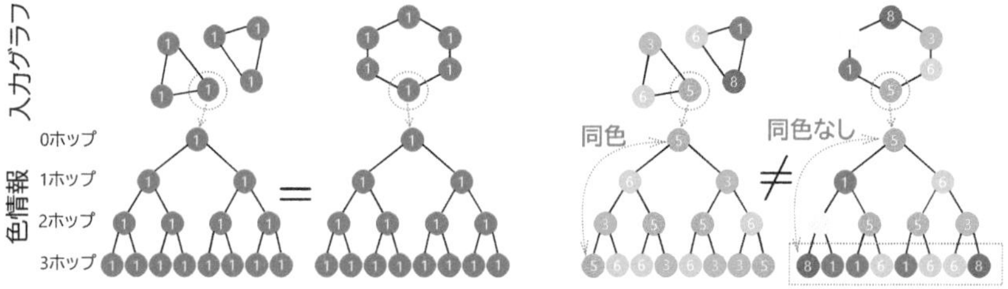

図 8.7　乱択特徴量による表現能力の向上．左：乱択特徴量なし．メッセージ伝達を繰り返しても 2 つのグラフ中の頂点を識別できない．右：乱択特徴量あり．3 回のメッセージ伝達の後に，自身と同じ乱択特徴量のメッセージを受信するかどうかで，長さ 3 のサイクルの有無を識別できる．

る情報は図 8.7 左下のようになります．これは 2 つのグラフで同一です．一方，乱択特徴量を付加した場合には，3 回目のメッセージ伝達のときに，長さ 3 のサイクルがあるほうは 3 ホップ先に自身と同じ色があることが分かります．長さ 6 のサイクルにはありません．この情報により，これらのグラフを識別できます．ここで，色そのものはランダムなので意味がないことに注意してください．色の関係性のみから，グラフの構造を把握できるということが重要です．

乱択特徴量は単純ながら万能近似能力があるという素晴らしい利点がある一方，推論のたびに結果が変化する欠点があります．すなわち，出力の実現値は同変ではありません．ただし，グラフニューラルネットワークが確率変数を定義しているとみなすと，確率変数は同変です．頂点番号を固定して特徴量に加えることと比べても，乱択特徴量は利点があります．頂点番号を固定すると，頂点 3 のラベルは何，というようにモデルが暗記してしまい，汎化性能が落ちる場合があります．実行のたびに乱択特徴量を変えるとこのような暗記は起こりません．このような暗記がなくとも，定理 8.19 や図 8.7 で示したように，乱択特徴量の値そのものではなく乱択特徴量の関係を用いることで，表現能力が向上し，構造に基づいた計算ができるようになります．

8.7 動的計画法との整合性

メッセージ伝達型グラフニューラルネットワークは

$$\boldsymbol{h}_v^{(l+1)} = f_{\theta,l+1}^{\text{集約}}(\boldsymbol{h}_v^{(l)}, \{\!\{\boldsymbol{h}_u^{(l)} \mid u \in \mathcal{N}(v)\}\!\}) \tag{8.107}$$

という漸化式に従う動的計画法により埋め込みを計算します．多くのグラフアルゴリズムがこの漸化式で表現できます．例えば，2.3.1 節で紹介したラベル伝播法をランダムウォークを用いて近似するアルゴリズムが当てはまります．$\boldsymbol{q}_v^{(l)} \in \mathbb{R}^2$ を頂点 v から l 歩以内でラベル付き頂点にたどりつける確率と，初めてたどりついたラベル付き頂点が正例である確率の組と定義します．この値の初期値は

$$\boldsymbol{q}_v^{(0)} = \begin{cases} (1, y_v) & \text{if } v \in V_L \\ (0, 0.5) & \text{if } v \in V_U \end{cases} \tag{8.108}$$

です．そして，

$$\boldsymbol{q}_{v,1}^{(l+1)} = \boldsymbol{q}_{v,1}^{(0)} + (1 - \boldsymbol{q}_{v,1}^{(0)}) \sum_{u \in \mathcal{N}(v)} \frac{\boldsymbol{W}_{vu}}{\deg(v)} \boldsymbol{q}_{u,1}^{(l)} \tag{8.109}$$

$$\boldsymbol{q}_{v,2}^{(l+1)} = \frac{1}{\boldsymbol{q}_{v,1}^{(l+1)}} \left(\boldsymbol{q}_{v,1}^{(0)} \boldsymbol{q}_{v,2}^{(0)} + (1 - \boldsymbol{q}_{v,1}^{(0)}) \sum_{u \in \mathcal{N}(v)} \frac{\boldsymbol{W}_{vu}}{\deg(v)} \boldsymbol{q}_{u,1}^{(l)} \boldsymbol{q}_{u,2}^{(l)} \right) \tag{8.110}$$

という漸化式に従い計算できます．$\boldsymbol{q}_{v,1}^{(l+1)} = 0$ のときには $1/\boldsymbol{q}_{v,1}^{(l+1)} = 0$ とします．この漸化式は式 (8.107) の特殊例です．また，最短経路を計算するベルマン・フォードのアルゴリズムもこの漸化式の範疇に属します．

> **問題 8.20（単一始点最短経路問題）**
>
> **入力** 重み付きグラフ $G = (V, E, w)$，始点 $s \in V$
>
> **出力** 各頂点について，始点からの最短経路長

ベルマン・フォードのアルゴリズムは，始点の距離を 0 に，それ以外の頂点の距離を ∞ に初期化し，

$$d_v^{(0)} = \begin{cases} 0 & \text{if } v = s \\ \infty & \text{if } v \neq s \end{cases} \tag{8.111}$$

とします．そして，

$$d_v^{(l+1)} = \min\left(d_v^{(l)}, \min_{u \in \mathcal{N}(v)} d_u^{(l)} + w(v, u)\right) \tag{8.112}$$

と更新を行い，どの頂点でも変更が行われなくなると停止して $d_v^{(l)}$ を出力します．この漸化式は辺の長さ $w(v, u)$ が入っている点を除けば，式 (8.107) の特殊例です．すべての辺の長さが 1 である特殊ケースでは，このアルゴリズムは幅優先探索に一致し，このときには完全に式 (8.107) の特殊例となります．また，辺の長さ $w(v, u)$ が入っている場合であっても，辺条件付き畳み込み [129] のように集約式に辺の特徴量を入れたメッセージ伝達型グラフニューラルネットワークはベルマン・フォードのアルゴリズムを再現できます．

このように，メッセージ伝達型グラフニューラルネットワークはグラフについての問題を解くためのさまざまなアルゴリズムと整合性があります．ここから，グラフニューラルネットワークにはラベル伝播法や最短経路問題のアルゴリズムを表現する能力があることが分かります．また，メッセージ伝達型グラフニューラルネットワークにはこのような計算をする帰納バイアスが組み込まれているため，これらの問題を解くモデルを訓練しやすいと考えられます．機械学習のモデル f とアルゴリズム g が

$$f = f_L \circ f_{L-1} \circ \ldots \circ f_1 \tag{8.113}$$

$$g = g_L \circ g_{L-1} \circ \ldots \circ g_1 \tag{8.114}$$

というように部分モデル $f_1, \ldots, f_L$ と部分手続き $g_1, \ldots, g_L$ の合成で表せ，部分モデル f_i が部分手続き g_i を効率よく学習できるとき，**アルゴリズム整列性** (algorithmic alignment)[155] があるといいます．上記の例の場合，部分モデル f_i はグラフニューラルネットワークの層に相当し，部分手続き g_i は動的計画法のステップに相当します．アルゴリズム整列性があるときには，ない場合よりも学習効率がよいことが理論的に示されています [155, Theorem 3.6]．グラフと始点を受けとり，最短経路長を計算する関数は，内部で

複数のステップを踏む非常に複雑な関数です．この関数を「始めから終わりまで (end-to-end)」1 つのモデルで当てはめるのは，万能近似能力があれば不可能ではないにしろ，非常に難しいと考えられます．比べて，ベルマン・フォードのアルゴリズムの部分ステップを表す式 (8.112) は比較的単純な関数形をしており，部分モデルをこの関数に当てはめることは比較的容易であると考えられます．このように，部分モデルの整合性と表現能力を考えることで，仮説空間の広さだけでなく，モデル全体の学習効率についても示唆を得ることができます．

8.8 表現能力の高いモデルの使いどころ

表現能力の高いモデルを使うことが常によいとは限りません．第一に，表現能力が高いモデルは過学習してしまう傾向があります．第二に，表現能力が高いモデルは計算量とメモリ消費量が大きく，実装や保守のコストが高い傾向にあります．実際，万能近似能力のないメッセージ伝達型グラフニューラルネットワーク，特に単純グラフ畳み込みなどの非常に単純なモデルが多くの機械学習ベンチマークでよい性能を達成しています．これは，現実に存在する多くの機械学習タスクには，ワイスファイラー・リーマン検査が見分けられないような悪意のあるケースは少ないことが一因です．頂点特徴量が連続の場合には，頂点特徴量の重複はなく，最初から頂点どうしが見分けられていることもよくあります．複雑なモデルを用いるよりも，むしろ近傍の頂点の特徴量やラベルを重視するという単純な規則が精度に寄与することが多いです．ゆえに，まずは単純グラフ畳み込みやグラフ注意ネットワーク，グラフ同型ネットワークなど，比較的単純なグラフニューラルネットワークを使用することをおすすめします．

一方，表現能力が重要となる場合もあります．グラフの頂点数が少なく，多くの対称性を持つ化合物グラフなどに対しては，メッセージ伝達型グラフニューラルネットワークでは表現能力が不十分な場合や，近傍を重視する帰納バイアスが精度に寄与しない場合があります．このときには，より表現能力の高いモデルを使うことを考慮に入れるとよいでしょう．まずはランダム特徴量を付加する方法など，単純なものを試すことをおすすめします．また，非常に多くの訓練データが存在する場合にも表現能力が重要となる可能性があります．近年，大量の画像データやテキストデータで事前学習をした大規模モデルが画像や自然言語処理の分野で成功しています．そのような領域では，トランスフォーマーのような表現能力が高くかつよい帰納バイアスを持つモデルがよい性能を達成しています．グラフニューラルネットワークにおいてはこのような方向性はまだ主流ではありませんが，大量のグラフデータと表現能力の高いモデルを組み合わせることで高い性能を達成できる可能性があります．

Chapter 9

おわりに

最後に，ソフトウェアとデータセットの紹介と文献紹介を行い，
本書の締めくくりとします．

9.1 ソフトウェア紹介

グラフニューラルネットワークの有名なフレームワークとしては PyTorch Geometric[38] https://pytorch-geometric.readthedocs.io/ と Deep Graph Library (DGL)[147] https://www.dgl.ai/ が挙げられます．PyTorch Geometric はその名の通り，PyTorch に基づいたライブラリです．一方，DGL は PyTorch, TensorFlow, Apache MXNet に対応していることが大きな違いです．普段 TensorFlow を使っている方は DGL を使うことをおすすめします．それ以外の点では，どちらも同じような機能を持っています．人気度もほとんど変わりません．どちらを選ぶかは好みの問題なので，両方のチュートリアルやドキュメントに目を通して選ぶとよいでしょう．

また，グラフ一般のライブラリとしては NetworkX https://networkx.org/ が有名です．グラフの人工データを生成したり，グラフを可視化したりすることができます．こちらも，グラフニューラルネットワークのフレームワークと併用することがよくあります．

また，本書のサポートサイト https://github.com/joisino/gnnbook にて，本書で用いたプログラムや正誤表を公開しています．こちらもあわせて参照してください．

9.2 データセット紹介

代表的なデータセットは 1.5 節にて紹介しました．1.5 節のデータセットはすべて PyTorch Geometric と DGL に収録されており，前処理済みのデータセットを簡単に得ることができます．

そのほか，有名なデータセットリポジトリには Open Graph Benchmark (OGB)[60] https://ogb.stanford.edu/ と Stanford Network Analysis Project (SNAP) のデータセット [80] https://snap.stanford.edu/data/ があります．OGB には頂点分類，接続予測，グラフ分類のデータセットが多数収録されており，グラフニューラルネットワークを用いることを念頭において整理されています．また，数千頂点ほどのデータから数億頂点のデータまで幅広く収録されています．SNAP のデータセットはグラフニューラルネットワーク時代以前からグラフデータの機械学習やデータマイニングのために広く利用されており，長い歴史を持ちます．時系列グラフや辺にラベルの付いたグラフなど，さまざまな形態のデータセットが収録されているのが特徴です．

9.3 文献紹介

グラフニューラルネットワークについての教科書は William L. Hamilton の "Graph Representation Learning Book"[50] と Yao Ma, Jiliang Tang の "Deep Learning on Graphs" (邦題『グラフ深層学習』) [90] が有名です．前者はグラフニューラルネットワークだけでなく，行列分解や DeepWalk など，幅広くグラフの表現学習を扱った入門書です．後者は，時系列グラフや異種混合グラフ，画像データに対する応用など，グラフニューラルネットワークの幅広いトピックについて紹介がされています．日本語の文献としては『グラフニューラルネットワーク PyTorch による実装』[173] があります．こちらはグラフニューラルネットワークの基本的な知識を簡潔にまとめていることが特徴です．文献の難易度やカバーしている範囲としては，"Graph Representation Learning Book" と『グラフニューラルネットワーク PyTorch による実装』は本書よりもやさしく，"Deep Learning on Graphs" は本書と同程度の難度となっています．本書が難しいと感じた方は，導入として『グラフニューラルネットワーク PyTorch による実装』を読むとよいでしょう．また，本書を読み終えた後は，“Deep Learning on Graphs” により本書で扱わなかったトピックや見方を補完できます．

グラフニューラルネットワークは現在も盛んに研究がされています．本書を読み終えた方は，最先端のグラフニューラルネットワークの論文も読めるようになっているはずです．グラフニューラルネットワークは NeurIPS, ICML, ICLR などの機械学習系の国際会議，AAAI, IJCAI などの人工知能系の国際会議，KDD, WWW, SIGIR, WSDM などのデータマイニング系の国際会議でよく取り上げられています．機械学習系の会議では，新しいモデルや理論がよく取り上げられ，人工知能系の会議やデータマイニング系の会議では，実応用に関する論文がよく取り上げられています．興味に合わせて，これらの会議の論文も読んでみることをおすすめします．本書の参考文献からも，これらの会議の論文を探すことができます．

B i b l i o g r a p h y

参考文献

[1] R. Abboud, İ. İ. Ceylan, M. Grohe, and T. Lukasiewicz. The surprising power of graph neural networks with random node initialization. In *Proceedings of the 13th International Joint Conference on Artificial Intelligence, IJCAI*, 2112–2118, 2021.

[2] U. Alon and E. Yahav. On the bottleneck of graph neural networks and its practical implications. In *Proceedings of the 9th International Conference on Learning Representations, ICLR*, 2021.

[3] D. Angluin. Local and global properties in networks of processors (extended abstract). In *Proceedings of the 12th Annual ACM Symposium on Theory of Computing, STOC*, 82–93, 1980.

[4] M. Arjovsky, S. Chintala, and L. Bottou. Wasserstein generative adversarial networks. In *Proceedings of the 34th International Conference on Machine Learning, ICML*, 70:214–223, 2017.

[5] M. Åstrand, P. Floréen, V. Polishchuk, J. Rybicki, J. Suomela, and J. Uitto. A local 2-approximation algorithm for the vertex cover problem. In *Proceedings of the 23rd International Symposium on Distributed Computing Distributed Computing, DISC*, 191–205, 2009.

[6] W. Azizian and M. Lelarge. Expressive power of invariant and equivariant graph neural networks. In *Proceedings of the 9th International Conference on Learning Representations, ICLR*, 2021.

[7] D. Bahdanau, K. Cho, and Y. Bengio. Neural machine translation by jointly learning to align and translate. In *Proceedings of the 3rd International Conference on Learning Representations, ICLR*, 2015.

[8] A. S. Bandeira. Spectral clustering and cheeger's inequality, 2015.

[9] G. R. Bickerton, G. V. Paolini, J. Besnard, S. Muresan, and A. L. Hopkins. Quantifying the chemical beauty of drugs. *Nature Chemistry*, 4(2):90–98, 2012.

[10] D. Bo, X. Wang, C. Shi, and H. Shen. Beyond low-frequency information in graph convolutional networks. In *Proceedings of the 35th AAAI Conference*

on Artificial Intelligence, AAAI, 3950–3957, 2021.

[11] A. Bojchevski and S. Günnemann. Deep gaussian embedding of graphs: Unsupervised inductive learning via ranking. In *Proceedings of the 6th International Conference on Learning Representations, ICLR*, 2018.

[12] A. Bordes, N. Usunier, A. García-Durán, J. Weston, and O. Yakhnenko. Translating embeddings for modeling multi-relational data. In *Advances in Neural Information Processing Systems 26, NeurIPS*, 2787–2795, 2013.

[13] K. M. Borgwardt, C. S. Ong, S. Schönauer, S. V. N. Vishwanathan, A. J. Smola, and HP. Kriegel. Protein function prediction via graph kernels. In *Proceedings Thirteenth International Conference on Intelligent Systems for Molecular Biology*, 47–56, 2005.

[14] J. Bruna, W. Zaremba, A. Szlam, and Y. LeCun. Spectral networks and locally connected networks on graphs. In *Proceedings of the 2nd International Conference on Learning Representations, ICLR*, 2014.

[15] JY. Cai, M. Fürer, and N. Immerman. An optimal lower bound on the number of variables for graph identification. *Combinatorica*, 12(4):389–410, 1992.

[16] N. De Cao and T. Kipf. Molgan: An implicit generative model for small molecular graphs. *arXiv:1805.11973*, 2018.

[17] D. Chen, Y. Lin, W. Li, P. Li, J. Zhou, and X. Sun. Measuring and relieving the over-smoothing problem for graph neural networks from the topological view. In *Proceedings of the 34th AAAI Conference on Artificial Intelligence, AAAI*, 3438–3445, 2020.

[18] J. Chen, J. Zhu, and L. Song. Stochastic training of graph convolutional networks with variance reduction. In *Proceedings of the 35th International Conference on Machine Learning, ICML*, 80:941–949, 2018.

[19] J. Chen, T. Ma, and C. Xiao. Fastgcn: Fast learning with graph convolutional networks via importance sampling. In *Proceedings of the 6th International Conference on Learning Representations, ICLR*, 2018.

[20] M. Chen, Z. Wei, Z. Huang, B. Ding, and Y. Li. Simple and deep graph convolutional networks. In *Proceedings of the 37th International Conference on Machine Learning, ICML*, 1725–1735, 2020.

[21] WL. Chiang, X. Liu, S. Si, Y. Li, S. Bengio, and CJ. Hsieh. Cluster-gcn: An efficient algorithm for training deep and large graph convolutional net-

works. In *Proceedings of the 25th ACM SIGKDD International Conference on Knowledge Discovery and Data Mining, KDD*, 257–266, 2019.

[22] K. Cho, B. van Merrienboer, Ç. Gülçehre, D. Bahdanau, F. Bougares, H. Schwenk, and Y. Bengio. Learning phrase representations using RNN encoder-decoder for statistical machine translation. In *Proceedings of the 2014 Conference on Empirical Methods in Natural Language Processing, EMNLP*, 1724–1734, 2014.

[23] M. Cho, J. Sun, O. Duchenne, and J. Ponce. Finding matches in a haystack: A max-pooling strategy for graph matching in the presence of outliers. In *Proceedings of the 2014 IEEE Conference on Computer Vision and Pattern Recognition, CVPR*, 2091–2098, 2014.

[24] Fan RK Chung. *Spectral graph theory*, volume 92. American Mathematical Soc., 1997.

[25] G. Corso, L. Cavalleri, D. Beaini, P. Liò, and P. Velickovic. Principal neighbourhood aggregation for graph nets. In *Advances in Neural Information Processing Systems 33, NeurIPS*, 2020.

[26] G. Cybenko. Approximation by superpositions of a sigmoidal function. *Mathematics of Control, Signals, and Systems*, 2(4):303–314, 1989.

[27] A. Deac, M. Lackenby, and P. Velickovic. Expander graph propagation. In *Learning on Graphs Conference, LoG*, 2022.

[28] J. Dean and S. Ghemawat. Mapreduce: Simplified data processing on large clusters. *Communications of the ACM*, 51(1):107–113, 2008.

[29] A. K. Debnath, R. L. L. de Compadre, G. Debnath, A. J. Shusterman, and C. Hansch. Structure-activity relationship of mutagenic aromatic and heteroaromatic nitro compounds. Correlation with molecular orbital energies and hydrophobicity. *Journal of Medicinal Chemistry*, 34(2):786–797, 1991.

[30] M. Defferrard, X. Bresson, and P. Vandergheynst. Convolutional neural networks on graphs with fast localized spectral filtering. In *Advances in Neural Information Processing Systems 29, NeurIPS*, 3837–3845, 2016.

[31] J. Devlin, MW. Chang, K. Lee, and K. Toutanova. BERT: Pre-training of deep bidirectional transformers for language understanding. In *Proceedings of the 2019 Conference of the North American Chapter of the Association for Computational Linguistics: Human Language Technologies, NAACL-HLT*,

4171–4186, 2019.

[32] I. S. Dhillon, Y. Guan, and B. Kulis. Weighted graph cuts without eigenvectors: A multilevel approach. *IEEE Transactions on Pattern Analysis and Machine Intelligence*, 29(11):1944–1957, 2007.

[33] P. D. Dobson and A. J. Doig. Distinguishing enzyme structures from non-enzymes without alignments. *Journal of Molecular Biology*, 330(4):771–783, 2003.

[34] Y. Dong, N. V. Chawla, and A. Swami. metapath2vec: Scalable representation learning for heterogeneous networks. In *Proceedings of the 23rd ACM SIGKDD International Conference on Knowledge Discovery and Data Mining, KDD*, 135–144, 2017.

[35] V. P. Dwivedi and X. Bresson. A generalization of transformer networks to graphs. *arXiv:2012.09699*, 2020.

[36] F. Errica, M. Podda, D. Bacciu, and A. Micheli. A fair comparison of graph neural networks for graph classification. In *Proceedings of the 8th International Conference on Learning Representations, ICLR*, 2020.

[37] P. Ertl and A. Schuffenhauer. Estimation of synthetic accessibility score of drug-like molecules based on molecular complexity and fragment contributions. *Journal of Cheminformatics*, 1:1–11, 2009.

[38] M. Fey and J. E. Lenssen. Fast graph representation learning with PyTorch Geometric. In *ICLR Workshop on Representation Learning on Graphs and Manifolds*, 2019.

[39] C. L. Giles, K. D. Bollacker, and S. Lawrence. Citeseer: An automatic citation indexing system. In *Proceedings of the 3rd ACM International Conference on Digital Libraries*, 89–98. ACM, 1998.

[40] J. Gilmer, S. S. Schoenholz, P. F. Riley, O. Vinyals, and G. E. Dahl. Neural message passing for quantum chemistry. In *Proceedings of the 34th International Conference on Machine Learning, ICML*, 1263–1272, 2017.

[41] M. Gori, G. Monfardini, and F. Scarselli. A new model for learning in graph domains. In *Proceedings of the International Joint Conference on Neural Networks, IJCNN*, 2:729–734, 2005.

[42] M. Grohe and D. Neuen. Recent advances on the graph isomorphism problem. In *Surveys in Combinatorics*, 187–234, 2021.

[43] M. Grohe and M. Otto. Pebble games and linear equations. *Journal of Symbolic Logic*, 80(3):797–844, 2015.

[44] A. Grover and J. Leskovec. node2vec: Scalable feature learning for networks. In *Proceedings of the 22nd ACM SIGKDD International Conference on Knowledge Discovery and Data Mining, KDD*, 855–864, 2016.

[45] G. L. Guimaraes, B. Sánchez-Lengeling, P. L. C. Farias, and A. Aspuru-Guzik. Objective-reinforced generative adversarial networks (ORGAN) for sequence generation models. *arXiv:1705.10843*, 2017.

[46] I. Gulrajani, F. Ahmed, M. Arjovsky, V. Dumoulin, and A. C. Courville. Improved training of Wasserstein gans. In *Advances in Neural Information Processing Systems 30, NeurIPS*, 5767–5777, 2017.

[47] M. Gutmann and A. Hyvärinen. Noise-contrastive estimation: A new estimation principle for unnormalized statistical models. In *the 13th International Conference on Artificial Intelligence and Statistics, AISTATS*, 9:297–304, 2010.

[48] B. Gutteridge, X. Dong, M. M. Bronstein, and F. Di Giovanni. Drew: Dynamically rewired message passing with delay. In *Proceedings of the 40th International Conference on Machine Learning, ICML*, 12252–12267, 2023.

[49] L. W. Hagen and A. B. Kahng. New spectral methods for ratio cut partitioning and clustering. *IEEE Transactions on Computer-Aided Design of Integrated Circuits and Systems*, 11(9):1074–1085, 1992.

[50] W. L. Hamilton. Graph representation learning. *Synthesis Lectures on Artificial Intelligence and Machine Learning*, 14(3):1–159, 2020.

[51] W. L. Hamilton, Z. Ying, and J. Leskovec. Inductive representation learning on large graphs. In *Advances in Neural Information Processing Systems 30, NeurIPS*, 1024–1034, 2017.

[52] K. He, X. Zhang, S. Ren, and J. Sun. Deep residual learning for image recognition. In *Proceedings of the 2016 IEEE Conference on Computer Vision and Pattern Recognition, CVPR*, 770–778, 2016.

[53] M. He, Z. Wei, and JR. Wen. Convolutional neural networks on graphs with chebyshev approximation, revisited. In *Advances in Neural Information Processing Systems 35, NeurIPS*, 2022.

[54] R. He and J. J. McAuley. Ups and downs: Modeling the visual evolution

of fashion trends with one-class collaborative filtering. In *Proceedings of the 25th International Conference on World Wide Web, WWW*, 507–517, 2016.

[55] X. He and TS. Chua. Neural factorization machines for sparse predictive analytics. In *Proceedings of the 40th International ACM SIGIR Conference on Research and Development in Information Retrieval, SIGIR*, 355–364, 2017.

[56] X. He, K. Deng, X. Wang, Y. Li, YD. Zhang, and M. Wang. Lightgcn: Simplifying and powering graph convolution network for recommendation. In *Proceedings of the 43rd International ACM SIGIR Conference on Research and Development in Information Retrieval, SIGIR*, 639–648, 2020.

[57] J. Ho, A. Jain, and P. Abbeel. Denoising diffusion probabilistic models. In *Advances in Neural Information Processing Systems 33, NeurIPS*, 2020.

[58] E. Hoogeboom, V. G. Satorras, C. Vignac, and M. Welling. Equivariant diffusion for molecule generation in 3d. In *Proceedings of the 39th International Conference on Machine Learning, ICML*, 8867–8887, 2022.

[59] K. Hornik, M. B. Stinchcombe, and H. White. Multilayer feedforward networks are universal approximators. *Neural Networks*, 2(5):359–366, 1989.

[60] W. Hu, M. Fey, M. Zitnik, Y. Dong, H. Ren, B. Liu, M. Catasta, and J. Leskovec. Open graph benchmark: Datasets for machine learning on graphs. *arXiv:2005.00687*, 2020.

[61] G. Huang, Z. Liu, L. van der Maaten, and K. Q. Weinberger. Densely connected convolutional networks. In *Proceedings of the 2017 IEEE Conference on Computer Vision and Pattern Recognition, CVPR*, 2261–2269, 2017.

[62] N. Immerman and E. Lander. *Describing graphs: A first-order approach to graph canonization.* Springer, 1990.

[63] J. J. Irwin, T. Sterling, M. M. Mysinger, E. S. Bolstad, and R. G. Coleman. ZINC: A free tool to discover chemistry for biology. *Journal of Chemical Information and Modeling*, 52(7):1757–1768, 2012.

[64] G. Jeh and J. Widom. Scaling personalized web search. In *Proceedings of the 12th International World Wide Web Conference, WWW*, 271–279. ACM, 2003.

[65] W. Jin, R. Barzilay, and T. S. Jaakkola. Junction tree variational autoencoder for molecular graph generation. In *Proceedings of the 35th International Conference on Machine Learning, ICML*, 2328–2337, 2018.

[66] J. Jo, S. Lee, S. J. Hwang. Score-based Generative Modeling of Graphs via the System of Stochastic Differential Equations. In *Proceedings of the 37th International Conference on Machine Learning*, ICML, 10362–10383, 2020.

[67] R. M. Karp. Reducibility among combinatorial problems. In *Proceedings of a symposium on the Complexity of Computer Computations*, 85–103, 1972.

[68] G. Karypis and V. Kumar. A fast and high quality multilevel scheme for partitioning irregular graphs. *SIAM Journal on Scientific Computing*, 20(1):359–392, 1998.

[69] N. Keriven and G. Peyré. Universal invariant and equivariant graph neural networks. In *Advances in Neural Information Processing Systems 32, NeurIPS*, 7090–7099, 2019.

[70] D. P. Kingma and J. Ba. Adam: A method for stochastic optimization. In *Proceedings of the 3rd International Conference on Learning Representations, ICLR*, 2015.

[71] T. N. Kipf and M. Welling. Variational graph auto-encoders. *arXiv:1611.07308*, 2016.

[72] T. N. Kipf and M. Welling. Semi-supervised classification with graph convolutional networks. In *Proceedings of the 5th International Conference on Learning Representations, ICLR*, 2017.

[73] J. Klicpera, A. Bojchevski, and S. Günnemann. Predict then propagate: Graph neural networks meet personalized pagerank. In *Proceedings of the 7th International Conference on Learning Representations, ICLR*, 2019.

[74] J. Klicpera, S. Weißenberger, and S. Günnemann. Diffusion improves graph learning. In *Advances in Neural Information Processing Systems 32, NeurIPS*, 13333–13345, 2019.

[75] D. Kreuzer, D. Beaini, W. L. Hamilton, V. Létourneau, and P. Tossou. Rethinking graph transformers with spectral attention. In *Advances in Neural Information Processing Systems 34, NeurIPS*, 21618–21629, 2021.

[76] R. E. Ladner. On the structure of polynomial time reducibility. *Journal of the ACM*, 22(1):155–171, 1975.

[77] J. R. Lee, S. O. Gharan, and L. Trevisan. Multi-way spectral partitioning and higher-order cheeger inequalities. In *Proceedings of the 44th Symposium on Theory of Computing Conference, STOC*, 1117–1130, 2012.

[78] AA. Leman and B. Weisfeiler. A reduction of a graph to a canonical form and an algebra arising during this reduction. *Nauchno-Technicheskaya Informatsiya*, 2(9):12–16, 1968.

[79] M. Leshno, V. Ya. Lin, A. Pinkus, and S. Schocken. Multilayer feedforward networks with a nonpolynomial activation function can approximate any function. *Neural Networks*, 6(6):861–867, 1993.

[80] J. Leskovec and A. Krevl. SNAP Datasets: Stanford large network dataset collection. `http://snap.stanford.edu/data`, June 2014.

[81] O. Levy and Y. Goldberg. Neural word embedding as implicit matrix factorization. In *Advances in Neural Information Processing Systems 27, NeurIPS*, 2177–2185, 2014.

[82] G. Li, M. Müller, B. Ghanem, and V. Koltun. Training graph neural networks with 1000 layers. In *Proceedings of the 38th International Conference on Machine Learning, ICML*, 6437–6449, 2021.

[83] G. Li, M. Müller, A. K. Thabet, and B. Ghanem. Deepgcns: Can gcns go as deep as cnns? In *2019 IEEE/CVF International Conference on Computer Vision, ICCV*, 9266–9275, 2019.

[84] J. Li, D. Cai, and X. He. Learning graph-level representation for drug discovery. *arXiv:1709.03741*, 2017.

[85] Q. Li, Z. Han, and XM. Wu. Deeper insights into graph convolutional networks for semi-supervised learning. In *Proceedings of the 32nd AAAI Conference on Artificial Intelligence, AAAI*, 3538–3545, 2018.

[86] Y. Li, D. Tarlow, M. Brockschmidt, and R. S. Zemel. Gated graph sequence neural networks. In *Proceedings of the 4th International Conference on Learning Representations, ICLR*, 2016.

[87] Y. Lin, Z. Liu, M. Sun, Y. Liu, and X. Zhu. Learning entity and relation embeddings for knowledge graph completion. In *Proceedings of the 29th AAAI Conference on Artificial Intelligence, AAAI*, 2181–2187, 2015.

[88] M. Liu, H. Gao, and S. Ji. Towards deeper graph neural networks. In *Proceedings of the 26th ACM SIGKDD International Conference on Knowledge Discovery and Data Mining, KDD*, 338–348, 2020.

[89] A. Loukas. What graph neural networks cannot learn: depth vs width. In *Proceedings of the 8th International Conference on Learning Representations,*

ICLR, 2020.

[90] Y. Ma and J. Tang. *Deep Learning on Graphs.* Cambridge University Press, 2021（宮原太陽，中尾光孝（訳）．グラフ深層学習．プレアデス出版，2024）．

[91] T. Maehara and Hoang NT. A simple proof of the universality of invariant/equivariant graph neural networks. *arXiv:1910.03802*, 2019.

[92] H. Maron, H. Ben-Hamu, H. Serviansky, and Y. Lipman. Provably powerful graph networks. In *Advances in Neural Information Processing Systems 32, NeurIPS*, 2153–2164, 2019.

[93] H. Maron, H. Ben-Hamu, N. Shamir, and Y. Lipman. Invariant and equivariant graph networks. In *Proceedings of the 7th International Conference on Learning Representations, ICLR*, 2019.

[94] H. Maron, E. Fetaya, N. Segol, and Y. Lipman. On the universality of invariant networks. In *Proceedings of the 36th International Conference on Machine Learning, ICML*, 4363–4371, 2019.

[95] J. J. McAuley, C. Targett, Q. Shi, and A. van den Hengel. Image-based recommendations on styles and substitutes. In *Proceedings of the 38th International ACM SIGIR Conference on Research and Development in Information Retrieval, SIGIR*, 43–52. ACM, 2015.

[96] A. McCallum, K. Nigam, J. Rennie, and K. Seymore. Automating the construction of internet portals with machine learning. *Information Retrieval*, 3(2):127–163, 2000.

[97] T. Mikolov, K. Chen, G. Corrado, and J. Dean. Efficient estimation of word representations in vector space. In *Proceedings of the 1st International Conference on Learning Representations, ICLR, Workshop Track Proceedings*, 2013.

[98] T. Mikolov, I. Sutskever, K. Chen, G. S. Corrado, and J. Dean. Distributed representations of words and phrases and their compositionality. In *Advances in Neural Information Processing Systems 26, NeurIPS*, 3111–3119, 2013.

[99] B. Mohar. Isoperimetric numbers of graphs. *Journal of Combinatorial Theory, Series B*, 47(3):274–291, 1989.

[100] F. Morin and Y. Bengio. Hierarchical probabilistic neural network language model. In *the 10th International Conference on Artificial Intelligence and Statistics, AISTATS*, 2005.

[101] C. Morris, N. M. Kriege, F. Bause, K. Kersting, P. Mutzel, and M. Neumann. TUDataset: A collection of benchmark datasets for learning with graphs. In *ICML 2020 Workshop on Graph Representation Learning and Beyond (GRL+ 2020)*, 2020.

[102] C. Morris, M. Ritzert, M. Fey, W. L. Hamilton, J. E. Lenssen, G. Rattan, and M. Grohe. Weisfeiler and leman go neural: Higher-order graph neural networks. In *Proceedings of the 33rd AAAI Conference on Artificial Intelligence, AAAI*, 4602–4609, 2019.

[103] R. L. Murphy, B. Srinivasan, V. A. Rao, and B. Ribeiro. Relational pooling for graph representations. In *Proceedings of the 36th International Conference on Machine Learning, ICML*, 4663–4673, 2019.

[104] M. Newman. *Networks Second Edition.* Oxford University Press, 2018.

[105] H. N. Nguyen and K. Onak. Constant-time approximation algorithms via local improvements. In *Proceedings of the 49th Annual IEEE Symposium on Foundations of Computer Science, FOCS*, 327–336, 2008.

[106] C. Niu, Y. Song, J. Song, S. Zhao, A. Grover, and S. Ermon. Permutation invariant graph generation via score-based generative modeling. In *The 23rd International Conference on Artificial Intelligence and Statistics, AISTATS*, 4474–4484, 2020.

[107] Hoang NT and T. Maehara. Revisiting graph neural networks: All we have is low-pass filters. *arXiv:1905.09550*, 2019.

[108] K. Oono and T. Suzuki. Graph neural networks exponentially lose expressive power for node classification. In *Proceedings of the 8th International Conference on Learning Representations, ICLR*, 2020.

[109] J. Park and I. W. Sandberg. Universal approximation using radial-basis-function networks. *Neural Computation*, 3(2):246–257, 1991.

[110] J. Pennington, R. Socher, and C. D. Manning. Glove: Global vectors for word representation. In *Proceedings of the 2014 Conference on Empirical Methods in Natural Language Processing, EMNLP*, 1532–1543, 2014.

[111] B. Perozzi, R. Al-Rfou, and S. Skiena. Deepwalk: online learning of social representations. In *Proceedings of the 20th ACM SIGKDD International Conference on Knowledge Discovery and Data Mining, KDD*, 701–710, 2014.

[112] J. Qiu, Q. Chen, Y. Dong, J. Zhang, H. Yang, M. Ding, K. Wang, and J. Tang.

GCC: graph contrastive coding for graph neural network pre-training. In *Proceedings of the 26th ACM SIGKDD International Conference on Knowledge Discovery and Data Mining, KDD*, 1150–1160, 2020.

[113] J. Qiu, Y. Dong, H. Ma, J. Li, K. Wang, and J. Tang. Network embedding as matrix factorization: Unifying deepwalk, line, pte, and node2vec. In *Proceedings of the 11th ACM International Conference on Web Search and Data Mining, WSDM*, 459–467, 2018.

[114] R. Ramakrishnan, P. O. Dral, M. Rupp, and O. A. Von Lilienfeld. Quantum chemistry structures and properties of 134 kilo molecules. *Scientific Data*, 1(1):1–7, 2014.

[115] L. Rampášek, M. Galkin, V. P. Dwivedi, A. T. Luu, G. Wolf, and D. Beaini. Recipe for a general, powerful, scalable graph transformer. In *Advances in Neural Information Processing Systems 35, NeurIPS*, 2022.

[116] S. Rendle, C. Freudenthaler, Z. Gantner, and L. Schmidt-Thieme. BPR: bayesian personalized ranking from implicit feedback. In *Proceedings of the Twenty-Fifth Conference on Uncertainty in Artificial Intelligence, UAI*, 452–461, 2009.

[117] Y. Rong, W. Huang, T. Xu, and J. Huang. Dropedge: Towards deep graph convolutional networks on node classification. In *Proceedings of the 8th International Conference on Learning Representations, ICLR*, 2020.

[118] L. Ruddigkeit, R. van Deursen, L. C. Blum, and JL. Reymond. Enumeration of 166 billion organic small molecules in the chemical universe database GDB-17. *Journal of Chemical Information and Modeling*, 52(11):2864–2875, 2012.

[119] R. Sato. A survey on the expressive power of graph neural networks. *arXiv:2003.04078*, 2020.

[120] R. Sato, M. Yamada, and H. Kashima. Approximation ratios of graph neural networks for combinatorial problems. In *Advances in Neural Information Processing Systems 32, NeurIPS*, 4083–4092, 2019.

[121] R. Sato, M. Yamada, and H. Kashima. Random features strengthen graph neural networks. In *Proceedings of the 2021 SIAM International Conference on Data Mining, SDM*, 333–341, 2021.

[122] R. Sato, M. Yamada, and H. Kashima. Constant time graph neural networks.

ACM Trans. Knowl. Discov. Data, 16(5):92:1–92:31, 2022.

[123] F. Scarselli, M. Gori, A. C. Tsoi, M. Hagenbuchner, and G. Monfardini. The graph neural network model. *IEEE Trans. Neural Networks*, 20(1):61–80, 2009.

[124] M. S. Schlichtkrull, T. N. Kipf, P. Bloem, R. van den Berg, I. Titov, and M. Welling. Modeling relational data with graph convolutional networks. In *the Semantic Web - 15th International Conference, ESWC*, 10843:593–607, 2018.

[125] P. Sen, G. M. Namata, M. Bilgic, L. Getoor, B. Gallagher, and T. Eliassi-Rad. Collective classification in network data. *AI Magazine*, 29(3):93–106, 2008.

[126] O. Shchur, M. Mumme, A. Bojchevski, and S. Günnemann. Pitfalls of graph neural network evaluation. *arXiv:1811.05868*, 2018.

[127] J. Shi and J. Malik. Normalized cuts and image segmentation. *IEEE Trans. Pattern Anal. Mach. Intell.*, 22(8):888–905, 2000.

[128] D. I. Shuman, S. K. Narang, P. Frossard, A. Ortega, and P. Vandergheynst. The emerging field of signal processing on graphs: Extending high-dimensional data analysis to networks and other irregular domains. *IEEE Signal Processing Magazine*, 30(3):83–98, 2013.

[129] M. Simonovsky and N. Komodakis. Dynamic edge-conditioned filters in convolutional neural networks on graphs. In *Proceedings of the 2017 IEEE Conference on Computer Vision and Pattern Recognition, CVPR*, 29–38, 2017.

[130] M. Simonovsky and N. Komodakis. Graphvae: Towards generation of small graphs using variational autoencoders. In *Artificial Neural Networks and Machine Learning - ICANN*, volume 11139 of *Lecture Notes in Computer Science*, 412–422, 2018.

[131] K. Sohn, H. Lee, and X. Yan. Learning structured output representation using deep conditional generative models. In *Advances in Neural Information Processing Systems 28, NeurIPS*, 3483–3491, 2015.

[132] J. Song, C. Meng, and S. Ermon. Denoising diffusion implicit models. In *Proceedings of the 9th International Conference on Learning Representations, ICLR*, 2021.

[133] Y. Song, J. Sohl-Dickstein, D. P. Kingma, A. Kumar, S. Ermon, and B. Poole.

Score-based generative modeling through stochastic differential equations. In *Proceedings of the 9th International Conference on Learning Representations, ICLR*, 2021.

[134] T. Sterling and J. J. Irwin. ZINC 15 - ligand discovery for everyone. *Journal of Chemical Information and Modeling*, 55(11):2324–2337, 2015.

[135] Y. Sun, J. Han, X. Yan, P. S. Yu, and T. Wu. Pathsim: Meta path-based top-k similarity search in heterogeneous information networks. *Proceedings of the VLDB Endowment*, 4(11):992–1003, 2011.

[136] J. Suomela. Survey of local algorithms. *ACM Computing Surveys*, 45(2):24:1–24:40, 2013.

[137] J. Tang, M. Qu, M. Wang, M. Zhang, J. Yan, and Q. Mei. LINE: large-scale information network embedding. In *Proceedings of the 24th International Conference on World Wide Web, WWW*, 1067–1077, 2015.

[138] K. Toutanova and D. Chen. Observed versus latent features for knowledge base and text inference. In *Proceedings of the 3rd Workshop on Continuous Vector Space Models and their Compositionality, CVSC*, 57–66, 2015.

[139] L. Trevisan. Spectral partitioning. https://lucatrevisan.wordpress.com/2011/01/26/cs359g-lecture-4-spectral-partitioning/, January 2011.

[140] L. van der Maaten and G. Hinton. Visualizing data using t-sne. *Journal of Machine Learning Research*, 9(86):2579–2605, 2008.

[141] V. Vapnik. *The nature of statistical learning theory.* Springer, 1995.

[142] A. Vaswani, N. Shazeer, N. Parmar, J. Uszkoreit, L. Jones, A. N. Gomez, L. Kaiser, and I. Polosukhin. Attention is all you need. In *Advances in Neural Information Processing Systems 30, NeurIPS*, 5998–6008, 2017.

[143] P. Velickovic, G. Cucurull, A. Casanova, A. Romero, P. Liò, and Y. Bengio. Graph attention networks. In *Proceedings of the 6th International Conference on Learning Representations, ICLR*, 2018.

[144] U. von Luxburg. A tutorial on spectral clustering. *Statistics and Computing*, 17(4):395–416, 2007.

[145] N. Wale, I. A. Watson, and G. Karypis. Comparison of descriptor spaces for chemical compound retrieval and classification. *Knowledge and Information Systems*, 14(3):347–375, 2008.

[146] H. Wang, F. Zhang, J. Wang, M. Zhao, W. Li, X. Xie, and M. Guo. Ripplenet: Propagating user preferences on the knowledge graph for recommender systems. In *Proceedings of the 27th ACM International Conference on Information and Knowledge Management, CIKM*, 417–426. ACM, 2018.

[147] M. Wang, D. Zheng, Z. Ye, Q. Gan, M. Li, X. Song, J. Zhou, C. Ma, L. Yu, Y. Gai, T. Xiao, T. He, G. Karypis, J. Li, and Z. Zhang. Deep graph library: A graph-centric, highly-performant package for graph neural networks. *arXiv:1909.01315*, 2019.

[148] X. Wang, H. Ji, C. Shi, B. Wang, Y. Ye, P. Cui, and P. S. Yu. Heterogeneous graph attention network. In *The Web Conference, WWW*, 2022–2032, 2019.

[149] X. Wang, N. Liu, H. Han, and C. Shi. Self-supervised heterogeneous graph neural network with co-contrastive learning. In *Proceedings of the 27th ACM SIGKDD International Conference on Knowledge Discovery and Data Mining, KDD*, 1726–1736, 2021.

[150] YC. A. Wei and CK. Cheng. Towards efficient hierarchical designs by ratio cut partitioning. In *1989 IEEE International Conference on Computer-Aided Design, ICCAD*, 298–301, 1989.

[151] F. Wu, A. H. Souza Jr., T. Zhang, C. Fifty, T. Yu, and K. Q. Weinberger. Simplifying graph convolutional networks. In *Proceedings of the 36th International Conference on Machine Learning, ICML*, 6861–6871, 2019.

[152] Z. Wu, P. Jain, M. A. Wright, A. Mirhoseini, J. E. Gonzalez, and I. Stoica. Representing long-range context for graph neural networks with global attention. In *Advances in Neural Information Processing Systems 34, NeurIPS*, 13266–13279, 2021.

[153] K. Xu, W. Hu, J. Leskovec, and S. Jegelka. How powerful are graph neural networks? In *Proceedings of the 7th International Conference on Learning Representations, ICLR*, 2019.

[154] K. Xu, C. Li, Y. Tian, T. Sonobe, K. Kawarabayashi, and S. Jegelka. Representation learning on graphs with jumping knowledge networks. In *Proceedings of the 35th International Conference on Machine Learning, ICML*, 5449–5458, 2018.

[155] K. Xu, J. Li, M. Zhang, S. S. Du, K. Kawarabayashi, and S. Jegelka. What can neural networks reason about? In *Proceedings of the 8th International*

Conference on Learning Representations, ICLR, 2020.

[156] C. Ying, T. Cai, S. Luo, S. Zheng, G. Ke, D. He, Y. Shen, and TY. Liu. Do transformers really perform badly for graph representation? In *Advances in Neural Information Processing Systems 34, NeurIPS*, 28877–28888, 2021.

[157] R. Ying, R. He, K. Chen, P. Eksombatchai, W. L. Hamilton, and J. Leskovec. Graph convolutional neural networks for web-scale recommender systems. In *Proceedings of the 24th ACM SIGKDD International Conference on Knowledge Discovery and Data Mining, KDD*, 974–983, 2018.

[158] J. You, R. Ying, X. Ren, W. L. Hamilton, and J. Leskovec. Graphrnn: Generating realistic graphs with deep auto-regressive models. In *Proceedings of the 35th International Conference on Machine Learning, ICML*, 80:5694–5703, 2018.

[159] X. Yu, X. Ren, Y. Sun, Q. Gu, B. Sturt, U. Khandelwal, B. Norick, and J. Han. Personalized entity recommendation: a heterogeneous information network approach. In *Proceedings of the 7th ACM International Conference on Web Search and Data Mining, WSDM*, 283–292, 2014.

[160] S. Yun, M. Jeong, R. Kim, J. Kang, and H. J. Kim. Graph transformer networks. In *Advances in Neural Information Processing Systems 32, NeurIPS*, 11960–11970, 2019.

[161] M. Zaheer, S. Kottur, S. Ravanbakhsh, B. Póczos, R. Salakhutdinov, and A. J. Smola. Deep sets. In *Advances in Neural Information Processing Systems 30, NeurIPS*, 3391–3401, 2017.

[162] H. Zeng, H. Zhou, A. Srivastava, R. Kannan, and V. K. Prasanna. Graphsaint: Graph sampling based inductive learning method. In *Proceedings of the 8th International Conference on Learning Representations, ICLR*, 2020.

[163] M. Zhang and Y. Chen. Link prediction based on graph neural networks. In *Advances in Neural Information Processing Systems 31, NeurIPS*, 5171–5181, 2018.

[164] J. Zhu, Y. Yan, L. Zhao, M. Heimann, L. Akoglu, and D. Koutra. Beyond homophily in graph neural networks: Current limitations and effective designs. In *Advances in Neural Information Processing Systems 33, NeurIPS*, 2020.

[165] M. Zitnik and J. Leskovec. Predicting multicellular function through multilayer tissue networks. *Bioinformatics*, 33(14):i190–i198, 2017.

[166] D. Zou, Z. Hu, Y. Wang, S. Jiang, Y. Sun, and Q. Gu. Layer-dependent importance sampling for training deep and large graph convolutional networks. In *Advances in Neural Information Processing Systems 32, NeurIPS*, 11247–11256, 2019.

[167] エリアス・M. スタイン, ラミ・シャカルチ（著），新井仁之，杉本充，高木啓行，千原浩之（訳）. **プリンストン解析学講義 1 フーリエ解析入門**. 日本評論社，2007.

[168] 子安増生，丹野義彦，箱田裕司（監修）. **現代心理学辞典**. 有斐閣，2021.

[169] 山本貴光. **「百学連環」を読む**. 三省堂，2016.

[170] 岡谷貴之. **深層学習 改訂第 2 版**. 講談社，2022.

[171] 金森敬文，鈴木大慈，竹内一郎，佐藤一誠. **機械学習のための連続最適化**. 講談社，2016.

[172] 藤重悟. **グラフ・ネットワーク・組合せ論**. 共立出版，2002.

[173] 村田剛志. **グラフニューラルネットワーク PyTorch による実装**. オーム社，2022.

索 引

さ行

た行

著者紹介

佐藤竜馬

1996年生まれ．2024年京都大学大学院情報学研究科博士課程修了，博士（情報学）．現在，国立情報学研究所 助教．専門分野は最適輸送，グラフニューラルネットワーク，および情報検索・推薦システム．NeurIPS や ICML などの国際会議に主著論文が採択．競技プログラミングでは国際情報オリンピック日本代表，ACM-ICPC 世界大会出場，AtCoder レッドコーダーなどの戦績をもつ．PDF 翻訳サービス Readable の開発など研究の効率化についても従事している．著書に，『最適輸送の理論とアルゴリズム』（機械学習プロフェッショナルシリーズ）講談社がある．

NDC007　331p　21cm

機械学習プロフェッショナルシリーズ

グラフニューラルネットワーク

2024年 4 月23日　第 1 刷発行
2024年 9 月20日　第 5 刷発行

著　者　佐藤竜馬
発行者　森田浩章
発行所　株式会社　講談社
〒112-8001　東京都文京区音羽 2-12-21
販売　(03)5395-4415
業務　(03)5395-3615
編　集　株式会社　講談社サイエンティフィク
代表　堀越俊一
〒162-0825　東京都新宿区神楽坂 2-14　ノービィビル
編集　(03)3235-3701
本文データ制作　藤原印刷株式会社
印刷・製本　株式会社ＫＰＳプロダクツ

ISBN978-4-06-534782-9